フードプロテオミクス
—食品酵素の応用利用技術—

Food Proteomics
—Application Technology of Food Enzyme—

監修：井上國世

シーエムシー出版

はじめに

食品科学・食品工学の領域では，多種多様な酵素が利用されており，歴史的に見れば，この領域での酵素利用が酵素の分子論的な理解を刺激しリードしてきたとも言える。各種のアミラーゼやプロテアーゼが好個の例である。そして，それらの多くのものが，わが国の研究者により開発され，研究されてきたことを忘れてはならない。部位特異的変異導入によるタンパク質工学的研究の対象とされたズブチリシンBPN‘やアスパルテーム製造に用いられているサーモライシン，チーズ製造用の微生物レニン，デンプン工業におけるグルコアミラーゼやグルコース・イソメラーゼ，タンパク質ゲル化剤としてのトランスグルタミナーゼなど枚挙にいとまがない。肉の軟化，チーズ製造，皮革なめし，ビール醸造など，欧米で産業に利用されてきた酵素の多くが，動物や植物に由来することを考えると，わが国で開発された食品関連酵素の多くが微生物酵素であることは特筆にあたいする。

食品工業における酵素利用の特長は，酵素の種類が多岐にわたることであり，利用の形態も，高圧，高温，高塩濃度下，酸性，アルカリ性，油中，粉末状など様々である。近年の酵素化学研究では，新規な酵素の検索と同時に，新機能をもつ酵素の創製がタンパク質工学的手法を用いて積極的になされている。プロテアーゼの逆反応を用いるペプチド合成や糖関連酵素の転移反応による各種機能性糖類の合成，リパーゼによる脂質の改質や医薬品原体の合成など，本来の酵素機能からはみ出す新機能が開拓されてきている。

従来は多分に経験的に利用されてきた食品用酵素の研究が，近年になり，明確な目的を志向した，積極的で「挑戦的」な研究に転換しつつある。ゲノム情報とその翻訳産物であるタンパク質をめぐる網羅的情報がゲノミクスやプロテオミクスという形で急速に蓄えられ，食品科学においてもフード・ゲノミクスおよびフード・プロテオミクスといった学問領域が広がりつつある。

ポストゲノム時代に突入した21世紀において，酵素化学は酵素機能の解析から酵素機能の創出へ，ギアを切りかえることが求められている。本書では，このような今日的な学問的・技術的情景を鑑み，食品を取り巻く現状を「酵素化学」の窓を通して見つめなおすことを主旨とした。本書が，食品工学において「酵素」はいかにしてより積極的な役目を果たしうるのかを考察する良い機会となれば幸いである。

2004年3月

京都大学大学院農学研究科
食品生物科学専攻
井上　國世

普及版の刊行にあたって

本書は2004年に『食品酵素化学の最新技術と応用—フードプロテオミクスへの展望—』として刊行されました。普及版の刊行にあたり，内容は当時のままであり加筆・訂正などの手は加えておりませんので，ご了承ください。

2009年10月

シーエムシー出版　編集部

執筆者一覧（執筆順）

井　上　國　世	(現) 京都大学大学院　農学研究科　食品生物科学専攻　教授
新　田　康　則	大阪府立大学　農学生命科学研究科　教授
	(現) 大阪府立大学　名誉教授
三　宅　英　雄	三重大学　生物資源学部　分子生物情報学研究室　助手
	(現) 三重大学大学院　生物資源学研究科　助教
秦　　　洋　二	(現) 月桂冠㈱　総合研究所　所長
田　中　悟　広	ナガセケムテックス㈱　生化学品事業部　製品開発第1課　課長
小根田洋史	京都大学大学院　農学研究科　食品生物科学専攻　研究員；長田産業㈱　管理開発部　研究員
武　藤　徳　男	(現) 県立広島大学　生命環境学部　教授
澤　田　雅　彦	合同酒精㈱　酵素医薬品研究所　マネージャー
山　下　　　洋	(現) ㈱林原生物化学研究所　開発センター　アシスタントディレクター
深　溝　　　慶	(現) 近畿大学　農学部　バイオサイエンス学科　教授
齋　藤　　　努	不二製油㈱　フードサイエンス研究所　ASSPプロジェクトリーダー
	(現) 不二製油㈱　蛋白加工食品カンパニー　商品・ソフト開発部　主事
坂　野　好　幸	東京農工大学　農学部　応用生物科学科　生物化学研究室　教授
廣　瀬　順　造	福山大学　生命工学部　応用生物科学科　教授
	(現) 福山大学　薬学部　教授
安　田　正　昭	琉球大学　農学部　生物資源科学科　教授

森本康一	(現) 近畿大学　生物工学科　准教授
山口庄太郎	(現) 天野エンザイム㈱　岐阜研究所　産業用酵素開発部　部長
吉川和宏	日本水産㈱　中央研究所　研究員
水城英一	(現) 福岡県工業技術センター　生物食品研究所　生物資源課　課長
奥村史朗	福岡県工業技術センター　生物食品研究所　生物資源課　研究員
赤尾哲之	福岡県工業技術センター　生物食品研究所　生物資源課　生体物質化学研究室長
島田裕司	(現) (地独) 大阪市立工業研究所　理事長
受田浩之	(現) 高知大学　農学部　教授
小笠原博信	(現) 秋田県総合食品研究所　応用発酵・酵素・微生物グループ　主任研究員
高橋砂織	(現) 秋田県総合食品研究所　主席研究員
鳥居恭好	日本大学　生物資源科学部　食品科学工学科　助手 (現) 日本大学　生物資源科学部　食品生命学科　講師
高柳博樹	日本大学大学院　生物資源科学研究科
大澤俊彦	(現) 名古屋大学大学院　生命農学研究科　教授
礒部公安	(現) 岩手大学　農学部　教授
田中晶善	(現) 三重大学　生物資源学研究科　教授
金谷建一郎	㈶日本食品分析センター　受託事業部　学術担当部長
青山好男	(現) ㈶東洋食品研究所　主席研究員
大熊廣一	(現) 東洋大学　生命科学部　食環境科学科　教授

執筆者の所属表記は，注記以外は2004年当時のものを使用しております。

目　次

第1章　食品酵素化学への期待　井上國世

第2章　糖質関連酵素

第3章　タンパク質・アミノ酸関連酵素

第4章　脂質関連酵素

第5章　酸化還元酵素

第6章　食品分析と食品加工

第1章　食品酵素化学への期待

井上國世*

今日ほど「食の安全と安心」が求められている時代はないように思える。本書では，「食の安全保障」すなわち「安全かつ健全な食品の安定供給と快適で健康な生活の確保」を主たる命題として掲げ，この命題に対して酵素化学とその周辺の生命科学になにが出来るかを模索することを目的にした。

1　生命科学の源流は食の理解にある

歴史的に見ると食に関わる科学と技術は食品の消化，発酵・酸敗，品種改良や育種などの理解を通して生命科学の主要な流れを形成し発展させてきた[1]。しかし，近年の生命科学は，新しい概念や研究手法を創生しつつ急速に発展している。今後の食品の研究開発においては，これらの新しい概念（ゲノミクス，プロテオミクス，メタボロミクス，インフォーマティクックス，構造生物学など）や分子生命科学的手法を積極的に導入することが求められる。食の研究は空間的対象としてはベンチ・スケールからフィールド・スケールにいたる広い範囲を包含し，物質的対象も生物個体，細胞，遺伝子，タンパク質，脂質，糖質などを網羅する。学問としての領域には，従来の生物学，農学，工学，医学，薬学のみならず，味，おいしさ，匂いなどを対象に神経生理学や心理学，食に関わる文化論，文明論，生活史などにまで及ぶ[2,3]。

2　食の理解には新たな視点が求められている

食品の生産・製造においても，食品の摂取と代謝においても，多数の酵素反応が複雑に絡む[4,5]。食品の研究開発は，まさしくプロテオミクスの場，さらに新語の導入を許していただけるのならエンザイモミクス（Enzymomics）の場である。本書では，食品における研究開発を「酵素化学」の窓を通して見ることを試みる。食に関わる酵素化学から，生命科学への新たな刺激と情報の発信を期待してよい。

---

*　Kuniyo　Inouye　京都大学大学院　農学研究科　食品生物科学専攻　教授

3　食糧不足は目の前にある

食品は人類にとりもっとも密接で不可欠な生活素材であり，食品のことをドイツ語でLebensmittel（生命の素材）というのは，このことを的確に示している。食品が摂取され人の体を構成し，エネルギーを生み出すことを考えると，食品の物質変換の中に生命が宿ると言ってもよい。20世紀は，悲惨な戦争に明け暮れた時代ではあったが，人類に多くの福音を与えた時代でもあった。具体的には，「緑の革命」と称される農業の近代化の実現，工業化社会の成熟，保健医療の発展による平均寿命の増加などを挙げることができる。その結果，地球人口の爆発的増大，エネルギー消費量の急増，さらには環境破壊と汚染をもたらすこととなった。地球人口やヒトによるエネルギー消費量は紀元前10000年前から1900年代初頭までほとんど変化しないか微増であったが，この100年間で数十倍にも爆発的増加を示した。1900年代の初頭に数億人であった地球人口は，いまや60億人を突破し，今世紀の中ごろには100億人に達すると予想されている。食糧や資源の枯渇が深刻な問題として顕在化することは避けられそうにない。メドウスによる地球上の人口，資源，工業力，食糧資源，汚染などの将来予測がローマクラブで報告されたのは1972年であり，その予測は多少の修正を加えながらも，見事に現状に符合している（図1）[6~9]。すなわち，2010年ごろには工業生産や一人当たりの食糧生産はピークに達する。汚染は，それから20～30年遅れてピークを迎える。地球の食資源と工業的資源は地球上の人口を維持することが出来ないことになり，資源の枯渇，工業生産と食糧生産の低下，環境汚染の深刻化などの原

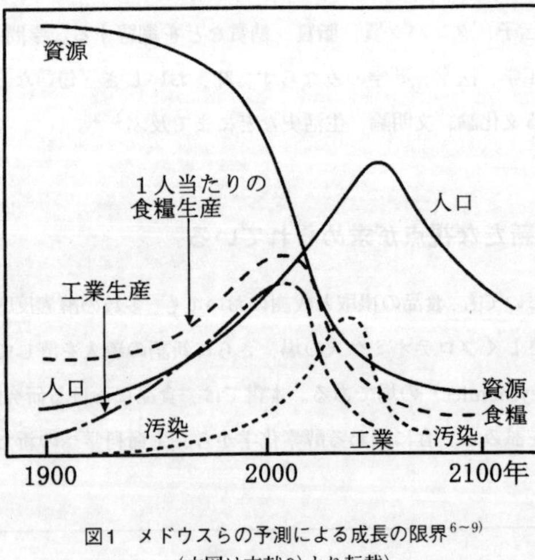

図1　メドウスらの予測による成長の限界[6~9]
（本図は文献9）より転載）

因で，今世紀後半には人口の急速な減少が予測されている。情報がボーダーレス化しているのと同様に，食に関わる問題もボーダーレス化の傾向にある。家畜の病気が一瞬のうちに世界中に拡散する気配があるし，気象変動による一国の作物不況が他国の農業政策に影響を与えることもある。地球的規模で問題解決に当たる必要がある。

4　わが国の食糧自給率はきわめて低い

わが国の食糧自給率は，金額換算では90％と高いが，熱量換算では40％程度であり，戦後単調に低下している。すなわち，日本国民は高価な国内産の食品を好みつつも生命活動に必要なエネルギーの多くを低廉な海外の食品に依存している。最近のアメリカでのBSE騒動が，ほぼリアルタイムで食卓に反映される。多くの先進国では熱量換算食糧自給率がほぼ100％あるいはそれ以上であるのに比べ，わが国の低さは突出している。熱量換算食糧自給率の向上は，わが国の食に関わる研究者に課せられた急務の課題といってよい。一方，わが国政府も食糧自給率の向上について目標を提示しており，平成22年（2010年）に45％にまで向上させるとしている。また，食品産業廃棄物のリサイクル利用することで平成13年度から5年間に食品産業廃棄物総量を20％削減させる法令（食品リサイクル法）が成立している[10]。現状では，いずれも達成は極めて困難と見られている。最新の生命科学技術を駆使した取り組みが望まれる。

一方，食品・食糧における南北問題は，先進国での飽食とそれに伴う生活習慣病を，発展途上国での貧困と飢餓それに伴う種々の疾病をもたらしており，複雑な要因を内包する困難な問題となっている。先進国であり，国民の教育レベルも高く，工業化の進んだ欧米諸国やわが国が飽食の国であり，生活習慣病が深刻であることは文明の皮肉である。わが国では，食糧自給率が極めて低く，世界的規模での食糧不足が予想される今世紀中ごろには，食糧の調達が困難になるかもしれない。

5　食品産業廃棄物

わが国では，未利用食糧資源や食品産業廃棄物の大半が焼却されている。未利用資源としては，木質のセルロースやリグニンやエビやカニなどの海洋生物のキチン・キトサンなどの未利用バイオマスが意識されるが，バガスや稲ワラ，大豆粕，魚鱗，屠畜血なども含まれる。これらの一部は，食資源として充分に利用可能な側面も有しているが，現状では，廃棄により炭酸ガス濃度の上昇や環境汚染を生んでいる。食品産業廃棄物に関しては，政府の削減目標との関連においても，緊急を要する問題である。食品製造上に産出される産業廃棄物とは別に，我が国を含め先進国では食品がかなりのパーセンテージで食べられないまま廃棄されている点は注目に値する。これは外食産業やファーストフードに支えられた現代人の生活様式に関連するところであるが，食資源利用の非効率性と廃棄に伴うコストおよび環境への負担を考えると深刻な側面を擁している。

6 安全性と品質管理

食の安全性と品質管理が大きい切実な社会問題となっている。食中毒，寄生虫，BSE，出血性大腸菌，サルモネラ，食品アレルギー，食品中の添加物，抗生物質や農薬，毒物を挙げることができる。最近（2004年1月）では，鳥インフルエンザや豚インフルエンザも大きいニュースとなっている。食品添加物や食品に利用される保存料，抗生物質，薬物に関しては，国や地域で規制が異なり，各国で個別に対応すべき問題でもある。これらの物質や細菌・ウイルスの迅速で簡便な検出システムの開発，また，食品の品質管理を目的としたセンサ類の開発は早急に対応すべき課題である[11]。一方，食品の成分表記が義務付けられ，よりきめ細かい品質管理が要求されている。この点では，成分や添加物の分析装置，さらに味や匂い，食感の分析装置などの開発が求められる。とりわけ味，匂い，食感の検査はヒトの感覚を用いる官能検査に基づくことが多く，機器分析への依存度が低い状況にあるといってよい[12~15]。食品アレルギーを誘発するアレルゲンは糖鎖が関わるものも一部あるが，本質的にタンパク質であり，加工食品において，とくに卵，牛乳，コムギ，ソバ，ピーナッツの5品目は食品衛生法により表示が義務付けられている[16]。それ以外にも表示が推奨されているものが19品目ある。わが国でのカニやエビに対するアレルギーの症例数は，わが国におけるカニやエビの摂取量によく対応すると言われ，食の習慣や行動とも関連することが指摘されている。

7 遺伝子組み換えによる分子育種

食糧の増産や保存性，機能性付与を目的にして，遺伝子組換え作物や家畜，魚類が育種されている。一方，環境との調和や安全性の面で問題が提出されている。消費者に不安を与えていることは否定できない。しかしながら，食の増産と高機能化を考えるとき，遺伝子組換え育種技術が，避けることの出来ない重要な技術であることは疑いがない。これらの問題を克服する遺伝子技術の開発が望まれる。主要な作物や動物のゲノム解析が終了しつつある現在，「食の生産」と「食の摂取」の2つの観点において，「どのようにゲノム情報を適用するのか」が最大の問題点であるように見える。言い換えると，食の生産に関しては，高収穫性の品種，病虫害に抵抗性の品種，不適当な土壌や環境下で耐性のある品種，収穫後の保存性のよい品種などの開発があげられる。

一方，食の摂取に関しては，摂取したヒトにとって，その食品が消化吸収性がよいこと，アレルギー性がないこと，血圧降下作用があること，コレステロール低下作用があることなどの個別の機能の付与が考えられる。

8　食品の栄養性と機能性

食品の持つ栄養性と機能性は，効率的で快適な食生活を享受する上で重要な観点である。食品の種々の機能性が注目され，その機能が解明されるとともに，積極的に機能を付与する試みがなされてきた。栄養学的側面を越えて機能性が重視されるあまり，医薬品との境界が不分明になりつつある。食品に抗ガン性，血栓形成抑制作用，血圧降下作用，コレステロール低下作用などを積極的に付与した食品が広く利用されている。食品の消化阻害や吸収抑制を付与した食品がダイエット用に利用されている。食品を予防医学の基盤として位置づけようとする考えが強い。また，摂取の形態から言っても，より医薬に近いと考えられるいわゆる機能性食品，健康補助食品やサプリメントも大量に利用されている[17～19]。

9　エネルギーと水

食糧とともにエネルギーと水[9, 20]の不足が深刻である。バイオマスに依存するエネルギーの調達が，一方で考慮されている。とりわけ，農作物に由来するデンプンをアルコールに変換し，エネルギー源とする研究開発が活発に進められている。このことは，農作物がエネルギー資源でもあることをクローズアップするものであるが，このことは食糧資源としての農作物のあり方を大きく圧迫する可能性がある。さらには，森林の農地化に拍車をかけることになる。農業は環境に優しいと盲目的に信じられている面があるが，現実には，肥料や農薬の大量投入により，土地は疲弊し，残留した肥料や農薬による地下水の汚染が深刻な問題となっている。食をどのようにして安全かつ安定に確保するのかは，食の安全性の確保とは別の面で，極めて重い課題である[21]。

10　文明と生活習慣病

食品は文化と深く関わりあっており，人類の民族的特性や地域的特性，歴史的特性を形作っている主要な要因でもある。地域に特有の農産物に基づいて，極めて多様な食文化が形成されている。食文化の多様性が人種的形態や言語の多様性を裏打ちしている可能性さえ推察させる。「医食同源」あるいは「薬食同根」の言葉を持ち出すまでもなく，食品には体を健康に維持するための機能があり，その効果は医薬ほど劇的ではないにしても，穏和で持続的なものであることが分かる。健康と不健康（病気），あるいは食品と医薬の明確な対立点はどこにあるのだろうか。わが国において1,000万から3,000万人が治療を受けているといわれる糖尿病や高脂血症，通風などの疾病がある。また，食生活や生活習慣や生活環境と密接に関連するといわれる種々のガン，高血圧症なども増えている。いわゆる「生活習慣病」を考えるとき，食と健康には一種の損益分岐点があるように見える。食中毒，食物アレルギー，生活習慣病などの食が直接関与する病気や，食と医の接点にある機能性食品やサプリメントを考えると，今後の医と食の関係は双方向に解析的かつ補完的なものにならざるを得ないように見える。また，食が与える快適さやアメニティーが強調されている。食品そのもの，あるいは，食べるという行為が脳機能，神経生理学や心理学にどのように関連するかは，今後の興味深い課題である。食の倫理や安全性に関わる事件が頻繁に起きている。上に述べたような文化的，社会的，地球的状況を勘案するとき，食品の科学は壮大な広がりをもっていることを実感させられる。

11　食品工業には多くの酵素が利用されている

食品科学・食品工学の領域では多種多様な酵素が利用されている[22～24]。歴史的に見れば，この領域での酵素利用が酵素の分子論的な理解を刺激しリードしてきたとも言える。各種のアミラーゼやプロテアーゼが好個の例である。しかも，それらの多くが，わが国の研究者により開発され，研究されてきたことを忘れてはならない。1874年にコペンハーゲンでChristian Hansenがチーズ製造用にレンネットを工業化したことを除くと，当時，アメリカにあった高峰譲吉は，1894年，酵素についての最初の特許を取得している。すなわち，小麦ふすまで表面培養した*Aspergilus oryzae*からのアミラーゼ（タカジアスターゼ）製造法についての特許を取得し，本酵素を工業的に製造した[25]。部位特異的変異導入による蛋白質工学的研究の対象とされたズブチリシンBPN'や，好熱性酵素のさきがけであり，アスパルテーム製造に用いられているサーモライシン，チーズ製造用の微生物レニン，デンプン工業におけるα-アミラーゼ，グルコアミラーゼやグルコース·イソメラーゼ，蛋白質ゲル化剤としてのトランスグルタミナーゼなど枚挙にいとまがない。欧米では肉の軟化，チーズ製造，皮革なめし，ビール醸造などの産業に利用されてきた酵素の多くが，むしろ動物や植物に由来することを考えると，わが国で開発された食品関連酵素の多くが微生物酵素であることは特記するに値する。

食品工業における酵素利用の特長は，酵素の種類が多岐にわたることであり，利用の形態も，高圧，高温，高塩濃度下，酸性，アルカリ性，油中，粉末状など様々である。新規な酵素の検索と同時に，新機能をもつ酵素の創製が蛋白質工学的手法を用いて積極的になされている。当然のこととは言え，酵素化学の立場からは，従来，深く研究されてきた酵素は入手しやすく取り扱いやすいものが多かった。利用する立場からの視点が希薄であったことは否めない。デンプン粒にアミラーゼが適用され，家畜飼料にフィターゼが添加され，また，肉の軟化にプロテアーゼが巧みに利用され，十分な効果を示すことを考えると，これらの酵素反応には，希薄溶液での酵素反応では推し量れない側面があることが分かる。また，プロテアーゼの逆反応を用いるペプチド合成や糖関連酵素の転移反応による各種機能性糖類の合成，リパーゼによる脂質の改質や医薬品原体の合成など，本来の酵素機能からはみ出す新機能が開拓されてきた[26~28]。従来は多分に経験的に利用されてきた食品用酵素の研究が，近年になり，明確な目的を志向した，積極的で「挑戦的」な研究に転換しつつある。ポストゲノム時代に突入した21世紀において，酵素化学は酵素機能の解析から酵素機能の創出へ，ギアを切りかえることが求められる。にわかにバイオ技術の進歩が目覚ましくなってきた。ゲノム情報とその翻訳産物であるタンパク質をめぐる網羅的情報がゲノミクス／プロテオミクスという形で急速に蓄えられてきている。食品科学においてもフード・プロテオミクス，フード・エンザイモミクスといってよい学問領域が広がってきたように思える。

12　食品用酵素は産業用酵素のなかで重要な位置を占める

現在，世界中の産業用酵素（食品，洗剤，繊維，皮革，製紙など）の市場は1800億円[29~31]（16～20億USドル[25, 28]）と考えられ，毎年，10～15％程度の伸びがある[25, 32]。産業用洗剤用が38％，糖化工業13％，乳製品10％，繊維工業9％，飲料6％，飼料用6％，製パン用5％，紙・パルプ用1％，その他12％とされている。産業用酵素の食品分野における比重は31％程度である。食品工業に利用される酵素のうちの約25％（2億USドル）がデンプン加工用である。

1960年代初頭になり，洗剤用の酵素が本格的に利用されるようになり，産業用酵素に占める酵素の割合が一変した。それ以前の産業用酵素は大半が食品分野で占められていたことは注目してよい。近年，環境問題や健康問題に対する酵素利用の要求があり，産業用酵素の市場は確実に伸びている（図2）[30]。

産業用酵素製造では，アメリカとEUがそれぞれ世界中の酵素生産額の約25％ずつを占めている。国際的には，業界の再編と集約により，世界市場はノボノルディスクが55％，ジェネンコアが23％を占めている。ただし，両社の酵素は大部分が洗剤用であり，食品分野については，酵素の利用形態が多種多彩であることもあり，両社の占有率はそれほど高くない。食品分野ではわが国のメーカーの酵素が国際的に広く流通している。わが国の酵素市場は240億円程度と考え

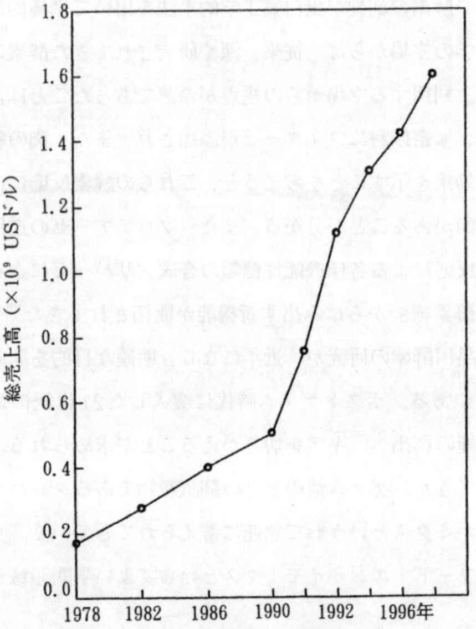

図2　世界市場における産業用酵素の総売上高[30)]
（本図は文献30）より転載）

られる。そのうち，100億円（40％）が食品用である[31)]。用途としては，デンプン関連の糖化，調味料関連のタンパク質分解，酒類・飲料用，食肉・魚肉加工品の品質改良，パンや麺類の品質改良などである。食品工業と食品科学（食品の生産，製造，加工，保蔵，包装，輸送，検査，分析，機能，代謝，安全性，産業廃棄物処理など）における酵素利用が重要な意味を持つことが理解できる。

食品添加物酵素は76品目であり，今後さらに追加される可能性が高い。それらのうち，遺伝子組み換えによる酵素が認可されているのはアミラーゼ，リパーゼなど5種類程度であり，充分ではない。今後，より有用で特異的な作用を有する酵素が遺伝子組み換え技術で開発されれば，食品加工にとり大きいインパクトになることは間違いない。

13　食品用酵素利用の最近のトピックス[28, 33)]

13.1　デンプン糖化関連酵素

デンプン糖化は，デンプンを α-アミラーゼで大きく分解した後，β-アミラーゼ，あるいはマルトース生成酵素やグルコアミラーゼで，マルトースやグルコースにまで分解することで行なわれる。さらにグルコースにグルコース・イソメラーゼを作用させるとグルコース58％，フルクトース42％からなる平衡混合物（異性化糖）に変換される。この方法で，グルコース・シロップからハイフルクトース・シロップが製造される。

近年の健康ブームにのり多くの機能性オリゴ糖が開発されている。非還元性二糖であるトレハロースに加えて非還元性四糖マルトシルトレハロースにはデンプン老化，油脂の変敗，タンパク質変性抑制，離水抑制，冷凍耐性付与，鮮度保持などの効果があり，食品や化粧品に利用されている。さらに，リン酸化オリゴ糖のカルシウム吸収促進作用，シクロマルトデキストリングルカノトランスフェラーゼ（CGTase）で製造されるシクロデキストリン（CD）の血糖値制御効果が注目されているし，大環状デキストリン（クラスターデキストリン）や大環状アミロースも食品への利用が期待されている。アラビノースやイヌリンには小腸からの糖の吸収抑制などの生活習慣病予防効果などが期待されている。

13.2　タンパク質関連酵素

食品タンパク質改善のためにトランスグルタミナーゼを用いて分子間分子内架橋が導入されている。現在では，本酵素は食品用酵素において最も大きい比重を占めるに至っている。食品タンパク質素材をプロテアーゼ消化により低アレルゲン化した育児粉乳基材が製造されている。最近では，低アレルゲン化コメやコムギ粉が開発されており，アレルゲン性を抑えたパンやウドンの製造も試みられている。

13.3　製パン関連酵素

ボリュームやソフトネスの向上，製パンに用いられている酸化剤（プロメート）の使用自粛などで，多くの酵素が用いられている。アミラーゼ，プロテアーゼ，リパーゼ，ヘミセルラーゼ，アスコルビン酸酸化酵素，グルコース酸化酵素などがある。

13.4　飲料関連酵素

清涼飲料生産量は好調な伸びを示している。緑茶ではβグリコシダーゼによる香り増強効果が注目されている。ダイズ豆乳が伸びており，豆乳の性状改変のための各種の酵素処理が期待される。ダイズ臭改善に対しCGTaseが，イソフラボンのアグリコン化に対しβ-グリコシダーゼの利用が検討されている。コーヒー飲料のオリの除去にガラクトマンアナーゼが，リンゴ果汁の褐変防止にクロロゲン酸エステラーゼが使用されている。

14　酵素の機能は多彩多岐である

酵素の特徴は，高い基質特異性と反応特異性にある。さらに，常温，常圧，中性付近のpH，水媒質中で作用する。パンでもご飯でもそのままにおいておけば，ほぼ永久に分解されることはないが，胃の中に入れると2－3時間もすると大部分消化されてしまう。非酵素存在下ではとうてい進むことがない反応が，酵素存在下では極めて迅速に進むことは，古くから酵素化学者の心を捉えて離さない不思議であった。引き伸ばせばただのポリペプチドの「ひも」に過ぎない酵素タンパク質が，正しく折りたたまったとき見事な触媒機能を発揮することは，今もって充分に理解するのが困難なことではある。

酵素は化学反応の触媒である。反応速度は，高温度ほど速いため，温度安定性の高い酵素が求められる。温度安定性の高い酵素は，一般に変性剤や有機溶媒に対しても安定性が高く，工業的利用には望ましいことが多い。酵素の異常環境下からの探索，部位特異的変異導入や化学修飾，固定化などの改変により，よりすぐれた酵素が今後も見つけられることが期待される。工業用酵素の多くは，酵素コストの関係で微生物由来であったが，動物や植物の有用酵素を組み換えた微生物を用いることで，安価に動植物酵素を工業目的に利用できるであろう。タンパク質工学，バイオインフォーマテックス，コンビナトリアルケミストリー，ハイスループット技術を動員することで，新規の触媒機能を持つ酵素の創製も可能になる。一方，酵素は遷移状態を安定化するとする遷移状態仮説に基づき，酵素機能を持つ抗体（Catalytic antibody, Abzyme）が，仮想的な遷移状態を鋳型として作出されている[34]。同様の発想で，ポリメタクリレートやゼオライト，金属で酵素機能を持つ触媒を作る試みが盛んである。最近，Diels-Alder反応を触媒する最初の酵素が報告されたが[35]，本発見に先立ち，Diels-Alder反応を触媒するCatalytic antibodyが報告されていることは，人為的に酵素を作出できる時代が現実に来ていることを実感させる。

一方，「食品酵素化学」というとき，なんとなく無定形で雑多で多様な各論ばかりが目に付き，「学」としての体系性には程遠いように見えるが，それはそれとして，われわれが置かれている現状に即して，実態を記録し披瀝し，今後への展望を語ることは無駄ではない。食品科学における酵素の利用は，実に多彩多岐であり，知れば知るほど先人の知恵，工夫，努力に驚かされる。先人の知恵ばかりではない。今まさに食品工業を事業として展開されていることのなかに，驚愕するばかりの酵素利用法がある。酵素化学者は，酵素といえば，試験管の中の緩衝液に純粋な基質と徹底的に精製した酵素を加えて，反応を解析することを思い浮かべる。まさしく，理想的な条件での反応が行なわれる。さらに，今日の化学は希薄溶液内での，理想状態における反応解析を得意とし，複雑で濃厚な系は不得意である。しかし，現実の食品工業に目を転じてみると，味噌と見まちがうばかりの高濃度で粘稠な液体や皮革のような硬い固体に酵素を作用させることもある。高濃度の有機溶媒中で行なわれている反応もある。フィターゼによる家畜飼料の改変は，飼料に酵素をまぶして行なわれており，古典的な酵素反応では理解が難しい。消化薬として古くから利用されているパンクレアチン粉末が本来の作用場所ではない胃で食物を消化することさえ興味深い。植物キチナーゼは細胞内で生じた微細な氷結晶に結合して，氷結晶の成長を阻害し，植物に耐凍性を与えている[36]。われわれは，ダイズタンパク質をプロテアーゼにより加水分解する過程で，分解物が凝固することを見出した[37]。まさしく，酵素は教科書どおりには作用しない。酵素化学は食への理解から生まれ，食の科学工業を通して育成・強化されてきたことを実感する次第である。

文　献

1）一島英治, 酵素　ライフサイエンスとバイオテクノロジーの基礎, 東海大学出版会 (2001)
2）栗原堅三, 味と香りの話, 岩波書店 (1998)
3）御子柴克彦, 清水孝雄編, 感覚器官と脳内情報処理, 共立出版, pp.1-26 (2002)
4）小牧利章, 酵素応用の知識第2版, 幸書房 (1988)
5）太田静行, 食品加工の知識, 幸書房 (1992)
6）D.H.メドウスほか, 成長の限界, ダイヤモンド社 (1972)
7）D.H.メドウスほか, 限界を超えて, ダイヤモンド社 (1992)
8）安永良知, 安永悦子, 環境保全, **9**, 31 (1994)
9）安藤淳平, 環境とエネルギー——21世紀への対策, 東京化学同人 pp.2-5 (1995)
10）農林水産省, 我が国の食料自給率—平成14年度食料自給率レポート (2003)
11）井上國世, 化学と生物, **34**, 240-253 (1996)
12）相良泰行, 食感性工学 (相良泰行編), pp.1-18, 朝倉書店 (1999)
13）相良泰行, 新世紀の食品加工技術 (藤田哲ほか監修), シーエムシー出版, pp.162-174 (2002)
14）都甲　潔, ジャパンフードサイエンス, **37**, 31 (1998)
15）都甲　潔, 味覚を科学する, 角川書店 (2002)
16）小川　正, 化学と生物, **40**, 643 (2002)
17）太田明一 (監修), 新食品機能素材の開発, シーエムシー出版 (1996)
18）瀬川至朗, 健康食品ノート, 岩波書店 (2002)
19）蒲原聖可, サプリメント小事典, 平凡社 (2003)
20）M. Barlow and T. Clarke,「水」戦争の世紀 (鈴木訳), 集英社 (2003)
21）松田晃, 間藤徹, 化学と生物, **41**, 644 (2003)
22）小崎道雄監修, 酵素利用ハンドブック, 地人書館 (1980)
23）一島英治編, 食品工業と酵素, 朝倉書店 (1983)
24）Bio Industry 編集部編, 産業用酵素の技術と市場, シーエムシー出版 (1999)

25) P.B. Poulsen, K. Buchholz, Food Enzymology (J.R. Whitaker *et al*. Eds.) pp.11-20, Marcel Dekker, New York (2003)
26) K. Faber, Biotransformations in Organic Chemistry, 3rd Ed. Springer-Verlag, Berlin (1997)
27) U.T. Bornscheuer, R.J. Kazlauskas, Hydrolases in Organic Synthesis, Wiley-VCH, New York (1999)
28) A.J.J. Straathof, P. Adlercreutz, Applied Biocatalysis, 2nd Ed. Harwood, Amsterdam (2000)
29) 小根田洋史, 井上國世, *Bio Industry*, **19**, No.11, 8 (2002)
30) 上島孝之, *Bio Industry*, **16**, No. 1, 8 (1999)
31) フードケミカル編集部, 月刊フードケミカル, **1998**, No. 8, 47 (1998)
32) 相沢益男監修, 最新酵素利用技術と応用展開, シーエムシー出版 (2001)
33) 間瀬民生, 月刊フードケミカル, **2003**, No. 9, 67 (2003)
34) 井上國世, 動物細胞工学ハンドブック (日本動物細胞工学会編), pp.262-263, 朝倉書店 (2000)
35) T. Ose *et al., Nature* **422**, 185 (2003)
36) S. Yeh *et al., Plant Physiol*. **124**, 1251 (2000)
37) K. Inouye *et al., J. Agric. Food Chem*. **50**, 1237 (2002)

第2章　糖質関連酵素

1　微生物β-アミラーゼの構造と機能

新田康則*1，三宅英雄*2

1.1　概　説

β-アミラーゼ（EC 3.2.1.2）は1930年にOhlssonによって発見され[1]，α-アミラーゼとともに古くからデンプン分解酵素として研究されている。β-アミラーゼはデンプンやマルトオリゴ糖の非還元末端からα-1,4グルコシド結合を加水分解してβ-マルトースを生成する[2]。したがって，α-アミラーゼがendo型の作用様式をもつアノマー型保持酵素であるのに対して，β-アミラーゼはexo型の作用様式を持つアノマー型反転酵素と呼ばれる。β-アミラーゼは植物と微生物に分布しており，動物には見いだされていない。微生物β-アミラーゼは1971年に東原と岡田[3]によって単離されて以来，多くの生産菌が報告されている[4]。α-1,6結合など他のグルコシド結合には作用できないため，デンプンやグリコーゲンをβ-アミラーゼで極限まで加水分解したときデンプンの分岐部分を残して分解は止まる。分解されずに残ったβ-限界デキストリンはα-1,6結合を加水分解する枝切り酵素（イソアミラーゼ，プルラナーゼ）を加えるとほぼ100％の分解率でマルトースになる。植物のβ-アミラーゼは結晶性の生デンプンを分解できないが，微生物由来のβ-アミラーゼは生デンプンに吸着する機能（生デンプン吸着能）をもち，生デンプンを加水分解できる。一次構造は，現在Swiss-Plot（http://us.expasy.org/sprot/）に登録されているβ-アミラーゼのデータ数15のうち6つが微生物由来のβ-アミラーゼであり，三次元構造は，X-線結晶構造解析によりダイズ[5]，サツマイモ[6]，オオムギ[7]，および*Bacillus cereus*[8,9]由来のβ-アミラーゼについて明らかにされている。β-アミラーゼは，Henrissatらによるアミノ酸配列の類似性に基づいた糖質加水分解酵素の分類でファミリー14に属する（http://afmb.cnrs-mrs.fr/CAZY/index.html）。

β-アミラーゼは，醸造産業やマルトースの製造の用途だけでなく，製パン等においては作業性の向上やデンプンの老化防止などに利用されている。現在，微生物由来のβ-アミラーゼはダイズβ-アミラーゼに比べて耐熱性が低く実用的な力価が得られていないことから，まだ工業生産されていないが，微生物由来のβ-アミラーゼは生デンプンに作用し，デンプンの糊化開始温

＊1　Yasunori　Nitta　大阪府立大学　農学生命科学研究科　教授

＊2　Hideo　Miyake　三重大学　生物資源学部　分子生物情報学研究室　助手

度以下でもよく作用する利点を持っており，食品への応用範囲を広げる可能性がある[10]。

以下，本稿は分子構造がよく調べられている微生物*Bacillus cereus*由来β-アミラーゼ（遺伝子組換え酵素）を中心に説明する。

1.2 基質の結合とサブサイト親和力

基質（マルトオリゴ糖）が活性部位に結合している模式図を図1に示す。基質の結合様式は，酵素－基質複合体のX線結晶構造解析[11]の結果を反映して描かれており，サブサイト－1と＋1の間でグルコシド結合が大きくねじれている。

結合した基質の各グルコースが位置する部位（サブサイト）の番号を，サブサイト番号と呼ぶ。サブサイト－1とサブサイト＋1の間には2つの触媒基（Glu172とGlu367のアミノ酸側鎖）が存在して，基質のグルコシド結合を切断する。模式図の下の棒グラフは，各サブサイトと基質の各グルコースとの間の結合親和力（サブサイト親和力）で基質の部分結合親和力である。このデータは廣海のサブサイト理論[12]に基づいて，重合度が異なった一連のマルトオリゴ糖の速度パラメータ（分子活性k_0とMichaelis定数K_m）を用いて求めたものである[13]。ここで，サブサイ

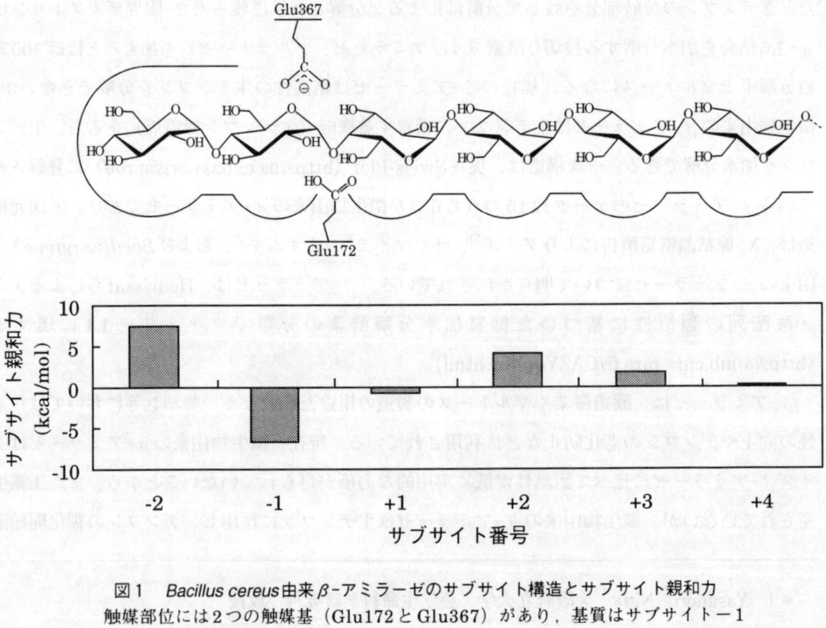

図1　*Bacillus cereus*由来β-アミラーゼのサブサイト構造とサブサイト親和力
触媒部位には2つの触媒基（Glu172とGlu367）があり，基質はサブサイト－1と＋1の間で加水分解される。

ト－2と＋2のサブサイト親和力は大きな正の値であり，基質結合に大きな寄与をしていることが分かる。一方，サブサイト－1と＋1の結合親和力の和は大きな負の値である。これは，次の項で説明するように，基質のグルコシド結合を速やかに加水分解する際に都合の良い電子状態を生ずるため，サブサイト－1において“切断されるグルコシド結合に生じた歪みのエネルギー”に起因すると推定することが出来る。

1.3　分子構造と機能

1.3.1　一次構造

現在，全アミノ酸配列（一次構造）が決定されている微生物β-アミラーゼは，*Bacillus*属（*cereus* var. *mycoides*[14]，*cereus* BQ10-S1[15]，*circulams*[16]，*polymyxa*[17]，*megaterium*[18]）と*Clostridium thermosulfurogenes*[19]である。これら微生物と植物β-アミラーゼ間のアミノ酸配列上の相同性は30％程度で低い。しかし，相同性の高い保存領域には，基質との結合や触媒に関わる活性部位のアミノ酸や構造維持に関わる重要なアミノ酸が存在する。また，微生物β-アミラーゼは，C末端領域に植物β-アミラーゼには無い約80のアミノ酸配列を持つ。

1.3.2　三次構造

(1)　ドメイン構造

X線結晶構造解析により決定された*Bacillus cereus* var. *mycoides*のβ-アミラーゼの三次元構造を図2に示す[11]。酵素分子は516アミノ酸から成る分子量58,300の単体（モノマー）で，ドメインA，B，Cで構成されている。ドメインAとBとで活性部位を形成して1つの機能構造となるので，この2つのドメインAとBをまとめて触媒ドメイン（またはメインドメイン）と呼ぶ。ドメインCはC末端約80残基で構成されるドメインである。触媒ドメインは，8つの平行β-シートと8つのα-ヘリックスからなる$(\beta/\alpha)_8$バレル（別称，TIMバレル）構造をもち，深いクレフト状の活性部位を形成している。ドメインCは逆平行β-シートで形成されており，グルコアミラーゼやシクロデキストリングルカノトランスフェラーゼ（CGTase）などのC末端領域のデンプン吸着ドメインと類似した構造を持つ。

(2)　酵素－基質複合体の構造と機能

酸触媒として働くGlu172をアラニンに置換して活性を無くした変異酵素と，基質（マルトペンタオース）の複合体のX線結晶構造解析の結果を図3と図4（相互作用の関係を示す模式図）に示す[11]。マルトペンタオースは触媒部位を跨いで結合し，構成グルコースは全て安定なC1椅子形であるが，サブサイト－1と＋1の間のグルコシド結合（加水分解される結合）が大きくねじれて結合している。また，塩基触媒として働くGlu367の側鎖の酸素原子とサブサイト－1に結合しているグルコース残基のC1炭素との間に水分子が観測されている（図3）。このような基

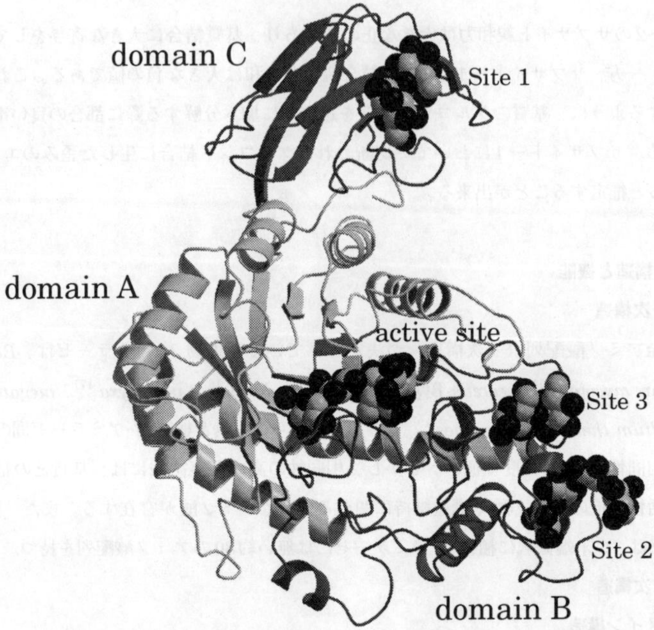

図2　*Bacillus cereus*由来β-アミラーゼの分子構造（リボン型表示）[11]
活性部位（active site）と3つの糖結合部位（Site1，Site2，Site3）には，空間充填型モデルで表示された基質（マルトペンタオース）が結合している。Site1，Site2およびSite3には，基質の非還元末端からそれぞれ，3つ，4つおよび2つのグルコース残基が結合している。活性部位に結合している基質に少しかぶっている紐状のループは，図4に示す可動ループ（flexible loop）である。

質結合の状態は，グルコシド結合の酸素原子と水分子との反応を容易にするだけでなく，グルコシド結合を不安定化してエネルギーレベルを上げ，酵素－基質複合体と遷移状態間のエネルギー差を小さくすることで活性化エネルギーを下げ加水分解を速やかに行う巧妙な仕組みとなっている。また，触媒活性に関わる構造上の大きな特徴として，可動ループ（flexible loop，Gly93～Ala97）の存在がある（図4，図2参照）。可動ループは，基質がサブサイト－2を占有して結合したとき，大きく動いて活性部位を溶媒から遮蔽するように覆い，同時に活性部位の一部を構成する（closed form）。このとき，可動ループはサブサイト－2と－1および触媒部位をほぼ完全に溶媒から遮蔽している。基質が結合していない場合には，ループが開いて活性部位はオープン状態（open form）になる。可動ループによる活性部位の開閉の機構はまだ分かっていない。基質結合状態において，サブサイト－2では，基質の非還元末端グルコースが多くの水素結合によって強く結合し，サブサイト＋2では主にTyr186，Leu370および可動ループのVal95との疎水

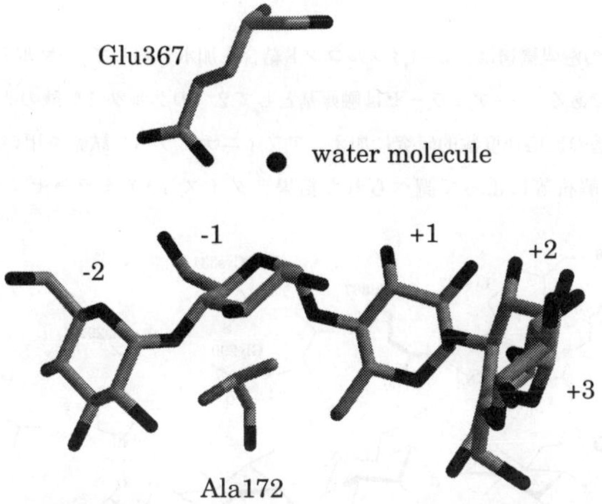

図3　活性部位に結合している基質分子（マルトペンタオース）の構造[11)]
基質が，*Bacillus cereus*由来β-アミラーゼの1つの触媒基（Glu172）をアラニンに変えた変異酵素に結合している状態を，Ala172とGlu367（触媒基）および加水分解に関わる水分子と共に示す。－2～＋3は活性部位のサブサイト番号を示す。基質のグルコース残基は全て安定なイス型構造であるが，基質分子はサブサイト－1と＋1のグルコース間で大きくねじれている。

的相互作用が結合に寄与し，His292との水素結合も生じる。なお，拮抗阻害剤であるα-シクロデキストリン（α-CD）はLeu370を取り囲むように結合し，可動ループが開いた状態（open form）でサブサイト＋2のHis292およびTyr186と相互作用している。

(3)　糖結合部位と生デンプン吸着

*Bacillus cereus*由来β-アミラーゼのドメインCとCGTaseやグルコアミラーゼの生デンプン結合ドメインの間ではアミノ酸配列の相同性は低い（30％程度）けれども，互いによく似た分子構造（フォールディング）を持つ[8, 9)]。CGTaseでは，2つのマルトース結合部位が存在するが，*Bacillus cereus*由来のβ-アミラーゼには，1つ（Site1）しかない。しかし，その結合部位の2つのトリプトファン残基は，CGTaseのマルトース結合部位の1つと非常によく似た配置と配向をもち，疎水的相互作用によって糖のマルトース単位を認識して結合する。また，図2に示すように，活性部位以外の糖結合部位として*Bacillus cereus*のβ-アミラーゼにはこのSite1以外にも2つの部位（Site2とSite3）が観測されている[11)]。最近の研究[20)]において，Site1とSite3は高い生デンプン吸着能をもつだけでなく，可溶性の基質に対する酵素活性にも関わっていることがわかっている。しかし，この酵素は生デンプン分解能をほとんど持たない。

1.4 触媒機構

β-アミラーゼの触媒機構は，α-1,4グルコシド結合を加水分解してβ-マルトースを生成するアノマー反転型である。β-アミラーゼは触媒基として2つのグルタミン酸のカルボキシル基を持つ。活性解離基の反応速度論的研究に加え，アフィニティラベル試薬を用いた化学修飾法[21]やX線結晶構造解析等によって調べられた結果，ダイズβ-アミラーゼでは，Glu186と

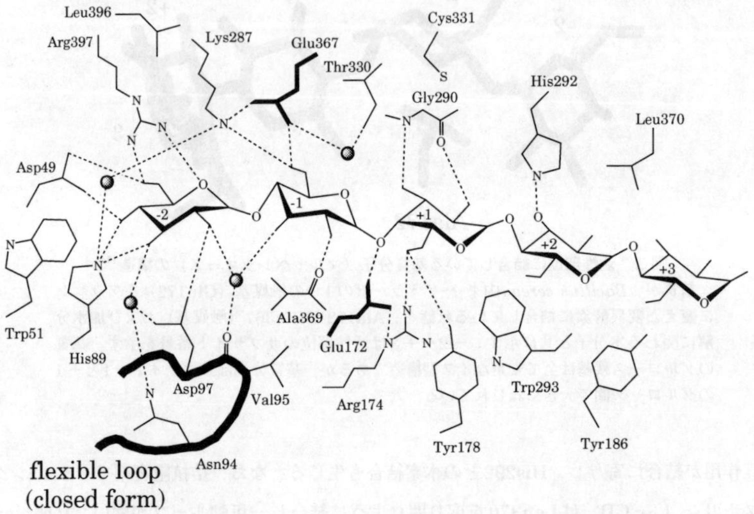

図4 活性部位における基質（マルトペンタオース）結合の概略図[11]

マルトペンタオースのピラノース環に示した番号はサブサイト番号を示し，破線は水素結合，球は水分子を表す。また，2つの触媒残基と可動ループは太い線で表している。基質がサブサイト-2を占めて結合しているので，可動ループは活性部位を覆って基質と相互作用している（closed form）。基質が結合していない時，あるいは基質や基質類似物質がサブサイト-2を占めて活性部位に結合していない場合には，ループは活性部位から離れてオープン状態（open form）になる。

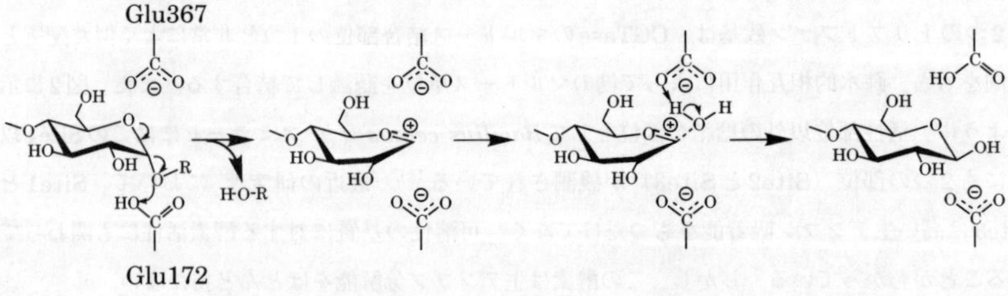

図5 *Bacillus cereus*由来β-アミラーゼの触媒機構

Glu380[22)]，*Bacillus cereus*由来のβ-アミラーゼではGlu172とGlu367と分かっている[23)]。*Bacillus cereus*由来のβ-アミラーゼについては，触媒基のアミノ酸（Glu172）をAlaに置換した部位特異的変異体と求核試薬を用いた活性回復（chemical rescue）の研究から，Glu172がプロトンドナー，Glu367が塩基触媒として働くことが分かった[24)]。その触媒機構を図5に示す。Glu172が，切断されるα-1,4グルコシド結合の酸素原子にプロトンを供与し，切断部の還元末端側に位置するグルコース残基はカルボニウムイオン中間体を形成する。次にGlu367が塩基触媒として働き，このカルボニウムイオン中間体の近傍にある水分子を求核攻撃し，水酸化物イオンを生成する。活性化された水酸化物イオンが，切断前のα-型グルコシド結合とは反対のβ方向からカルボニウムイオン中間体の1位の炭素を攻撃してβ-マルトースが生成される（2つの触媒基は，溶媒との平衡で元の状態に戻る）。

1.5　植物および微生物β-アミラーゼの特性

個々のβ-アミラーゼの基本的な特性を概観すると[4, 25～28)]，β-アミラーゼの分子量は，酵素の起源にかかわらず50,000～60,000の単体（モノマー）であり，サツマイモのβ-アミラーゼだけは，活性部位を持った同じ単体が4つで構成する四量体（分子量220,000）として存在する。等電点（pI）は植物由来の酵素が5～6であるのに対して微生物由来のβ-アミラーゼは8～9にある。至適pHは5～7.5で，微生物β-アミラーゼの方がより高い至適pHを持つ。耐熱性微生物からの酵素を除いて，耐熱性は50～60℃であり，安定pH範囲はpH3.5～10の間にありpH単位の安定幅も3.5～6と広い。*Bacillus cereus*由来のβ-アミラーゼは1個のカルシウムイオンを持っている[8, 9)]。

2,3エポキシプロピルα-D-グルコピラノシドや2,3エポキシブチルα-D-グルコピラノシドはβ-アミラーゼの触媒基を特異的に化学修飾するアフィニティラベル試薬であり[29)]，4-*O*-α-D-グルコピラノシル-（1→4）-1-デオキシノジリマイシン[30)]やβ-マルトシルアミン[31)]はβ-アミラーゼに強く結合する特異的阻害剤として知られている。また，基質類似物質であるマルトースやα-CD[1)]，遷移状態アナログとされるマルトビオノラクトン[32)]等は活性部位に特異的に結合する可逆的阻害剤である。

文　献

1）J. A. Thoma *et al.*, "The Enzymes" P. D Boyer ed., Vol.5, p.115, Academic Press, New York and London (1971)
2）D. French, "The Enzymes" P. D Boyer *et al.* ed., Vol.4, p.345, Academic Press, New York and London (1960)
3）東原昌孝, 岡田茂孝, アミラーゼシンポジウム, **6**, 39 (1971)
4）坂野好幸, "澱粉・関連糖質酵素実験法" 中村道徳, 貝沼圭二編 (生物化学実験法25), 学会出版センター, p. 151 (1989)
5）B. Mikami *et al.*, *Biochemistry*, **32**, 6836 (1993)
6）C. G. Cheong *et al.*, *Proteins.*, **21**, 105 (1995)
7）B. Mikami *et al.*, *J. Mol. Biol.*, **285** 1235 (1999)
8）T. Oyama *et al.*, *J. Biochem.*, **125**, 1120 (1999)
9）B. Mikami *et al.*, *Biochemistry*, **38**, 7050 (1999)
10）東原昌孝, 三吉新介, "工業用糖質酵素ハンドブック" 岡田茂孝, 北畑寿美雄監修, p.133, 講談社サイエンティフィク (1999)
11）H. Miyake *et al.*, *Biochemistry*. **42**, 5574 (2003)
12）K. Hiromi. *Biochem. Biophys. Res. Commun.*, **40**, 1 (1970)
13）Y. Nitta *et al.*, *Biosci. Biotechnol. Biochem.*, **60**, 823 (1996)
14）T. Yamaguchi *et al.*, *Biosci. Biotechnol. Biochem.*, **60**, 1255 (1996)
15）T. Nanmori *et al.*, *Appl. Environ. Microbiol.*, **59**, 623 (1993)
16）K.W. Siggens., *Mol. Microbiol.*, **1**, 86 (1987)
17）T. Kawazu *et al.*, *J. Bacteriol.*, **169**, 1564 (1987)
18）J. S. Lee *et al.*, *Appl. Microbiol. Biotechnol.*, **56**, 205 (2001)
19）N. Kitamoto *et al.*, *J. Bacteriol.*, **170**, 5848 (1988)
20）Z. Ye *et al.*, *J. Biochem.*, in press (2004)
21）Y. Nitta *et al.*, *J. Biochem.*, **105**, 573 (1989)
22）B. Mikami *et al.*, *Biochemistry*. **33**, 7779 (1994)
23）T. Oyama *et al.*, *J. Biochem.*, **133**, 467 (2003)
24）H. Miyake *et al.*, *J Biochem.*, **131**, 587 (2002)
25）新家龍, "アミラーゼ" 中村道徳監修, p.69, 学会出版センター (1986)
26）Y. Takeda, "Handbook of Amylases and Related Enzyme" The amylase research society of Japan ed., p. 89 (1988)
27）T. Nammori *et al.*, "Handbook of Amylases and Related Enzyme" The amylase research society of Japan ed., p 94 (1988)
28）H. H. Hyun and G. Zeikus, *Appl. Environ. Microbiol.*, **49**, 1162 (1985)
29）Y. Isoda *et al.*, *Agric. Biol. Chem.*, **51**, 3223 (1987)
30）M. Arai *et al.*, *Agric. Biol. Chem.*, **47**, 183 (1983)
31）E. Daniel *et al.*, *Arch. Biochem. Biophys.*, **195**, 392 (1979)
32）M. Kohno and Y. Nitta, *J. Appl. Glycosci.*, **43**, 161 (1996)

2 麹菌グルコアミラーゼの構造と機能

秦 洋二*

2.1 はじめに

グルコアミラーゼ（1,4-α-D-glucan glucohydrolase [EC3.2.1.3]）は，澱粉の非還元末端からα1-4グルコシド結合を順次加水分解する活性を触媒する。澱粉からグルコースシロップを生産する工程など，工業的に広く利用されている酵素である。グルコアミラーゼは別名アミログルコシダーゼとも呼ばれ，切り出されるグルコースがβ-アノマー型であることを特徴とする。同じくα1-4グルコシド結合をエキソ型に分解するαグルコシダーゼは，αグルコースを生成する。生成するグルコースのアノマー型は，本酵素の触媒機構によって決定されるが，詳細は総説を参照していただきたい[1)]。

グルコアミラーゼはα-1,4-グルコシド結合だけでなく，分岐結合であるα-1,6-グルコシド結合も加水分解することができる。従って，アミロペクチンを含む澱粉であっても完全にグルコースにまで分解することが可能である。しかしながら実際には，70～80％までしか分解できない酵素もあり，α-1,6-結合の分解を助長するようなイソアミラーゼやプルラナーゼを併用する場合が多い。

グルコアミラーゼは，細菌から酵母まで広く生産されるが，特にカビを代表とする糸状菌で大量に生産される。*Aspergillus*属や*Rhizopus*属では，本酵素が菌体外に大量に分泌され，産業用酵素として利用することが可能となっている。実際にグルコアミラーゼ製剤は，ブドウ糖の製造だけでなく発酵工業原料・アルコール発酵・酒類製造から製菓・製パンまで広く食品産業で用いられている。

このように食品産業で非常に重要なグルコアミラーゼの研究の歴史は古い。1950年代に本酵素の精製単離が可能となり，多くの生化学的研究が進められた[2)]。触媒反応機構や基質結合部位の同定など，詳細な検討が加えられている。一方，近年の遺伝子解析技術が発展し，グルコアミラーゼについても遺伝子を用いたアプローチが可能となってきた。ここでは清酒醸造に用いられる麹菌のグルコアミラーゼ遺伝子の研究から，本酵素の構造と機能について論じてみたい。

2.2 糸状菌のグルコアミラーゼ

1970年代開発された遺伝子クローニング技術は，1980年代に入りカビような糸状菌でも応用が可能となった。1984年，糸状菌の遺伝子としては初めて，Nunbergらが*Aspergillus awamori*のグルコアミラーゼ遺伝子の単離に成功した[3)]。その後，*A. niger*[4)]，*A. kawachii*, *A.*

---

* Yoji Hata 月桂冠㈱ 総合研究所 副所長

shirousamii など *Aspergillus* 属を中心に多くの糸状菌でグルコアミラーゼの遺伝子がクローニングされた。これらの遺伝子の情報から，*Aspergillus* 属のグルコアミラーゼの構造や機能が徐々に解明されてきた。その代表例として，*A. niger* のグルコアミラーゼについて，概略を図1に示す。

グルコアミラーゼの立体構造は，N末端側に酵素触媒に必要なドメインと，C末端側に生デンプン吸着に必要なドメインと，さらにそれを連結するセリンとスレオニンが豊富なヒンジ領域とからなっていると推定される。そしてN末端ドメインについては，活性中心のアミノ酸残基（Trp120，Asp176，Glu179，Glu180）や基質との結合に必要なサブサイト領域が同定されている[5]。またC末端ドメインについては，生デンプンに吸着するアミノ酸クラスターなどが決定されている。さらに両ドメインを連結しているヒンジ領域についても，セリンやスレオニンに結合しているOリンク糖鎖が，生デンプンの吸着や酵素の安定性に重要であることが証明されている。このように遺伝子が単離されたことにより，グルコアミラーゼの研究は飛躍的に発展し，現在では糸状菌蛋白質の中でも最も構造解析が進んでいるタンパク質の一つとなっている。

2.3 麹菌（*A. oryzae*）のグルコアミラーゼ

清酒醸造において，グルコアミラーゼは最も重要な酵素である。清酒醸造においては，原料である白米のデンプンが，麹菌のアミラーゼによりグルコースにまで分解され，続いて酵母によってアルコールに変換される。これらのプロセスが同時に並行して行われることから「並行複発酵」と呼ばれ，清酒製造法の大きな特徴となっている。これらのプロセスの中でグルコアミラーゼが担う糖化工程が律速段階であると考えられており，グルコアミラーゼの活性は清酒もろみ発酵の成否を左右する重要な評価項目である。このグルコアミラーゼは，麹菌を白米上で生育させる固体培養，すなわち「麹造り」によって生産する。この麹造りのような固体培養で生産されるグルコアミラーゼは，通常の液体培養で生産される酵素とは構造や性質が異なることがわかっていた。さらにこれらのグルコアミラーゼの遺伝子が単離，解析されたことにより，その詳細なメカニズムが明らかとなった。

麹菌は2種類のグルコアミラーゼ遺伝子を持つ[6～8]。一つは主に液体培養で発現する遺伝子（*glaA*）である。*glaA* にコードされるグルコアミラーゼの概略を図1に示す。*glaA* グルコアミラーゼの基本構造は，*A. niger* と同様で触媒ドメインと生デンプン吸着ドメインを持つ。ただし，両ドメインを連結するヒンジ領域が非常に短く，わずか10残基程度しか存在しない。ただし本酵素は生デンプンを分解することが可能であり，ヒンジ領域が短いことは生デンプン吸着力には影響を与えていない。

一方，固体培養では *glaB* 遺伝子が発現し，その産物である *glaB* グルコアミラーゼが大量に生

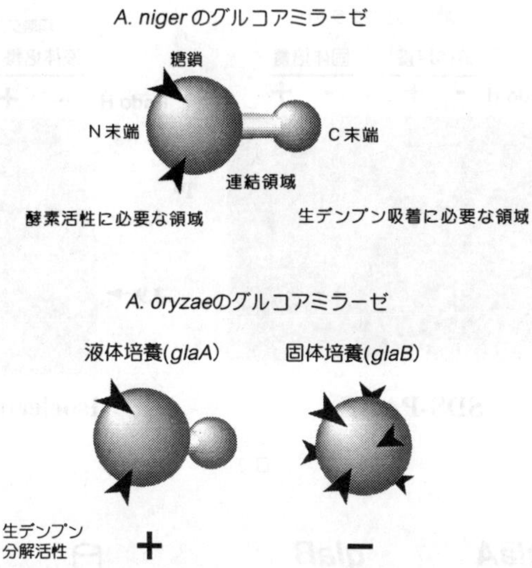

図1

産される。*glaB*グルコアミラーゼの特徴は，C末端側のドメインを欠失していることである。*glaA*グルコアミラーゼがプロテアーゼの分解を受けてC末端ドメインを失うことは報告されているが[9)]，遺伝子配列上でC末端ドメイン領域を欠失している例は*glaB*以外には見つかっていない。C末端ドメインを失うことにより，当然*glaB*グルコアミラーゼは生デンプンを分解することはできない。*glaB*グルコアミラーゼのもう一つの特徴は，N型糖鎖の結合部位が多いことである。実際に*glaB*グルコアミラーゼは，糖鎖が50％以上結合しており，EndoHなどのグリコシダーゼを作用させると，みかけの分子量は大きく減少する。図2に*glaA*と*glaB*のグルコアミラーゼについて比較を示す。EndoH処理により，*glaB*グルコアミラーゼの糖鎖が除去され分子量が大きく減少していることがわかる。

2.4　麹菌グルコアミラーゼ遺伝子の発現

麹菌のグルコアミラーゼ遺伝子の発現様式について図3に示す。まずノザン解析により，固体培養と液体培養での*glaA*と*glaB*の遺伝子発現様式を比較した。さらに*glaA*と*glaB*遺伝子の下流にレポーター遺伝子（GUS）を連結して，レポーターアッセイ法により，両者の発現量の定量的比較を行った[10)]。その結果，液体培養では*glaA*遺伝子が大量に発現し，*glaB*遺伝子はほとんど発現しない。一方麹造りのような固体培養では，*glaA*遺伝子は全く発現せず，逆に*glaB*遺

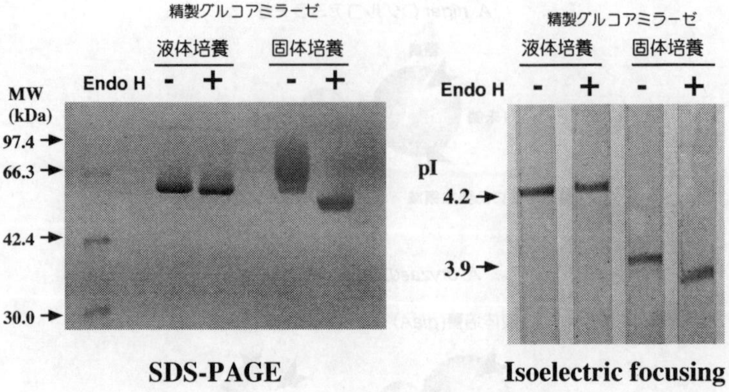

図2

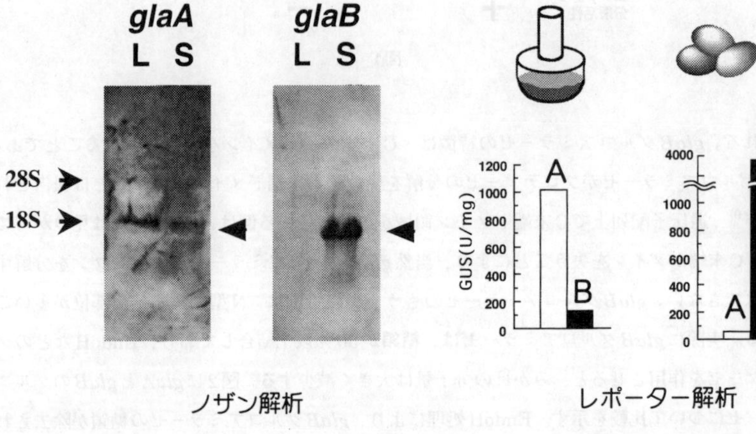

図3

伝子が大量に発現する。このように麹菌は，培養条件によってグルコアミラーゼ遺伝子を使い分けていることが証明された。

培養条件によってグルコアミラーゼを使い分ける意義を考えてみる。*glaB* グルコアミラーゼは大量の糖鎖が付加されているため，極めて高い水溶性を有する。図4に両者の硫安に対する溶解度を示す。通常タンパク質は溶液中の塩濃度が上昇すると，溶解度が低下し，ある塩濃度を超えると沈殿する（塩析効果）。*glaA* グルコアミラーゼも2.5M以上の硫安濃度では，溶解するこ

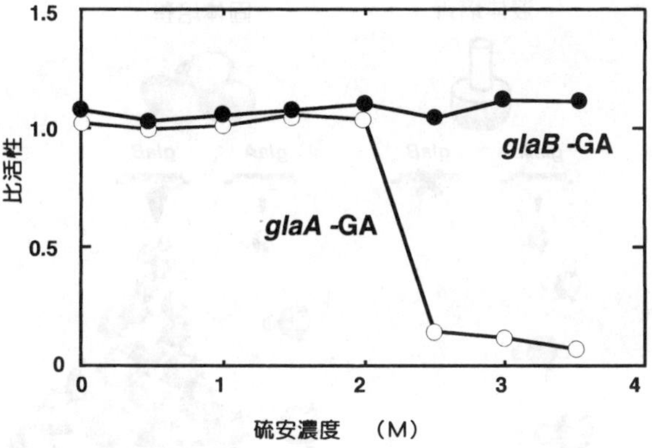

図4

とができず沈殿してしまう。一方*glaB*グルコアミラーゼの溶解性は非常に高く，ほぼ飽和に近い硫安濃度でもほとんど沈殿せず，水溶性を保っている。この高い水溶性は固体状のデンプンの分解に極めて有効である。「麹造り」のような固体培養では，麹菌は米の表面に生育した後，徐々に内部へと菌糸を侵入させる。しかし白米内部の水分は非常に少なく，またデンプンの加水分解によってさらに水分は失われる。このような非常に水分活性の低い状況においても，*glaB*グルコアミラーゼは水溶性を保ち，デンプン分解活性を失うことはない。固体培養の環境を考える場合は，水分活性も非常に重要な環境因子である。麹菌は培養条件に応じて，最適なグルコアミラーゼを選択して生産していることになる。

2.5　微生物の機能探索[11, 12]

図5に麹菌グルコアミラーゼの生産様式をまとめる。このように，麹菌には液体培養で全く生産されない酵素を，固体培養でのみ生産することがわかった。これは微生物の生産するタンパク質を考えた場合，液体培養では検出されないタンパク質が多数存在する可能性を示唆している。通常実験室でカビを培養する場合，合成培地をフラスコに入れて培養する液体培養が「あたり前」である。液体培養は培地成分や培養条件のコントロールが容易で，研究室で実験する場合は極めて扱いやすい培養法だからである。しかしながら，本来カビにとっては，固体基質上で生育する方がより自然な培養方法である。そしてこの固体上での培養条件で，カビの機能を最大限に発揮させているのが「麹造り」のような固体培養と考えている。また微生物から新しい酵素を探索する場合でも，液体培養や寒天培地は決して「あたり前」の培養法ではない。微生物の隠れた機能を

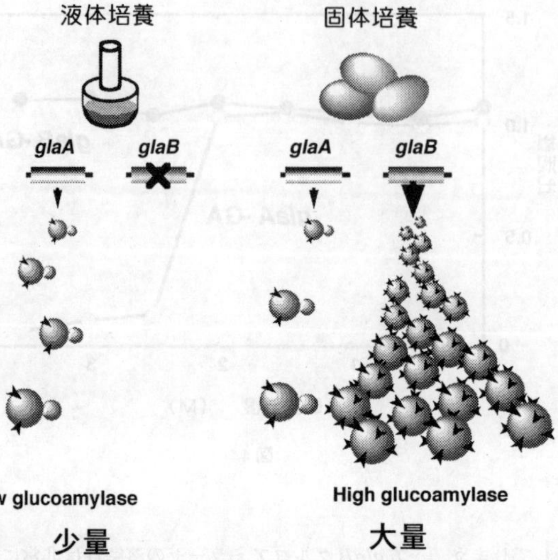

図5

発見するためには，さらに様々な環境を与えるような培養方法を検討しなければならない。

このように，微生物は様々な環境に適応するために巧妙な仕組みを持っている。また近年のゲノム解析の発展により，様々な微生物において全ゲノム配列が決定されている。これらのゲノム情報を上手く利用すれば，微生物の持つ無限の機能を引き出すことが可能になると期待される。我々は，微生物が持つ機能のまだほんの一部しか理解していないことを自覚すべきだと考える。

文献

1) 岡田厳太郎ら, 澱粉化学, **34**, 225 (1987)
2) Y. Morita *et al., Agric. Biol. Chem.*, **30**, 114 (1966)
3) J. H. Nunberg *et al., Mol. Cell. Biol.*, **4**, 2306 (1984)
4) E. Boel *et al., EMBO J.*, 3 (1984)
5) B. Svensson *et al., Eur. J. Biochem.*, **154**, 497 (1986)
6) Y. Hata *et al., Gene*, **108**, 145 (1992)
7) Y. Hata *et al., J. Ferment. Bioeng.*, **84**, 532 (1998)
8) Y. Hata *et al., Gene*, **207**, 127 (1998)

9) S. Hayashida *et al., Agric. Biol. Chem.*, **46**, 83 (1982)
10) H. Ishida *et al., J. Ferment. Bioeng.*, **86**, 301 (1998)
11) 秦洋二, 化学と生物, **39**, 113 (2001)
12) 秦洋二, 農芸化学, **76**, 715 (2002)

3 異性化糖をつくるグルコースイソメラーゼ

田中悟広*

3.1 グルコースイソメラーゼ（Glucose isomerase）

グルコースイソメラーゼは，キシロースイソメラーゼ［EC5.3.1.5，D-Xylose ketol isomerase］と同一酵素であり，アルドースであるD-グルコース（ブドウ糖）をケトースのD-フルクトース（果糖）に異性化する。1972年にキシロースイソメラーゼとは別の新しい酵素番号EC5.3.1.18が与えられたが，グルコースよりもキシロースに対する基質親和性が高い，またグルコースに特異的なイソメラーゼがないことからキシロースイソメラーゼとの差が認められないと判断され，1978年の改訂では削除された。しかしながら工業的に使用する際に便宜的に用いられる酵素名としてグルコースイソメラーゼの名は現在も使われている。本酵素は大別される酵素のイソメラーゼに属し，そのイソメラーゼには光学異性体を作り出すラセマーゼ，シス・トランス間の変換を行うシス・トランスイソメラーゼ，分子内転移を行うムターゼなどがある。グルコースイソメラーゼはそれらのうち分子内で酸化還元を行う酵素に区分される。

Marshallらにより，*Pseudomonas hydrophila*をキシロースを炭素源として培養したとき生産する酵素に，グルコースを異性化する働きがあるとの報告がなされた[1)]。これがグルコースイソメラーゼの発見であり，これを機にブドウ糖から果糖を製造する目的のため，広く微生物から検索された。高崎，田辺らにより*Bacillus*属，山中らから*Lactobacillus*属，佐藤，津村から*Aerobacter*属など，多種の菌にグルコースイソメラーゼ生産能のあることが報告された[2〜4)]。その後，1965年に津村ら，1966年に高崎らにより*Streptomyces*属の放線菌にも生産能のあることが報告された[5, 6)]。

グルコースイソメラーゼを生産する菌株とその酵素化学的性質を表1に示した。一般に弱アルカリ性に最適pHをもつものが多いなか*Lactbatillus brevis*の酵素は最適pHが6－7と弱酸性である。後述するがグルコースイソメラーゼの異性化糖生産への利用には，最適pHが酸性側であるほうが効率的である。その点で*Lactbatillus brevis*の酵素は有用視されたが，酵素の耐熱性が低く工業利用には至らなかった。現在，工業化されているグルコースイソメラーゼは，放線菌から生産される酵素が主であり，熱安定性が高いなど優れた性質を持っている。最適反応温度はコバルト存在下で70－80℃と非常に高い。通常，酵素の特性は生産する微生物の生育環境に影響される場合が多いが，本酵素は常温で生育する微生物から生産されているにもかかわらず，高温での使用に耐えるだけの熱安定性を持っている。このことがグルコースイソメラーゼを工業的に利用することを可能とした要因の一つである。

＊ Satohiro Tanaka ナガセケムテックス㈱ 生化学品事業部 製品開発第1課 課長

表1　グルコースイソメラーゼの酵素化学的性質

菌株名	最適pH	最適温度(℃)	補欠因子	基質	参考文献
Pseudomonas hydrophila	8.5	42-43	Arsenate, Mg^{2+}	Glu, Xyl	1)
Aer. cloacae	7.6	50	Arsenate, Mg^{2+}	Glu, Xyl	7)
Escherichia intermedia	7.0	40	Arsenate	Glu, G-6-P	8, 9)
Bacillus megaterium	7.7	35	NAD	Glu	2)
Par. aerogenoides	7.0	40	NAD, Mg^{2+}	Glu, Man	10)
Lactobacillus brevis	6.0-7.0	60	Mn^{2+}	Glu, Xyl, Rib	3, 11)
Streptomyces phaeochromogenes	9.3-9.5	80	Mg^{2+}	Glu, Xyl, L-Ara	12)
Streptomyces albus YT-5	8.0-8.5	80	Mg^{2+}	Glu, Xyl	13～15)
Streptomyces albus NRRL-5778	7.0-9.0	70-80	Mg^{2+}	Glu, Xyl, Rib, L-Ara	16)
Streptomyces flavogriseus	7.5	70	Mg^{2+}	Glu, Xyl	17)
Streptomyces griseofuscus	7.5	70	Mg^{2+}	Glu, Xyl	18)
Bacillus coagulans	7.0	70	Co^{2+}	Glu, Xyl, Rib	19～21)
Bacillus stearothermophilus	7.5-8.0	80	Mg^{2+}	Glu, Xyl	22)
Brevibacterium sp.	8.0	70	Co^{2+}	Glu, Xyl	23)
Arthrobacter sp.	8.0	60-65	Mg^{2+}	Glu, Xyl	24)
Actinoplanes missluriensis	7.0-7.5	90	Mg^{2+}	Glu, Xyl, Rib	25)

本酵素の活性発現にはMg^{2+}などの補欠因子が必要である。例えば*Streptomyces*の酵素は活性にMg^{2+}，安定性にCo^{2+}が寄与している[26, 27]。*Streptomyces griseofuscus*の酵素は4量体構造を取るが，その酵素1分子中に4個のCo^{2+}を含んでいる[28]。繰りかえしになるが，本酵素はMg^{2+}，Co^{2+}などの補欠因子を必要とする特徴がある。そのためCu^{2+}，Zn^{2+}，Hg^{2+}などの2価の金属イオンに反応阻害を受ける。また糖アルコールであるキシリトールなどの基質アナログにも強く阻害される。

これまでに10種を越える微生物由来のグルコースイソメラーゼの一次構造が明らかにされている。放線菌の酵素のサブユニットは約390のアミノ酸で構成され，*Streptomyces griseofuscus*と*Streptomyces violaceoniger*の同属酵素では86.8％の高い相同性を示す。また*Ampullariella* sp.などの放線菌内でも約60％の相同性を示した。一方，*Escherichia coli*や*Bacillus subtillus*などの酵素は約440のアミノ酸で構成され，上記放線菌の酵素と2分される。また*Streptomyces*属との相同性においても20数パーセントしかないことが分かっている。しかしながら反応部位，基質結合部位，補欠因子結合部位のアミノ酸残基は属・種を問わず高く保存されている（図1）。このことは活性発現に補欠因子が必要であり，また基質に対する親和性等の酵素化学的性質が似ていることを裏付けていると考えられる。

3.2　グルコースイソメラーゼの実用（異性化糖の製造）

異性化糖（ブドウ糖と果糖の混合糖液）の国内利用は年間100万トンを超え，また世界では約

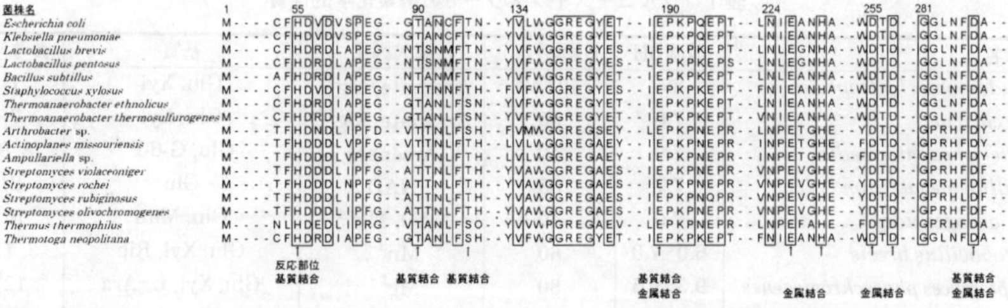

図1　グルコースイソメラーゼの一次構造と相同性[29)]
注）上に付けてある数字は*Streptomyces rubiginosus*のアミノ酸ナンバー

800万トンが製造されている。その利用は清涼飲料水だけに留まらず，缶詰等の加工食品にもおよんでいる。今後，中国等での利用が進めば世界市場はまだ伸びる可能性がある。果糖はショ糖に比べ1.3－1.7倍の甘味度があり，その混合液糖である異性化糖はさわやかな甘味を示す。しかし甘味度は温度による影響が大きく，40℃以下で，はじめてショ糖よりも甘くなる。そのため異性化糖の利用は，清涼飲料水が6割以上を占めている。先に述べたように，グルコースイソメラーゼは，ブドウ糖と果糖の異性化を触媒する。澱粉から大量生産される安価なブドウ糖を果糖に異性化することにより，低コストの甘味源が生産できる。その異性化に利用されているのがグルコースイソメラーゼであり，異性化糖製造には欠かせない酵素の一つとなっている。

異性化糖の製造は関連する酵素を駆使したものであり，そこで使用されている固定化グルコースイソメラーゼはバイオリアクターとして実用化された最も代表的な例である。澱粉から異性化糖を製造するには図2に示す通り，①α-アミラーゼを利用した液化工程，②グルコアミラーゼとプルラナーゼを利用した糖化工程，最後に③グルコースイソメラーゼを利用した異性化工程を経る。効率性・低コスト化を実現するため，各工程の特長に合致した酵素が検索・開発されてきた。液化工程は100℃付近の高温処理となるため熱安定性がきわめて高い耐熱α-アミラーゼが利用される。糖化工程はデキストリンのα-1,4結合に作用するグルコアミラーゼを主に使用するが，糖化効率を上げるためα-1,6結合に作用するプルラナーゼも併用する。またこれらは低pH，高温の反応条件に合致した酵素である。

上市当初の異性化工程はバッチ法で行われ，酵素としては凍結した放線菌の菌体が使用された。バッチ法には，①反応中のpHが高く糖液の渇変が著しい，②反応中にpHが低下するので常時pHの調整が必要，③生じた褐変物質及びpH調整で生じる塩類により反応後の糖液の精製にコストがかかる，④反応中に副成物を生成する，という欠点があった[30)]。一方で酵素の低コスト化に向けた研究が行なわれ，連続法に適応する固定化グルコースイソメラーゼが開発された。この

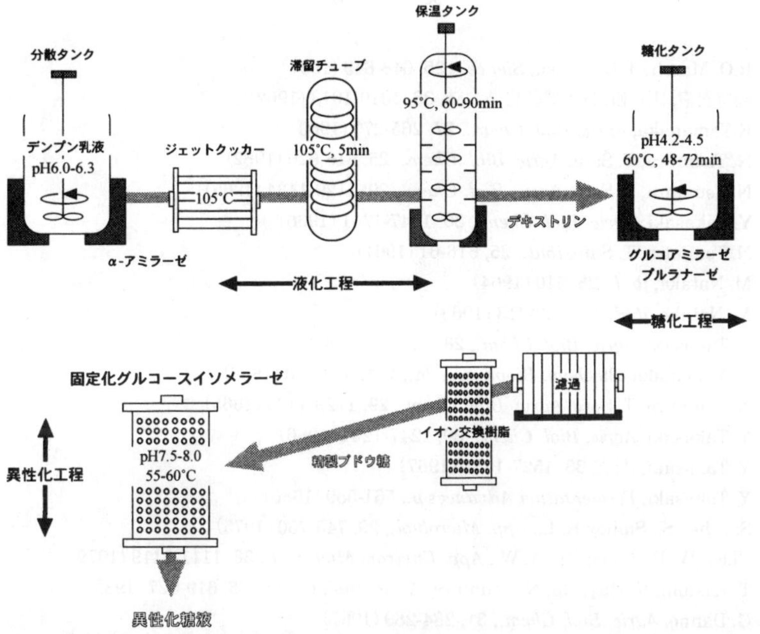

図2　異性化糖製造工程の概略

固定化により酵素は安定化され，実際に12ヶ月連続して使用することができるようになった。また固定化グルコースイソメラーゼは使用する酵素にかかるコストを下げただけでなく，先に述べたバッチ式での欠点も改善した。もちろん酵素の開発と同時に基質であるブドウ糖溶液の改良も行なわれた。基質の精製度を上げる，また亜硫酸ソーダのような還元剤を添加するなどの方法が検討された[31~34]。酵素と基質の両方を改良することよって異性化工程のコストは大幅に安くなった。

これまで述べてきた異性化糖の製造工程もまだ改良の余地を残しており，さらなる工程の簡素化・効率化が検討されている[35]。そのためには原料であるトウモロコシ澱粉から，液化・糖化・異性化までの工程をpH4.5付近の酸性条件下で行うことが望まれている。現在，糖化工程は酸性条件下で行なわれているが，あとの液化・異性化工程を酸性条件下で行える実用酵素は出てきていない。その中で耐熱・耐酸α-アミラーゼの検索及び改良の研究が進んでおり[36, 37]，今後に期待している。またグルコースイソメラーゼに関しては酸性側で作用する酵素[38]及び果糖への変換反応性の高い酵素の検索及び改良がなされることを望んでいる。

文　献

1) R.O. Marshall, E.R. Kooi, *Sience*, **125**, 648-649 (1957)
2) 高崎義幸, 田辺脩, 日本農芸化学会誌, **36**, 1010-1013 (1962)
3) K.Yamanaka, *Agric. Biol. Chem.*, **27**, 265-270 (1963)
4) N. Tsumura, T. Sato, *Agric. Biol. Chem.*, **25**, 616-620 (1962)
5) N. Tsumura, T. Sato, *Agric. Biol. Chem.*, **29**, 1129-1134 (1965)
6) Y. Takasaki, *Agric. Biol. Chem.*, **30**, 1247-1251 (1966)
7) N. Tsumura, T. Sato, *ibid.*, **25**, 616-61 (1961)
8) M. Natake, *ibid.*, **28**, 510 (1964)
9) M. Natake, *ibid.*, **32**, 303-313 (1968)
10) Y. Takasaki, *Agric. Biol. Chem.*, **28**, 740-741 (1964)
11) K. Yamanaka, *Biochem. Biophys. Acta.*, **151**, 670-680 (1968)
12) N. Tsumura, T. Sato, *Agric. Biol. Chem.*, **29**, 1129-1134 (1965)
13) Y. Takasaki, *Agric. Biol. Chem.*, **30**, 1247-1251 (1966)
14) Y. Takasaki, *ibid.*, **33**, 1527-1534 (1967)
15) Y. Takasaki, *Fermentation Advances p.*, 561-589 (1986)
16) Sanchez S., Smiley K. L., *App. Microbiol.*, **29**, 745-750 (1975)
17) Chen. W. P., Anderson. A. W., *App. Environ. Microbiol.*, **38**, 1111-1119 (1979)
18) T. Kasumi, K. Hayashi, N. Tsumura, *Agric. Biol. Chem.*, **45**, 619-627 (1982)
19) G. Danno, *Agric. Biol. Chem.*, **31**, 284-289 (1967)
20) G. Danno, *ibid.*, **34**, 1795-1804 (1970)
21) G. Danno, *ibid.*, **34**, 1805-1814 (1970)
22) M. Suekane, U.S. Patent, 3, 826, 714 (1974)
23) 市村正道, 広瀬義夫, 勝屋登, 山田浩一, 日本農芸化学会誌, **39**, 291-298 (1965)
24) Lee C. K., Hayes L.E., Long M. Z., U.S. Patent, 3,690,948 (1972)
25) Scallet B. L., Shieh K., Ehrenthal I., Slapshak L., *Die Starke*, **12**, 405-444 (1974)
26) Callens. M., H. Kersters-Hilderson, W. Vangrysperre, and C. K. Debruyne, *Enzyme Microb. Technol*. **10**, 695-700 (1988)
27) Callens. M., H. Kersters-Hilderson, O. Van. Opstal, and C. K. Debruyne, *Enzyme Microb. Technol*. **8**, 696-700 (1986)
28) T. Kasumi, K. Hayashi, N. Tsumura, *Agric. Biol. Chem.*, **46**, 21-30 (1982)
29) Snehalata H. Bhosale, Mala B. Rao, Vasanti V. Deshpande, *Microbiol. Rev.*, **60**, 280-300 (1996)
30) 田治襄, *J.Appl.Glycosci.*, **47**, 227-234 (2000)
31) 特公昭54-39472, 酵素反応方法
32) 特公昭58-56639, グルコース異性化酵素組成物およびその方法
33) 特公昭60-49479, グルコースイソメラーゼ失活防止剤およびグルコース異性化方法
34) 特公昭34819, グルコースシロップを異性化する方法
35) 高崎義幸, 日本食品科学工学会誌, **48**, 150-156 (2001)
36) Y. Tachibana, Martha M. Leclere, S. Fujiwara, M. Takagi, and T. Imanaka, *J. Ferm.*

Bioeng., **82**, 224-232 (1996)
37） 特開平9-173077, 超耐熱性酸性α-アミラーゼ及び該α-アミラーゼ産生遺伝子を含むDNA断片
38） 高崎義幸, 田辺脩, 日本農芸化学会誌, **71**, 621 (1997)

4 小麦由来タンパク質性α-アミラーゼインヒビター

小根田洋史*[1]，井上國世*[2]

4.1 はじめに

植物の貯蔵タンパク質およびデンプンは昆虫や微生物の標的となり，これらは収穫および収穫後の貯蔵において深刻な被害をもたらす。植物はこれらの外敵に対して，その進化の過程において様々な防御物質を備えてきた。その一つにα-アミラーゼインヒビター（AI）が挙げられる[1)]。AIは外敵のデンプン分解酵素であるα-アミラーゼ（α-1，4-glucan-4-glucanohydrolases；EC3.2.1.1）の活性を阻害することにより，貯蔵デンプンを防御する。これまでに，小麦[2)]，大麦[3)]，ライ麦[4)]，米[5)]，インゲン豆[6)] をはじめ多くの植物中にタンパク質性AIが見出され，広範な研究がなされてきた。一方，植物由来AIには昆虫や微生物由来のα-アミラーゼのみならず，哺乳動物由来のα-アミラーゼの活性を阻害するものがある。これらのAIは機能性食品素材として，現在増加しているインスリン非依存性糖尿病およびその予備軍の耐糖能異常の改善効果が期待され，注目を集めている。本稿では小麦由来タンパク質性AIの基礎研究および応用について紹介する。

4.2 タンパク質性AI

これまでに詳細な研究がなされてきた主なタンパク質性AIを表1に示す。タンパク質性AIは分子量4-14kDaのモノマーから，分子質量26kDaのダイマー，分子質量50-60kDaのテトラマーとして存在するものが知られている。これらのAIはα-アミラーゼ分子と結合し，その酵素活性を阻害する。また，1分子のAIがアミラーゼとプロテイナーゼの両方と同時に結合し，両酵素活性を阻害する二機能性AIも存在する。タンパク質性AIはその三次構造から，現在，Lectin型，Knottin型，Cereal型，Kunitz型，Thaumatin型およびγ-Purothionin型の6つに分類されており[7)]，小麦にはCereal型およびKunitz型に属するAIが存在している。

4.3 小麦由来AI

小麦（*Triticum aestivum*）には多数のタンパク質性AIが存在する。工業的な小麦デンプンおよびグルテンの製造において，これらのAIは副産物として得られる。小麦AIは主に分子質量から12，24および60kDaの3つのファミリーに分類される。12kDaファミリーはモノマーとして

＊1 Hiroshi Oneda 京都大学大学院 農学研究科 食品生物科学専攻 研究員；
長田産業㈱ 管理開発部 研究員
＊2 Kuniyo Inouye 京都大学大学院 農学研究科 食品生物科学専攻 教授

表1　主要タンパク質性α-アミラーゼインヒビター

名称	由来	型	分子質量(kDa)	アミラーゼ阻害活性	プロテイナーゼ阻害活性
0.19AI [12~19]	小麦	Cereal	26.6	ニワトリ膵臓, ヒト唾液・膵臓, ブタ膵臓, *B. subtilis*, *A. obtectus*, *C. maculates*, *T. molitor*, *Z. subfasciatus*	
0.53AI [14, 17, 19]	小麦	Cereal	26.4	ヒト唾液, ブタ膵臓, *B. subtilis*, *A. obtectus*, *C. maculates*, *Z. subfasciatus*	
α AI-1 [23~26]	インゲン豆	Lectin	28.2	ヒト唾液, ブタ膵臓, *C. chinensis*, *C. maculates*, *H. hampei*	
α AI-2 [23, 27]	インゲン豆	Lectin	26.4	*Z. subfasciatus*	
AAI [28, 29]	アマランス	Knottin	4.1	*P. truncates*, *T. castaneum*, *T. molitor*	
BASI [30]	大麦	Kunitz	19.9	大麦アイソザイム2	ズブチリシン
RASI [31]	米	Kunitz	20.0	*T. castaneum*	ズブチリシン
CHFI [32~34]	トウモロコシ	Knottin	13.6	*T. castaneum*, *T. molitor*	ブタトリプシン, ヒト第XII因子
RBI [35~37]	シコクビエ	Cereal	13.3	ブタ膵臓, *T. molitor*	ウシトリプシン

存在し，0.28AI（電気泳動でのブロモフェノールブルーに対する易動度から命名）が主成分である。24kDaファミリーには0.19，0.36，0.38，0.53およびその他のAIが存在し，これらは全てダイマーとして存在する。60kDaファミリーはCMタンパク質（chloroform-methanol混合液中の溶解性から命名）からなるテトラマーとして存在することが知られているが，60kDaAIに関する詳細なα-アミラーゼ阻害効果の報告例は未だ少ない。これらのAIの他に分子量19.6kDaのモノマーとして存在し，α-アミラーゼとプロテイナーゼを同時に阻害する二機能性AI（Kunitz型）も報告されている[8, 9]。

4.4　0.19AIの基礎的性質

小麦AIは1940年代に初めて報告されて以来，広範な研究がなされてきたタンパク質性AIである。なかでもその主成分である24kDaファミリーに属する0.19AIは0.19アルブミンとも呼ばれ，古くから最もよく研究されてきた。

4.4.1 0.19AIの構造

0.19AIの結晶構造は既に報告されている[10]。0.19AIは同一のサブユニットからなる分子量26.6kDaのホモダイマーとして存在し，個々のサブユニットは124個のアミノ酸から構成され，4本のα-へリックスと1本の一巻きへリックスおよび2つの逆平行β-構造を形成している。またサブユニット分子内に5本のジスルフィド結合を有している。サブユニットの会合面は主に疎水性残基で構成されており，非共有結合によりダイマーが形成されている。また示差走査熱量分析（DSC）により，0.19AIの変性温度は93℃と求められており，非常に高い熱安定性を示すことが知られている[11]。このように0.19AIの三次構造および熱安定性に関する情報は得られているが，α-アミラーゼとの結合部位や阻害機構については未だ明らかにされていない。

4.4.2 0.19AIとα-アミラーゼの相互作用

0.19AIとα-アミラーゼの相互作用の検討では，しばしば12kDaファミリーに属する0.28AIと比較されてきた。0.28AIは同一ではないが，0.19AIのサブユニットと非常に近い分子量とアミノ酸配列を有する。酵素インヒビター複合体形成における，これらAIと幾つかのα-アミラーゼとの結合比（AI：α-アミラーゼ（mol：mol））が，速度論的解析，紫外吸収差スペクトル，ゲル濾過およびDSCなどの手法を用いて検討されてきた[11~14]。これらの結果は全て，0.19AIはα-アミラーゼと1：1（0.19AIダイマー1分子に対してα-アミラーゼ1分子）で複合体を形成し，一方，0.28AIは2：1で複合体を形成することを示唆している。α-アミラーゼ分子は0.28AIまたは0.19AIサブユニット2分子に対する結合部位を有することが示唆される。0.19AIは同一のサブユニットからなるホモダイマーであり，対称な分子であるにもかかわらずE_2I_2型複合体（0.19AIダイマー1分子に対してα-アミラーゼ2分子）を形成せず，EI_2型複合体のみ形成することは非常に興味深い。

われわれは，小麦0.19AIとブタ膵臓αアミラーゼとの相互作用を詳細に検討した[15]。ダイマーのインヒビター1分子は1分子の酵素と結合し，その活性を阻害する。その阻害様式は拮抗型であることから，酵素の活性部位がインヒビターの反応性部位と直接相互作用することが示唆された。K_iはpH6.9，30℃において，57.3nMである。温度の上昇につれK_iは減少し，阻害は強くなる。酵素とインヒビターの相互作用は吸熱性でエントロピー駆動性であることが示された。インヒビターの熱失活の解析から，熱失活の活性化エネルギーは87.0kJ/molと求められた。通常，タンパク質や酵素の熱変性や熱失活の活性化エネルギーは120kJ/molあるいはそれ以上であることが多く，一般の化学反応について求められている活性化エネルギー（20-80kJ/mol）に比べるとかなり大きい[16]。このことは，タンパク質の熱変性や失活が温度に対し敏感であることを意味している。今回インヒビターで求められた値は，タンパク質の値としては比較的小さい値である。pH6.9で30分間加熱したとき50％の活性を失う温度（T_{50}）は88.1℃であり，極めて高い熱安定性を有することが示された。このことから，本インヒビターは種々の変性条件に対し高い安定性を持つことが示唆される。

4.4.3　0.19AIによる種々のα-アミラーゼ活性の阻害

0.19AIは細菌（*B. subtilis*）[14]，チャイロコメノゴミムシダマシ（*T. molitor*）[12]，マメゾウムシ類（*C. maculates*，*A. obtectus*，*Z. subfasciatus*）[17]，ブタ膵臓[17]，ニワトリ膵臓[13]，ヒト唾液および膵臓[18,19]由来のα-アミラーゼを阻害することが報告されている。特に0.19AIによる*T. molitor*およびニワトリ膵臓由来α-アミラーゼの阻害については詳細な速度論的検討がなされており，阻害の至適pHはそれぞれ5.0および5.8，また阻害物質定数（K_i）はそれぞれ0.85nM（pH5.3，37℃）および3.7nM（pH5.8，30℃）と報告されている[12,17]。0.19AIはこれらのα-アミラーゼに対してnMオーダーのK_iを示し，非常に高い親和性を有することが明らかにされている。ヒト唾液および膵臓由来α-アミラーゼに対する阻害活性に関しては個々の小麦AIの効果が検討され，0.19AIは唾液由来α-アミラーゼに対してより強い阻害活性を示し，逆に0.38AIは膵臓由来α-アミラーゼに対してより強い阻害活性を示す。一方，0.53AIは膵臓由来α-アミラーゼに対しては全く阻害活性を示さないという結果が得られている[19]。小麦中に含まれる個々のAIはそれぞれα-アミラーゼに対する阻害特性が異なり，このような多種のAIを備えることにより結果として多種多様の外敵由来α-アミラーゼに対応していると考えられる。

4.5　0.19AIの応用

近年，食品はその一次機能である「栄養」，二次機能である「嗜好性」に加えて，三次機能として，生体機能調節を司る「機能性」が注目されている。従来の食品と医薬品との中間的存在である機能性食品は現代の生活習慣病の増加や健康志向と相俟って，一種のブームを起こしている。前述の通り，小麦AIはヒト唾液および膵臓α-アミラーゼに対して強い阻害効果を示し，また高い熱安定性を示すことから，機能性食品素材としても有用と考えられる。実際に小麦AIの摂取により，健常者，糖尿病患者，およびその境界型ともに食後の血糖値上昇が有意に遅延し，インスリン濃度上昇も抑制されることが報告されている[20]。また小麦AIの長期摂取においても，炭水化物の消化を遅延する以外は下痢，腹痛などの消化管機能への影響は認められていない[21]。小麦AIはα-アミラーゼ活性の阻害により炭水化物の消化を遅延し，食後の血糖値上昇を緩和する。その結果として，インスリンの急激な分泌を抑制し，膵臓の負担を軽減するため肥満や軽度の糖尿病の改善には有効であると考えられている。

4.6 おわりに

本稿では小麦由来タンパク質性AIに関する研究の基礎と応用について紹介した。小麦AIは古くから知られたインヒビターであるが，α-アミラーゼ活性の阻害に関しては未だ不明な点が多く，分子レベルの研究において大変興味深い研究対象である。また，α-アミラーゼ活性の阻害は非常に有用であり，前述の機能性食品としての利用のほか，AI遺伝子導入による害虫耐性作物の創成[22]などAIは幅広い応用性を秘めている。今後のAIに関する基礎および応用の両面からの研究の発展に期待したい。

文　献

1) O.L. Franco, *et al., Eur. J. Biochem.*, **269**, 397 (2002)
2) V. Silano, *et al., Biochim. Biophys. Acta*, **317**, 139 (1973)
3) J. Mundy, *et al, Carlsberg Res. Commun.*, **48**, 81 (1983)
4) A. Lyons, *et al., Biochim. Biophys. Acta*, **915**, 305 (1987)
5) H. Yamagata, *et al., Biosci. Biotechnol. Biochem.*, **62**, 978 (1998)
6) K.H. Pick, *et al., Physiol. Chem.*, **359**, 1371 (1978)
7) M. Richardson, "Methods in Plant Biochemistry", p. 261, Academic Press, London (1990)
8) K.J. Zemke, *et al., FEBS Lett.*, **279**, 240 (1991)
9) E.L. Gvozdeva, *et al., FEBS Lett.*, **334**, 72 (1993)
10) Y. Oda, *et al., Biochemistry*, **36**, 13503 (1997)
11) V. Silano, *et al., Biochim. Biophys. Acta*, **533**, 181 (1978)
12) V. Buonocore, *et al., Biochem. J.*, **187**, 637 (1980)
13) V. Buonocore, *et al., J. Sci. Food Agric.*, **35**, 225 (1984)
14) K. Takase, *Biochemistry*, **33**, 7925 (1994)
15) H. Oneda and K. Inouye, *J. Biochem.* **135**, No. 2 (2004) 印刷中
16) 広海啓太郎, 酵素反応解析の実際, pp. 53-56, 講談社 (1978)
17) O.L. Franco, *et al., Eur. J. Biochem.*, **267**, 2166 (2000)
18) K. Maeda, *et al., Biochim. Biophys. Acta*, **828**, 213 (1985)
19) A. Choudhury, *et al., Gastroenterology*, **111**, 1313 (1996)
20) 森本聡尚ほか, 日本栄養・食糧学会誌, **52**, 285 (1999)
21) 森本聡尚ほか, 日本栄養・食糧学会誌, **52**, 293 (1999)
22) H.E. Shroeder, *et al., Plant Physiol.*, **107**, 1233 (1995)
23) K.J. Zemke, *et al., FEBS Lett.*, **279**, 240 (1991)
24) M. Ishimoto, *et al., Appl. Ent. Zool.*, **24**, 281 (1989)
25) F.M. Lajolo, *et al., J. Agric. Food Chem.*, **250**, 8030 (1975)

26） A. Valencia, *et al., Insect Biochem. Molec. Biol.*, **30**, 207 (2000)
27） Grossi de Sá *et al., Planta*, **203**, 295 (1997)
28） A. Changolla-Lopez, *et al., J. Biol. Chem.*, **269**, 23675 (1994)
29） P.J. Pereira, *et al., Structure Fold Des.*, **7**, 1079 (1999)
30） J. Abe, *et al., Biochem. J.*, **293**, 151 (1993)
31） K. Ohtubo, *et al., FEBS Lett.*, **309**, 68 (1992)
32） M.S. Chen, *et al., Insect Biochem. Mol. Biol.*, **22**, 261 (1992)
33） M.J. Mahoney, *et al., J. Biol. Chem.*, **252**, 8105 (1977)
34） M. Hazegh-Azam, *et al., Protein Expr. Purif.*, **13**, 143 (1998)
35） S.M. Strobl, *et al., Structure*, **6**, 911 (1998)
36） S. Gourinath, *et al., Acta Crystallogr.*, **55**, 25 (1999)
37） K. Maskos, *et al., FEBS Lett.*, **397**, 11 (1996)

5　グルコシダーゼを用いるアスコルビン酸配糖体の合成

武藤徳男*

5.1　はじめに

十数年前より日本では食品素材の有する生体調節機能に対する関心が高まり，その中で各種の機能性（低カロリー，抗う触性，ビフィズス菌選択増殖活性など）を有する新規なオリゴ糖が研究開発されてきている。最近では，これら機能性を有するオリゴ糖（フラクトオリゴ糖，ガラクトオリゴ糖，キシロオリゴ糖，大豆オリゴ糖，乳果オリゴ糖など）は特定保健用食品素材として認可され，食品産業界では活発な商品開発が行われている。この様な種々のオリゴ糖の生産が可能になった背景には，我が国の糖質関連酵素研究の長い歴史に加えて，特定のオリゴ糖を生成する有用酵素の発見やその利用技術の確立，糖の分離精製技術の進歩などが挙げられる。ここで用いられる酵素は主に糖質加水分解酵素であり，基質を加水分解する反応とは逆反応になる転移反応や縮合反応が利用される。このうち，転移反応は基質である糖質（糖供与体）の切断によって生じた糖残基が，水以外の糖やアルコールなどの基質（糖受容体）に移される反応であり，受容体となる物質を選択すれば，新規な配糖体を合成できることになる[1, 2]。例えば，不安定な物質の安定化や水溶性の低い物質の水溶性向上など糖質加水分解酵素による配糖体合成は，食品製造を始めとして多様な産業界への寄与が期待できるものである。ここでは，食品製造において多用されるアスコルビン酸を受容体とする新規な安定型アスコルビン酸配糖体合成を例として，その反応を触媒する糖質関連酵素の探索とその特性の有効活用，さらには工業規模への展開について概説する。

5.2　誘導体合成への糖質加水分解酵素の利用

アスコルビン酸は，生体内における第一義的な抗酸化物質としての働き[3]を始めとして極めて多様なビタミンC作用を発揮するが，ヒトにおいてはその生合成能を欠如するため食物などから摂取しなければならない。アスコルビン酸は食物素材以外にも，その強い抗酸化作用を添加物として利用した加工食品を始め，ビタミンC作用を目的とした医薬品，化粧品，サプリメントなどにも含有されており，健康で快適な生活のために普段に摂取されている。しかしながら，アスコルビン酸は他のビタミンと異なり，熱や酸化的条件に対して極めて弱く，不活性化や分解を受けやすいため，食品製造における添加量や使用時の有効性などの問題を生み，また基礎生命科学においてはその生理作用の解析を困難にしている。これまでにも安定型誘導体の合成は多方面で試みられており，アスコルビン酸2-リン酸やアスコルビン酸2-硫酸などがあるが，その多くは有

＊　Norio　Muto　広島県立大学　生物資源学部　教授

機化学合成によるものであり（酵素合成の報告[4]もある），安定性や安全性，工業的生産コスト，生理活性，生物学的有用性などの問題を解決した理想的な誘導体の開発は行われていない。一般に，酵素による合成法では，用いる酵素の高い基質特異性と反応特異性を利用しており，基質の保護・脱保護や副生成物の分離操作などを必要とせずに，少ない反応工程で収率よく目的物を得ることができる。特に，糖質加水分解酵素は糖残基の種類やアノマーの立体配座を厳密に識別するため，転移反応や縮合反応生成物の立体配座も保持されることになる。このため，化学反応性に富み，反応液中で不安定なアスコルビン酸の安定化には糖質関連酵素による配糖体化が理想的である。

5.3　α-グルコシダーゼによるアスコルビン酸配糖体の合成

酵素によるアスコルビン酸配糖体合成は，*Aspergillus niger*由来α-グルコシダーゼを用いて，その6位にグルコースが導入された6-*O*-α-D-グルコピラノシル-L-アスコルビン酸（AA-6G）が合成されたのが最初の報告である[5]。しかし，この誘導体には安定性の改善は殆ど認められない。そこで，ヒト生体での有用性を保証するため，α配位の配糖体を合成できるα-グルコシダーゼを哺乳動物組織からスクリーニングした。基質として高濃度のマルトース（178mM）およびアスコルビン酸（178mM）を含む反応液（0.1M酢酸緩衝液（pH5.3），13mMチオ尿素を含む）にラットやモルモットの20％組織ホモジネートを加え，50℃，5時間反応させ，その生成物をHPLCで分析した。なお，反応液のpHは，アスコルビン酸の溶液中での安定性を考慮してpH5.3に決定したが，このpHが糖転移反応において重要な意味を有することは後述する。その結果，ラットやモルモットの小腸および腎臓ホモジネートを用いた場合にAA-6Gとは微妙に異なる保持時間（用いた分析条件下で10数秒の差）で溶出される新たな成分が見出された。この成分をHPLCで分取し，その化学構造を2-*O*-α-D-グルコピラノシル-L-アスコルビン酸（AA-2G，アスコルビン酸2-グルコシド）と同定した[6,7]。これらの配糖体合成の概略と構造を図1に示す。

新規に合成されたAA-2Gは，アスコルビン酸が本来有する還元作用に必須な2,3-エンジオール構造のうちの2位の水酸基がα配位のグルコース1分子で置換されており，それゆえ直接の還元活性を示さない。図2に示すようにAA-2Gは中性溶液中で極めて安定であり，耐熱性や耐光性も向上し，さらに金属イオン，例えばCu^{2+}の存在下でも自動酸化を起こさない[8]。このように哺乳動物由来糖質分解酵素による配糖体化反応でアスコルビン酸の安定化が達成された。

5.4　アスコルビン酸配糖体合成能を有するグルコシダーゼの探索とその反応特性

AA-2G合成能を有する酵素は，まずラット小腸ホモジネートから2種精製されている[9]。そ

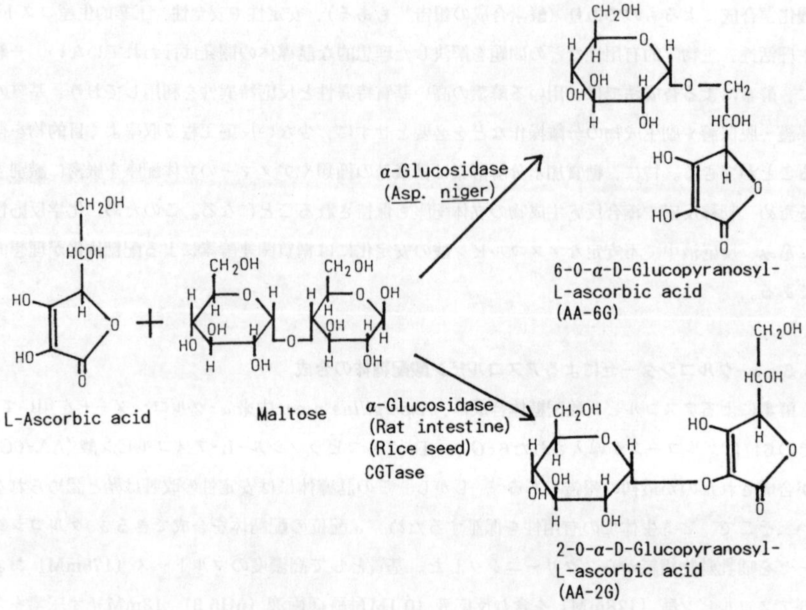

図1　α-グルコシダーゼによるアスコルビン酸配糖体合成の概略

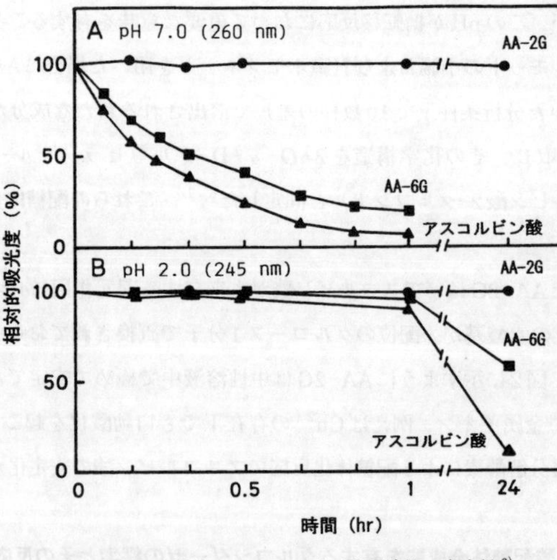

図2　中性溶液中のアスコルビン酸配糖体の安定性[6)]

の精製過程において，AA-2G合成活性はマルトース加水分解活性と同一の挙動を示し，得られたタンパクの生化学的性質からマルターゼおよびスクラーゼ／イソマルターゼ複合体と同定された。精製マルターゼの二糖分解活性はマルトース特異的であるのに対して，精製スクラーゼ／イソマルターゼ複合体はマルトース以外にもスクロースやイソマルトース，フェニール-α-D-グルコシドを分解する。しかし，AA-2G合成のための転移活性はいずれのα-グルコシダーゼともマルトースを基質とする場合のみであり，その比活性はマルターゼが5倍ほど高い。一方，AA-6G合成能を有する*Asp. niger*由来α-グルコシダーゼは，マルトース＞イソマルトース＞スクロースの順でよく分解するが，マルトースとイソマルトースを基質にした場合にAA-6Gを合成する。このようにマルトースの切断によって生じたグルコース残基（非還元末端）が，糖受容体であるアスコルビン酸に転移されるときに2位の水酸基か6位の水酸基かの選択は，α-グルコシダーゼの触媒サイトに対するアスコルビン酸の構造適合性または配向性が関係すると考えられる。このことから，転移反応を触媒する酵素はその転移生成物を基質と認識し，その分解にも関与すると予想されるため，合成収率を上げるためにはこの分解にも注意しなければならない。実際，AA-2Gはその合成酵素（マルターゼやスクラーゼ）によって効率よく水解され，アスコルビン酸を遊離する。

マルターゼによるAA-2G合成における反応特性を図3に示す。反応温度については60℃が至適であり，37℃に比べて2倍の合成効率を示す。このときマルトース分解活性も同様な温度依存性を示すことから，分解の亢進が転移反応も促進すると考えられる。また，pHの影響については，マルトース分解活性はpH6.0が至適であるのに対してAA-2G合成活性はpH4.7が至適であ

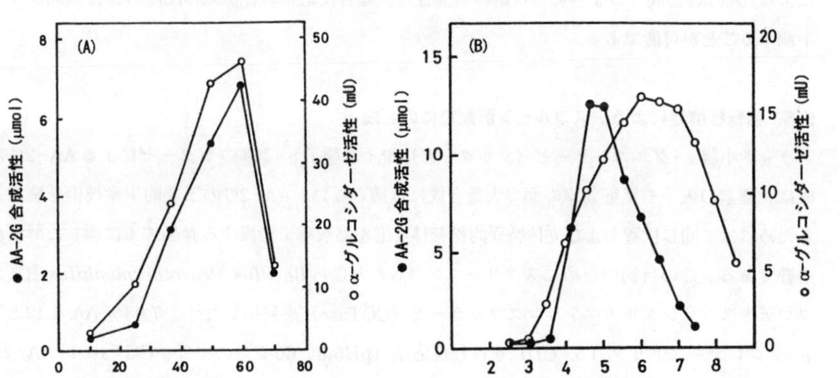

図3　アスコルビン酸配糖体合成におけるマルターゼの反応特性[10)]
（A）反応温度；（B）反応pH

り，pH6.0以上では著減する。これは受容体基質であるアスコルビン酸の反応溶液中での不安定性（酸化）によるものであり，酵素スクリーニング時の反応pHの選択が重要であることを示すものである。さらに糖供与体については，マルトース以外にもマルトテトラオースやマルトペンタオース，さらにはグリコーゲンが同等の合成効率で利用される[10]。

α-グルコシダーゼによるAA-2G合成反応の効率化を目的に，さらに数種の市販酵素（イネ種子α-グルコシダーゼ，酵母α-グルコシダーゼ，*Asp. niger*グルコアミラーゼ，*Rhizopus* sp.グルコアミラーゼ）を用いて同様の反応条件で解析したところ，イネ種子α-グルコシダーゼにマルターゼ以上の強い合成活性を認めている[10]。本酵素は酸性α-グルコシダーゼであるため，マルトース分解活性の至適pHは4.5であり，この点でAA-2G合成（至適pHは5.3）により有用である。また，AA-2G合成の至適温度はマルターゼの場合と同様に60℃であり，37℃に比べて約2倍の合成効率を示す。本酵素の糖供与体としては，マルトースよりデキストリン，アミロース，グリコーゲン，マルトヘキサオース，マルトヘプタオースが好まれ，その合成効率は高くなる。

α-グルコシダーゼの転移反応の受容体としてアスコルビン酸を添加しない系で反応を行い，α-グルコシダーゼによる縮合反応生成物を解析したところ，興味ある結果が得られている。イネ種子α-グルコシダーゼの場合は，マルトトリオースやマルトテトラオースなどのα-1,4グルコシド結合物のみが生成されるが，*Asp. niger* α-グルコシダーゼではマルトトリオースとともにパノースが生成し，さらに微量ながらイソマルトースが生成することから，α-1,4グルコシド結合とともにα-1,6グルコシド結合を生成することが明らかになっている。α-グルコシダーゼによるAA-2G合成，つまり転移反応の可能性を，縮合反応における立体配座の保持の面からも予測することが可能である。

5.5 糖転移酵素によるアスコルビン酸配糖体の合成

ラット小腸α-グルコシダーゼ（マルターゼ）やイネ種子α-グルコシダーゼによるAA-2G合成は，酵素の入手や反応効率の面で大量合成には適さない。AA-2Gの工業的生産技術を確立するためには，同じ位置および立体特異的糖転移反応を高収率で触媒する食品加工に適した酵素が必要である。この目的のためにスクリーニングしたところ*Bacillus stearothermophilus*由来シクロデキストリングルカノトランスフェラーゼ（CGTase）を見出した[11]。7.04％AAと12.8％α-シクロデキストリン（α-CD）を含む反応系（pH5.3，60℃）の中で，CGTaseはAA-2Gから順次漸減する量のAAのマルトオリゴ配糖体（AA-2G_2～AA-2G_6）を合成する。この中でAA-2Gの合成量は経時的に増加するが，同時に生成するAAマルトオリゴ配糖体についても*Rhizopus niveus*由来グルコアミラーゼを用いて全てAA-2Gとすることができる（CGTaseの

AA-2G分解活性は弱い)。この糖転移反応の至適pHおよび温度は，5.1および70℃であり，上記二種のα-グルコシダーゼと比較すると高温耐性菌由来酵素の特徴が窺える（表1に三種の酵素によるマルトース分解特性とAA-2G合成特性を比較して示す)。CGTaseは糖供与体としてα-CDと同様にβ-CDやγ-CDも効率よく利用するのみならず，四糖以上の直鎖型の糖なども幅広く利用するため工業的大量合成への展開が有利であると考えられる。酵素量および基質量の検討結果から，60℃，20時間の反応で，アスコルビン酸の45％までをAA-2Gに変換することができる。このように，安価な基質を利用して，副生成物がなく，精製が容易な，かつ工業的コストも低く抑えることのできる酵素合成法の確立に至っている。

5.6　アスコルビン酸配糖体の生物学的有用性

前述のごとく，AA-2Gはα-グルコシダーゼで容易に加水分解され，アスコルビン酸を遊離する。このため，経口投与されたAA-2Gはラットやモルモットの血中アスコルビン酸濃度を等モルのアスコルビン酸と同等のレベルまで上昇させることができ，またモルモット壊血病に対してもアスコルビン酸と同等に有効である[12]。このことは食品製造等において物理化学的に極めて安定なAA-2Gを製品に添加することで，摂取時に所定の濃度のままでビタミンC活性が保証されることになる。ヒト皮膚線維芽細胞におけるコラーゲン合成促進作用[13]やヒト末梢血リンパ球培養系における免疫応答の亢進作用[14]など，多様なビタミンC活性を発揮することも確認されており，AA-2Gはプロビタミン様物質であると言える。

AA-2Gが中性の水溶液中で安定であることは特記すべき点である。ヒト血液中のアスコルビ

表1　糖質分解酵素のマルトース加水分解特性とAA-2G合成特性の比較

特性	ラット小腸 α-グルコシダーゼ（マルターゼ）	イネ種子α-グルコシダーゼ	*B. stearothermophilus* CGTase
マルトース加水分解活性			
基質	マルトース	マルトース	α-シクロデキストリン
至適pH	6.0	4.5	5.0
至適温度	60	50	70
AA-2G合成活性			
基質	マルトース	マルトース	α-シクロデキストリン
至適pH	4.7	5.3	5.1
至適温度	60	60	70
*K*m（mM）	3.0	16.0	27.5
AA-2G加水分解活性	強い（イネ種子α-グルコシダーゼよりは弱い）	強い	著しく弱い

(*Nippon Nōgeikagaku Kaishi*, **75**, 569 (2001) より引用，一部改変)

ン酸濃度は40-60 μ Mであり，生体を構成する全ての細胞はこのアスコルビン酸供給の恩恵の下に恒常性を維持している。つまり，インビトロ細胞培養系においてもこのアスコルビン酸濃度環境が維持されることで，正常な反応を追跡できることになる。最近，筆者らは体外成熟培養した哺乳動物卵母細胞の発生能が体内成熟卵に比べて著しく劣る原因の一つが培養過程における酸化的ストレス障害であり，これをAA-2Gの添加で克服できることを報告した[15, 16]。さらに，これまでのインビボ，インビトロ実験において，皮膚透過の持続性やメラニン合成阻害作用，紫外線障害抑制作用はAA-2Gの方が従来の安定型誘導体より優れていることも報告されている[17]。

AA-2G分子そのものは直接還元性を示さないが，最近の研究からAA-2Gには穏やかながら持続的なラジカル消去活性が存在することが認められている[18, 19]。これはアスコルビン酸の2位の水酸基が α-グルコースで置換されたAA-2Gはデヒドロアスコルビン酸への酸化が進行しないため，共存物質を還元することはできないが，AA-2G分子そのものは3位の電子を供与して分子内共役構造をとることができるためと考えることができる。AA-2Gはアスコルビン酸に優る持続的なラジカル消去能を有しているため，食品や医薬品の製造において効果的なラジカル消去剤として添加する用途も広がる。アスコルビン酸の栄養所要量が見直されている現在，食品製造や加工技術の中で新たな利用展開が期待される[20]。

5.7 糖質分解酵素による配糖体合成の利用展望

糖質分解酵素による配糖体合成について，アスコルビン酸グルコシド合成を中心に，目的とする分子修飾，有用酵素の探索そして大量合成法の開発までの流れを概説した。同様な研究展開は，新たな機能を有する多様な物質の開発においても広く行なわれており，α-グルコシダーゼによる1-デオキシノジリマイシングルコシドの合成（α-グルコシダーゼ阻害活性の増強）[21]，α-グルコシダーゼやCGTaseによるステビオールグリコシドの合成（甘味改善）[22]，α-グルコシダーゼによるグルコシルグリセロールの合成（甘味性，熱安定性）[23]，さらには微生物によるピリドキシン[24, 25]やパントテン酸[26]の配糖体合成などを始めとして多数の報告がある。

糖質分解酵素を利用する合成反応により，これからも新たな機能を備えた物質が次々に創出されると予想される。その過程の中では，糖質分解酵素の転移反応や縮合反応には厳密な基質特異性や立体特異性があるため，有望な酵素の探索や適切な反応条件の設定などが重要な課題になる。分子の特性改変のみならず糖質の有する新たな生理活性を賦与する技術としても，糖質分解酵素による有用物質の生産技術がフードサイエンス分野において活用されることを期待する。

文　　献

1）北畑寿美雄, *FFI Journal*, **178**, 11-18 (1998)
2）中野博文, *FFI Journal*, **188**, 36-47 (2000)
3）B. Frei *et al.*, *Proc. Natl. Acad. Sci.*, **86**, 6377-6381 (1989)
4）T. Miyasaki *et al.*, *Com. Biochem. Physiol.*, **100**, 711-716 (1991)
5）鈴木幸雄ほか, ビタミン, **47**, 259-267 (1973)
6）I. Yamamoto *et al.*, *Biochim. Biophys. Acta*, **1035**, 44-50 (1990)
7）T. Mandai *et al.*, *Carbohydr. Res.*, **232**, 197-205 (1992)
8）I. Yamamoto *et al.*, *Chem. Pharm. Bull.*, **38**, 3020-3023 (1990)
9）N. Muto *et al.*, *J. Biochem.*, **107**, 222-227 (1990)
10）N. Muto *et al.*, *Agric. Biol. Chem.*, **54**, 1697-1703 (1990)
11）M. Tanaka *et al.*, *Biochim. Biophys. Acta*, **1078**, 127-32 (1991)
12）I. Yamamoto *et al.*, *J. Pharmacobiodyn.*, **13**, 688-695 (1990)
13）I. Yamamoto *et al.*, *J. Nutr.*, **122**, 871-877 (1992)
14）M. Tanaka *et al.*, *Jpn. J. Pharmacol.*, **66**, 451-456 (1994)
15）H. Tatemoto *et al.*, *Biol. Reprod.*, **65**, 1800-1806 (2001)
16）H. Tatemoto *et al.*, *J. Reprod. Dev.*, **47**, 329-339 (2001)
17）Y. Kumano *et al.*, *J. Nutr. Sci. Vitaminol.*, **44**, 345-359 (1998)
18）Y. Fujinami *et al.*, *Chem. Pharm. Bull.*, **49**, 642-644 (2001)
19）J. Takebayashi *et al.*, *Biol. Pharm. Bull.*, **25**, 1503-1505 (2002)
20）J. Nishiyama *et al.*, *Biosci. Biotechnol. Biochem.*, **57**, 561-565 (1993)
21）N. Asano *et al.*, *Carbohydr. Res.*, **258**, 255-266 (1994)
22）S.V. Lobov *et al.*, *Agric. Biol. Chem.*, **55**, 2959-2965 (1991)
23）F. Takenaka *et al.*, *Biosci. Biotech. Biochem.*, **64**, 1821-1826 (2000)
24）Y. Asano *et al.*, *Biosci. Biotech. Biochem.*, **67**, 499-507 (2003)
25）K. Wada *et al.*, *Biosci. Biotech. Biochem.*, **67**, 508-516 (2003)
26）M. Okada *et al.*, *J. Nutr. Sci. Vitaminol.*, **46**, 101-104 (2000)

6 ペクチナーゼとその応用

澤田雅彦*

6.1 はじめに

ペクチンは1790年Vauquelinにより植物体から可溶性の，エタノール沈殿する強ゼリー状物質として発見され，1825年Braconnotによりギリシャ語で「凝固」を意味する“pektos”から名前を取りペクチン（pectin）と命名された。

ペクチンはセルロース，ヘミセルロースと共に高等植物体の細胞壁構成成分として広く存在する多糖質で，野菜や果物等にも豊富に含まれており，ジャムやゼリー，各種飲料等の増粘剤，粘結剤として用いられることから日頃から摂取する機会が多い糖質である。また可溶性の食物繊維として整腸作用，コレステロール低下作用，胃腸の保護作用等を有することが知られている[1]。一方，果汁や果実酒の製造時には著量のペクチンが溶液中に遊離することで濾過性低下や白濁，沈殿生成等の悪影響をもたらすことが知られている。

ペクチナーゼは産業的には果汁や果実酒の清澄化，搾汁時のろ過性改善および収率向上に用いられることが多いが，昨今では各種野菜や穀類の食材加工，さらには機能性食品等にも幅広く利用されるようになってきた。

6.2 ペクチンとは

ペクチンは，シダ類，藻類，高等植物の細胞壁，特に細胞壁中層（middle lamella）または一次壁中（primary wall）に存在し，細胞同士を接着し組織の粘弾性や強度保持の役割を示す。また自然界ではCa^{2+}，Mg^{2+}等の金属2価カチオンによる架橋，セルロースやヘミセルロース等の多糖体とエステル結合やリン酸結合により不溶化され巨大な分子構造を取っていると考えられており，この状態の不溶性ペクチンはプロトペクチン（protopectin）と呼ばれている。プロトペクチンの分解は植物組織の軟化，崩壊に繋がる。

6.3 ペクチンの構造

ペクチンはペクチニン酸とも呼称され，ガラクチュロン酸のα-1,4結合によるポリガラクチュロン酸を主たる骨格とする酸性多糖類で，ガラクチュロン酸残基のC6位のカルボキシル基は部分的にメチルエステル化された構造を持つ。エステル化度は植物によって異なり，洋ナシでは15％，ジャガイモでは30％，柑橘類では65％程度で，リンゴでは非常に高く，70～85％がエステル化されていると言われている。またグレープフルーツやジャガイモ等，一部の植物では

---

* Masahiko Sawada 合同酒精㈱ 酵素医薬品研究所 マネージャー

C2またはC3位の水酸基が部分的にアセチル化されている。

一般に，ペクチンとはペクチニン酸のことを指すが，プロトペクチン，ペクチニン酸，およびペクチニン酸を脱エステル化して得られるペクチン酸（ポリガラクチュロン酸）を含めてペクチン（ペクチン質）と称することもある。天然のペクチンにはガラクチュロン酸残基のみからなるスムース領域（Smooth region）と，中性糖の側鎖を有するヘアリー領域（Hairy region）がある。ガラクチュロン酸残基のエステル化度はスムース領域では低く，ヘアリー領域では高い。ヘアリー領域の中性糖側鎖はアラビナン，ガラクタン，アラビノガラクタン等であり，1個から数十個，ガラクチュロン酸骨格に部分的に挿入されたラムノース残基部位から伸長している[2)]。

一般に，一次壁中のペクチンは細胞壁中層のものに比して側鎖の鎖長が長く，かつ分岐が多いと考えられている[3)]。

6.4　ペクチナーゼのペクチン分解様式と分類[4)]

ペクチナーゼは作用形式で大別すると加水分解酵素，β脱離酵素，およびエステラーゼの3つの種類に分別される（図1）。また分解様式では加水分解酵素，β脱離酵素にはそれぞれ分子鎖をランダムに分解するエンド型，非還元末端側から順次切断するエキソ型が存在する。

6.4.1　加水分解酵素

エンドポリガラクチュロナーゼ（Endo-PG; EC 3.2.1.15）はポリガラクチュロン酸のα-1,4結合を加水分解する酵素であり，多くのカビや一部の細菌，酵母が生産する。また高等植物にも存在し，野菜や果物が熟成により軟化するのはEndo-PGの作用である。至適温度は40℃前後，至適pHは4～6の酸性側である場合が多い。

Endo-PGの主たる基質はポリガラクチュロン酸であり，1～3糖のガラクチュロン酸オリゴマーが最終生産物である。ペクチンを基質にする場合，C6位のカルボキシル基がメトキシ化されている残基では加水分解することができないため，メトキシ化率の増加に伴ないペクチンに作用し難くなる。一般的に，Endo-PGの作用にはフリーのガラクチュロン酸残基が数個連続していることが必要とされている[5)]。

一方，メトキシ化率の高いポリメチルガラクチュロン酸を特異的に加水分解する酵素はポリメチルガラクチュロナーゼ（PMG）と呼ばれる。1970年代以降，PMGは数例報告されているが，後述するエステラーゼの混入やリアーゼとの混同の可能性が否定できず，その存在すら疑われていた。1997年，Endo-PG生産菌からクローニングされた遺伝子により生産される酵素は，ポリガラクチュロン酸には全く作用せず，メトキシ化度の上昇に伴い作用が増大すること，リアーゼ活性を全く有していないことから，PMGであることが確認された[6)]。

ペクチン鎖の非還元末端より順次分解するエキソポリガラクチュロナーゼ（Exo-PG; EC

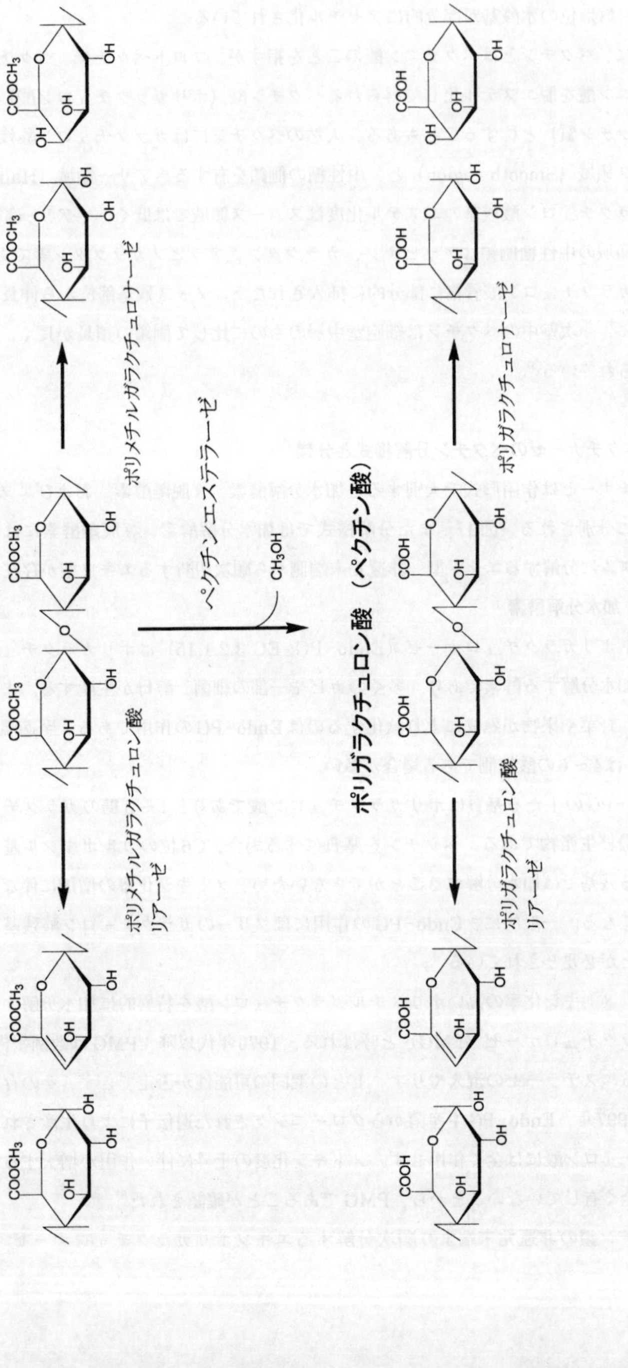

図1 ペクチン分解酵素によるペクチン質の分解模式図

3.2.1.67）はカビや細菌類で発見されているが，報告例は少ない。分解様式は2通り知られており，カビの生産する酵素は単糖単位で水解するgalacturan 1,4-α-galacturonidase，細菌の生産する酵素は二糖単位で水解するexo-poly-α-galacturonidaseである。またオリゴガラクチュロン酸に作用するオリゴガラクチュロナーゼも知られている。

6.4.2　β-脱離酵素（リアーゼ，トランスエリミナーゼ）

エンドポリガラクチュロン酸リアーゼ（Endo-PGL; EC 4.2.2.2）はポリガラクチュロン酸のα-1,4結合をβ-脱離反応により切断し，非還元末端側に4,5-不飽和ガラクチュロン酸残基を生成する。Endo-PGLはカビ，特に細菌による報告が多い。Endo-PGが主に酸性側に至適pHを有するのに対し，Endo-PGLはpH8～9前後と，アルカリ性に至適pHを有するものが多い。またCa^{2+}により活性化する特徴がある[7]。Ca^{2+}を始めとする2価カチオンで賦活化すること，さらにペクチンが2価カチオンで架橋するのはメトキシ化されていない部位に限られることを考え合わせると，Endo-PGLの真の基質は2価カチオンで架橋されたポリガラクチュロン酸であると考えられる。

メトキシ化率の高いペクチンに作用する，エンドポリメチルガラクチュロン酸リアーゼ（Endo-PMGL; EC 4.2.2.10）は*Aspergillus*属，*Penicillium*属に代表されるカビによる報告が多く，細菌，酵母による生産報告は稀少である。至適pHは5～9の広い範囲に分布し，Endo-PGLと異なりCa^{2+}イオンによる影響を受けない。

富沢らはナリジキシン酸やマイトマイシンC，ブレオマイシン等のDNA合成阻害剤の添加や紫外線照射によりEndo-PMGLが誘導生産されることを[8]，またZinkらは*Ervinia cartovora*によるEndo-PMGL生産がRecAに依存して誘導されることを報告している[9]。またPMGLを構成的に生産する*Pseudomonas marginalis*においても，DNA合成阻害剤存在下で誘導生産されることが認められている[10]。糖質関連酵素であるペクチン分解酵素が，なぜSOS反応によるDNA修復機構により誘導されるか今のところ全く不明だが，非常に興味深い事象であり，今後の研究の進捗に期待したい。

Exo型酵素に関してはエキソポリガラクチュロン酸リアーゼ（Exo-PGL; EC 4.2.2.9）が数例報告されており，非還元末端から4,5-不飽和ジガラクチュロン酸単位で切断する。Endo-PGLと同じくアルカリ性に作用域を持ち，Ca^{2+}イオンにより賦活化する。Exo-PMGLについてはまだ報告例はない。

6.4.3　エステラーゼ

ペクチンエステラーゼ（PE; EC 3.1.1.11）はペクチンのメチルエステルを加水分解し，ペクチンを脱メトキシ化する。PEはカビ，酵母，細菌類，さらに高等植物にも存在する。一般にカビ類の生産するPEの至適pHは酸性だが，植物由来のものは中性～微アルカリで作用する。多くのPEはペクチン質の非還元末端から順に作用するが，還元末端より作用するものも知られている。またPEはフリーのガラクチュロン酸残基に隣接した残基を脱メトキシする傾向にあり，その結果作用後のペクチンにはフリーのガラクチュロン酸ブロックと，メトキシ化されたガラクチュロン酸のブロックが生じることになる。

一般に野菜を55～70℃程度の温度で加熱すると煮崩れが生じないことが知られているが，この温度では植物体内のPGが熱失活するのに対し，PEは充分活性発現するためペクチン質の脱エステル化が進行し，生じたフリーのガラクチュロン酸ブロックがCa^{2+}，Mg^{2+}等とイオン架橋することにより組織の結合力が増加するためと言われている[11~13]。

6.4.4 プロトペクチナーゼ（プロトペクチン可溶化酵素）

自然界ではペクチンは2価カチオンによる架橋，また他の多糖質等と複雑に結合して不溶化している。この状態の水不溶性ペクチンをプロトペクチンと呼ぶ。1927年，Brintonらはプロトペクチンに作用し，「細胞を崩壊させ，ペクチン質を可溶化する酵素」としてプロトペクチナーゼを提唱した[14]。しかしその実体は明らかではなく，以後長年に渡って細胞組織を崩壊させるマセレーティングエンザイム（macerating enzyme）と混同され，プロトペクチナーゼの存在自体が疑わしいとされていた。

1978年，坂井らにより酵母*Trichosporon penicillatum*の生産する酵素が植物組織を崩壊することなく高分子のペクチンを遊離することが認められ，プロトペクチン可溶化酵素の存在が確認されると共に，プロトペクチナーゼとマセレーティング酵素が全く異なるものであることが証明された[15]。現在ではプロトペクチナーゼという名称は酵素名として広く浸透し，一般的に使われるようになった。

6.5 ペクチナーゼの産業利用

6.5.1 飲料産業

ペクチナーゼは産業用として果汁製造を中心とした飲料産業に最も多く使われており，果汁の清澄化および果汁の濾過性の改善に効果がある。

リンゴやブドウ，オレンジ等の果実は飲料用として加工されることが多いが，果肉にはペクチンが多量に含まれており，搾汁液中には多量のペクチンが高分子状態で遊離し，粒子を包含したコロイド状態で浮遊する。このため搾汁液は粘調な混濁液となり，濾過操作は困難で，遠心分離や濾過等の物理的な方法のみでは透明果汁を製造することは不可能である。

ペクチン質をペクチナーゼ処理することにより，形成コロイドが破壊され，相互に静電気的に凝集し，容易に沈殿・除去が可能になり，混濁果汁から透明果汁が製造できる[16]。

また種々の野菜を用いて野菜ジュースや青汁等が製造されているが，ペクチナーゼとセルラーゼの併用により，杏，桃，イチゴ類等の果物，ニンジン，ジャガイモ，トマト等の野菜ホモジェネートの完全液化，または裏ごし野菜の製造に利用することができる。ペクチナーゼ処理により粘度および残渣が減少し，ジュース収率が20％程度増加する[16]。

ワイン製造にもペクチナーゼが用いられる。白ワインの場合は破砕・搾汁した後，醗酵させるが搾汁時にペクチナーゼを用いると20％程度の搾汁率向上が見込まれ，結果としてワインの収率が高くなる。一方赤ワインはブドウを破砕除梗後，醗酵させるが，ペクチナーゼを併用して醗酵するとポリフェノール等の有効成分を効率よく抽出することができる[17]。

6.5.2　食材加工

上述のように，植物の細胞組織はペクチンを細胞間の接着剤として強固な構造を維持しているため，ペクチナーゼ処理によりペクチンを分解すれば植物体を軟化させることができる。この性質を利用し，植物食材加工にペクチナーゼが利用されている。これらの例では，セルラーゼやプロテアーゼと併用されることがある。

果実の加工では，柑橘類表皮に切れ目を入れて酵素処理することにより，表皮を剥離し果汁袋を容易に回収できる[18]。また梅の実をカルシウム存在下ペクチナーゼ処理することで，果肉を崩壊させることなく低塩濃度でも果肉を充分に軟化させ，減塩梅干を製造することが可能となった。本法では従来使用できなかった未熟果実も梅干にすることができる[19]。また最近新たな試みとして，カキ果実の剥皮が報告されている。カキ果実は丈夫な表皮を有しているため，加工品への応用には剥皮工程が障害となっていたが，カキ果実を前処理後，ペクチナーゼ溶液に浸漬すると手で容易に剥皮することが可能となる[20]。

コメ関連では，玄米粉砕懸濁液にセルラーゼ，プロテアーゼと共にペクチナーゼを作用させることによる玄米飲料の製造法[21]，高濃度の米粥調製による乾燥ブロック食品製造法[22]，麦飯の食感を白飯と同等にする大麦の加工法[23]，インディカ米を用い従来と同等の性能を有する製麹法[24]等が報告されている。

緑茶[25]，杜仲茶[26]加工では蒸熱や釜炒工程後にセルラーゼと共に処理すると冷水でも短時間で茶成分が溶出可能になることが報告されている。

大豆の加工では，原料大豆を浸漬時にペクチナーゼ処理することで栄養成分が効率的に抽出された豆乳を製造し，おからの発生を著しく減少させることができる。また栄養価の高い醤油や納豆の製造にも応用可能である[27,28]。またペクチナーゼとセルラーゼの併用処理により栗の鬼皮と渋皮を効率的に剥皮することも可能となる[29]。

その他，惣菜類の加工においてもペクチナーゼ利用により短時間調理を可能にする例等が知られている。

6.5.3 単細胞化（シングルセル）食品，化粧品

植物は植物細胞の集合体として形成されており，細胞がレンガのブロックとするなら，ペクチンをセメントとした構造として構成されている。生の植物体にペクチナーゼを作用させると，ペクチン質の分解に伴い細胞が遊離し，単細胞化する（図2，写真1）。この作用を利用して単細胞（シングルセル）食品を製造することができる。

本法の特徴としては物性や呈味上の問題から廃棄，または使用されていなかった植物材料を利

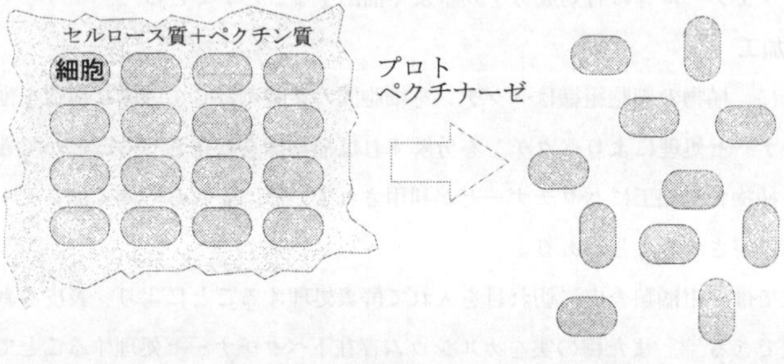

図2 ペクチナーゼの植物組織への作用（模式図）

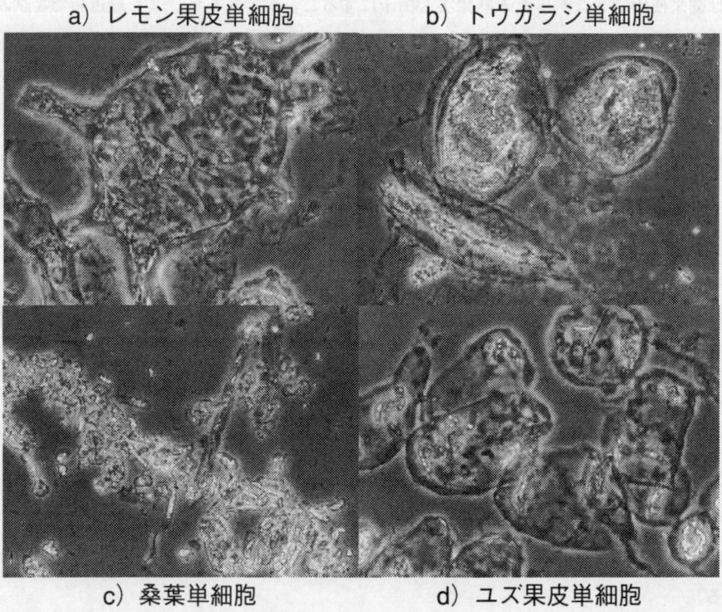

写真1 植物単細胞の顕微鏡写真

用し，有効成分や機能性成分を有する新しい食材を提供することにある[30, 31]。各種のプロトペクチナーゼを比較すると，酵素により単細胞化の効率が異なること，またジャガイモや赤唐辛子は容易に単細胞化するが，ショウガやホウレンソウでは単細胞化が困難等，植物体により作用性が異なることも報告されている[32]。

単細胞化した植物細胞は元の植物体の構成時に比して細胞壁が柔軟性を有するので，細胞内成分が包含されたマイクロカプセルと考えてよい。すなわち熱，または冷凍に対し耐性を示し，かつこれらの成分が外界と遮断されているために酸化を防ぐことができ，保存性が向上するので，香料，香辛料，色素やその他の有効成分等，本来不安定である成分を安定に保持できるようになる。

また化粧品素材に関しても，植物単細胞を用いて保湿，抗酸化，メラニン生成抑制，コラーゲン産生促進等の植物素材が有する有効成分を，天然の徐放性マイクロカプセルとしてそのまま利用する研究開発がなされ，スキンケア用品として発売されている[33]。

なおセルラーゼ，ヘミセルラーゼが混入した酵素剤を用いると，植物材料の多くは単細胞の細胞壁の脆弱化や崩壊が生じるため，単細胞化にはこれらの夾雑酵素を含まない酵素剤の使用が望まれる。

6.5.4　ペクチンオリゴ糖（オリゴガラクチュロン酸）

健康食品ブームによりガラクトオリゴ糖やフラクトオリゴ糖を始めとする各種オリゴ糖が開発されており，100億円を超える市場を有すると言われている。これらのオリゴ糖の多くは特定保健用食品に指定されており，抗う触性，ビフィズス因子，低カロリー，低甘味，保湿性改善等各種機能が提示されている。

近年，ペクチンオリゴ糖が植物の生体防御機構の一翼を担っていることが明らかになった[34]。すなわち植物病原菌はペクチナーゼを分泌しペクチンを分解することで感染・侵入するが，その結果生じたオリゴ糖が植物体内でエリシター効果を示しファイトアレキシン生産を誘導するほか，リグニン合成やプロテアーゼインヒビターを誘導することで感染の進展を抑止する作用を示す。またペクチンオリゴ糖が植物の分化調節因子や生長促進因子としても作用することが認められている[35]。

ペクチンオリゴ糖のその他の生理機能についても各種検討されている。竹中らはペクチンオリゴ糖の抗菌作用を検討した結果，乳酸菌を除く多くの細菌に対して高い抗菌作用を示すこと[36]，また市田らは消化性潰瘍，特にストレス性潰瘍に対しペクチンオリゴ糖が市販薬に遜色ない効果を示すこと，さらに有意な血圧抑制作用を示すことを[37]，田澤らはアップルペクチンから酵素分解により得られた，平均重合度4の画分に非常に強いSOD様活性およびハイドロキシラジカル消去活性があることを突き止めた[38]。

ペクチンオリゴ糖をミネラルの吸収促進に用いる試みもある。ペクチンをペクチナーゼにより酵素分解して得られたオリゴ糖（重合度2～9）は鉄やカルシウム等の2価カチオンとキレート結合して安定化し，これらのミネラルの吸収を促進する効果がある[39,40]だけでなく，この金属複合体は肌質改善効果があることも認められている[41]。

このように，ペクチンオリゴ糖は従来のオリゴ糖とは異なる機能性を有することが認められている。しかるに果物の搾汁残渣，加工残渣にはペクチンが豊富に含まれている（乾物当り約10％）にも係わらず，ほとんどが産業廃棄物として処分されているのが現状である。市田らはEndo-PGを用いた固定化酵素による連続バイオリアクターシステムについて報告[35]しており，青森県オリゴ糖利用研究開発協同組合では産学官共同の元，残渣の有効利用を進めるプロジェクトが進行している。

6.5.5 食品以外の産業用途

食品用途以外でも，ペクチナーゼの利用がいくつか進んでいる。

まず綿繊維のバイオ精練が挙げられる。綿はセルロース繊維であるが，原綿にはペクチンを始めとした不純物が数％含まれており，繊維として利用するためには精練工程が必要である。精練工程は現在，高温で高濃度の苛性ソーダ処理する化学法が主流だが，多大のエネルギーを消費するだけでなく，作業環境が劣悪で，かつ廃水処理に大きく負荷がかかる。バイオ精練はペクチン分解酵素を用いてペクチンを分解することにより，同時に他の不純物を除去する精練法であり，温和な条件で環境に優しい精練が可能となる。バイオ精練した綿布は化学精練のものより風合いがソフトで肌触りが良く，アトピー性皮膚炎等にも効果があると言われている[42]。

また洗剤用酵素としても利用されている。Endo-PG，Endo-PGL，Endo-PMGL等のペクチナーゼ剤を洗剤に組み入れると野菜汁や果実汁等による染み，または泥汚れの除去に優れた効果があるとされている[43~46]。またコンタクトレンズの洗浄剤としても効果がある。

6.6 市販ペクチナーゼ剤について

表1に現在産業用として上市されているペクチナーゼ剤を示した。

市販されているペクチナーゼ剤はほとんどがカビ起源であり，さらに*Aspergillus*属由来のものが大半である。また，これらの酵素剤はその多くがPG，PGL，PE等による複合酵素製剤で，組成の比率等は製品ごとに異なっている。

酵素の使用条件としては，至適作用pHとして3.5～5.0，至適作用温度は35～55℃前後のものが多く，主たる用途である果汁産業で何れも問題なく使用可能である。

この中で，「ペクトリアーゼ」は他の酵素剤にはほとんど含まれていないEndo-PMGLを主剤とすることが特色である。メトキシ化率が高いペクチン質に作用させる際は効果を示すものと思

表1　市販ペクチナーゼ一覧

製造元（販売元）	商品名	pH	Temp	起源	用途
天野エンザイム	ペクチナーゼ PL「アマノ」	3.5	60	*Aspergillus niger*	果汁の清澄、ジュース、ワイン
	ペクチナーゼ G「アマノ」	4-4.5	50-55	*Aspergillus pulverulentus*	ブドウ果汁の清澄、ジュース、ワイン
	ペクチナーゼ GL「アマノ」	4-4.5	50-55	*Aspergillus pulverulentus*	ブドウ果汁の清澄、ジュース、ワイン
	ペクチナーゼ A「アマノ」	3.5	55	*Aspergillus pulverulentus* *Aspergillus oryzae*	ジュース、ワイン
キッコーマン	ペクトリアーゼ	3.5-5	40-50	*Aspergillus japonicus*	果汁清澄・果汁収率向上
合同酒精	Pectinase-GODO	3-5	40-50	*Trichosporon penicillatum*	シングルセル食品製造・果汁の清澄化・食品の軟化・ペクチン製造
三共ライフテック	スクラーゼ N			*Aspergillus niger*	果汁の清澄・ろ過促進・ワインの清澄
	スクラーゼ S			*Aspergillus niger*	果汁の清澄・ろ過促進
新日本化学工業	スミチーム AP-2	3-5.5	60-65	*Aspergillus niger*	果汁清澄・ろ過改善・ジュース、ワイン製造
	液状スミチーム AP-2	3-5.5	60-65	*Aspergillus niger*	果汁清澄・ろ過改善・ジュース、ワイン製造
	スミチーム SPC	3.5-4.5	50-60	*Aspergillus niger*	果汁清澄・ろ過改善・ジュース、ワイン製造
	スミチーム MC	4-6	40-50	*Rizopus sp.*	野菜、果実類のピューレ製造
	スミチーム PX			*Aspergillus sp.*	果汁清澄・ろ過改善・ジュース、ワイン製造
	スミチーム PMAC	3.5-4.5	60-65	*Aspergillus sp.*	果汁収率アップ・発酵物のゲル化防止
	スミチーム PTE	5.5-6	45-50	*Aspergillus japonicus.*	果汁収率アップ・植物組織崩壊
	スミチーム PME	4.5-5.5	50	*Aspergillus sp.*	フルーツプレパレーション用
ナガセケムテックス	ペクチナーゼ〈ナガセ〉			*Aspergillus niger*	果汁清澄
	ペクチナーゼ XP-534			*Bucillus subtilis*	煮豆の軟化、植物単細胞化・中性で使用
ノボザイムズ	ペクチネックス	5.5-6	35-40	*Aspergillus niger*	ワイン・ジュース
	ペクチネックスウルトラ SP-L	5.5-6	35-40	*Aspergillus niger*	ワイン・ジュース
	ウルトラザイム	4-5	45-55	*Aspergillus niger*	ワイン・ジュース
	ビノザイム			*Aspergillus niger*	ワイン・ジュース
	シトロザイム			*Aspergillus niger*	ジュース、シトラスワイン
	ピールザイム			*Aspergillus niger* *Trichoderma reesei*	ジュース
エイチビィアイ	セルロシン PC5			*Aspergillus niger*	果汁清澄化（柑橘類）
	セルロシン PE60			*Aspergillus niger*	果汁清澄化（リンゴ）、米溶解
	セルロシン PEL			*Aspergillus niger*	果汁清澄化（リンゴ）、米溶解
	可溶性ペクチナーゼT			*Aspergillus niger*	果汁清澄化。旧ペクチナーゼ田辺
	セルロシン ME			*Rhizopus sp.*	野菜組織崩壊
AB Enzymes（樋口商会）	ROHAPECT 10L			*Aspergillus niger*	ジュース製造
DSM（ロビン）	RAPIDASE PRESS				果汁清澄化、ヘミセルラーゼ含有
	RAPIDASE C80L				果汁清澄化、ヘミセルラーゼ含有
ヤクルト薬品工業	ペクチナーゼ SS	4-4.5	65	*Aspergillus niger*	果実・野菜の搾汁及び清澄・ろ過促進
	ペクチナーゼ 3S	3.5-4	40-45	*Aspergillus sp.*	果汁清澄、果実酒の混濁除去
	ペクチナーゼ HL	3.5-4	40-45	*Aspergillus sp.*	果実・野菜の搾汁及び清澄

＊ 食品総合研究所 酵素データベース（http://www.nfri.affrc.go.jp/yakudachi/koso/xylanase.htm）
フードケミカル ; 19(9), p.92-106(2003)より参照、一部加筆

われる[47, 48]。また「スミチームPME」はPE製剤で，PG，PGL等の分解系酵素をほとんど含まないことを特色としており，ペクチン鎖を切断することなく，高メトキシペクチンを低メトキシ化することができる。本酵素剤をカルシウム塩とともに使用することにより，カットフルーツやカット野菜の軟化による崩壊を抑制し，形態を維持できるフルーツプレパレーションが可能となる。

一方，ほとんど全ての酵素剤がカビ起源である中，「Pectinase-GODO」は唯一酵母で生産される酵素である。本酵素剤はEndo-PG製剤であり，その他のペクチン関連酵素を含め，夾雑酵素を一切含まない単一酵素剤である特徴を有する。カビ起源の酵素剤ではセルラーゼ，ヘミセルラーゼ系，またはプロテアーゼ等の夾雑酵素の混入は避けられず，これらの夾雑酵素の副次的な反応により素材である食材の劣化等，期待しない反応の生じることがあるが，本酵素剤においてはこのようなことは一切生じない。従来にない本酵素剤の特徴を生かし各種の応用が進行中である。

文　献

1）宮崎利夫編, 多糖の構造と生理活性, 朝倉書店, p.103 (1990)
2）R. P. Vries, J. Visser, *Microbiol.& Mol. Biol. Rev.*, **65**, p.497-522 (2001)
3）Selvendran,R.R., *J. Cell Sci. Suppl.*, **2**, 51-88 (1985)
4）Sakai, T., *et al., Adv. in Applied Microbiol.*, **39**, 213-294 (1993)
5）Koller, A. and Neukom, H., *Eur. J. Biochem.*, **7**, 485-489 (1969)
6）Sakai, T. , Sirasaka, N., *et al., FEBS Letters*, **414**, 439-443 (1997)
7）Lyon, G. D., Smith, K. J., and Heilbronn, J., *Lett. Appl. Microbiol.*, **2**, 127-129 (1986)
8）Tomizawa, H., and Takahashi, H., *Agric. Biol. Chem.*, **35**, 191-200 (1971)
9）R. T. Zink, J. K. Engwall *et al.*, *J. Bacteriol.*, **164**, 390-396 (1987)
10）Sone, T., Sugiya, J., *et al.*, *Agric. Biol. Chem.*, **52**, 3205-3207 (1988)
11）真部孝明, 日本食品工業学会誌, **27**, 234-239 1980)
12）真部正敏, 日本食品工業学会誌, **28**, 653-659 (1981)
13）吉岡博人, 日本食品工業学会誌, **39**, 733-737 (1992)
14）C. S. Brinton *et al.*, *J. Amer. Chem. Soc.* , **49**, 38-40 (1927)
15）Sakai, T., and Okushima, M., *Agric. Biol. Chem.*, **42**, 2427-2429 (1978)
16）A. Kilara, *Process Biochemistry*, **17** (4), 35-41 (1982)
17）花牟礼研一ほか, 特許出願公開 平11-046747
18）ロバート エス エリオットほか, 特許出願公開 平5-219914
19）紀南農業協同組合, 和歌山県ほか, 特許出願公開 2002-238490
20）尾崎嘉彦, 和歌山工業技術研究所技術報告誌 TECHNORIDGE, 256, p.4-5 (2002)

21） 定方美和子ほか, 特許出願公開 平5-137545
22） 城口和男ほか, 特許出願公開 平8-294365
23） 小池肇ほか, 特許出願公開 平7-031393
24） 成瀬治已ほか, 特許出願公開 平7-274946
25） 谷口良三, 特許出願公告 平7-112404
26） 大岳望ほか, 特許出願公開 平6-90723
27） 田中達郎, 赤澤徹, 特許出願公開 平8-89197
28） 赤澤徹, 特許公報 第3256534号
29） 恒松繁人, 特許出願公開 平10-84928
30） 沢野悦雄, 特許出願公開 平6-105661
31） 高橋慧, 特許公報 第2709289号
32） Nakamura, T., *et al*., *J. Food. Sci*., **60**, 468-472 (1995)
33） 資生堂ホームページ, http://www.shiseido.co.jp/s9604let/html/let0035t.htm
34） P. D. Bishop *et al*., *J. Biol. Chem*., **259**, 13172-13177 (1984)
35） 市田淳治ほか, 食品と科学, **38** (1), 95-100 (1996)
36） 竹中哲夫ほか, 日本食品工業学会誌, **41**, 785-792 (1994)
37） 市田淳治ほか, 食品工業, **39** (10), 60-66 (1996)
38） 田澤賢次ほか, *BIO INDUSTRY*, **17** (8), 36-43 (2000)
39） 中西昇, 北田好男, 特許出願公開 平5-238940
40） 中西昇, 北田好男, 特許公報 第2986133号
41） 中西昇, 特許公報 第2801955号
42） 山本良平, *BIO INDUSTRY*, **17** (3), 32-36 (2000)
43） 沖俊宏, 小谷伸始, 特許公報 第3403332号
44） イバーン・モーリス・アルフォンス・ジャン・エルボほか, 特許出願公表 2000-507638, 507639, 507640
45） 和田恭尚ほか, 特許出願公開 平11-140489
46） ザ・プロクターアンドギャンブル・カンパニー, 特許出願公表 2002-534593, 534594, 534595
47） キッコーマン㈱ペクトリアーゼカタログ
48） 石井茂孝, 横塚保, 化学と生物, **11**, 376-382 (1973)

7　トレハロース生成酵素とその反応機構

山下　洋*

7.1　トレハロースとは

トレハロースは，2つのグルコース残基がα，α-1，1結合した構造の非還元性二糖である。トレハロースは，1832年にライ麦の麦角から初めて結晶として単離された[1)]。トレハロースの名は，寄生甲虫が作る繭（トレハラマンナ）にこの糖が見出されたことに由来する[2)]。この糖質は自然界に広く分布し，特にキノコ，海藻，海老，酵母に多く含まれる[3~5)]。トレハロースの主な生物学的機能としては，昆虫類の主要な血糖としてエネルギーを供給すること[6)]，タンパク質などの生体成分や細胞を外界のストレス（乾燥，凍結など）から保護すること[7, 8)]が挙げられる。

上記の生体保護作用を示すことから，トレハロースは医薬品や化粧品に利用されてきた。近年，骨強化作用や脂質の変敗抑制作用，デンプンの老化防止作用など食品用途に適したトレハロースの性質が相次いで報告されており[9, 10)]，今後さらにその機能性の広がることが期待されている。

このような状況のもと，トレハロース生成酵素の研究も基礎・応用の両面にわたって盛んに行われている。本稿では，これまでに報告されている様々なトレハロース生成酵素とその反応機構について概観する。

7.2　トレハロースを生成する酵素系

7.2.1　トレハロース6-リン酸シンターゼ／トレハロースホスファターゼ

大腸菌や酵母をはじめとする微生物から昆虫，植物といった高等生物に至るまで，多くの生物種がこの経路を持つ[11, 12)]。これら生物において，浸透圧や温度のストレスによりこの経路は発現し，細胞内にトレハロースを蓄積することが確かめられている[12, 13)]。

トレハロース 6-リン酸シンターゼ（TPS，EC2.4.1.15）はglycosyl transferase family20に属する酵素で[14)]，グルコース 6-リン酸（G6P）とUDP-グルコース（UDPG）からトレハロース 6-リン酸（T6P）を生成するものが一般的であるが，UDPG以外の糖ヌクレオチドを糖供与体とするものも存在する[15, 16)]。

大腸菌由来のTPSについては結晶構造解析がなされている[17)]。同酵素は，twin-Rothmann GT-B型の折りたたみ構造をとる。この構造をとる糖転移酵素の中には，TPSと同じくアノマー保持型のグリコーゲンホスホリラーゼがあり，両者の活性部位の構造はよく似ている。グリコーゲンホスホリラーゼの反応機構はrandom bi-bi型である[18)]。一方，TPSについては基質−酵素複合体の構造からrandom bi-bi，ordered bi-bi両方の可能性があるとされ，未だ明らかになっ

---

* Hiroshi Yamashita　㈱林原生物化学研究所　天瀬研究所　主任研究員

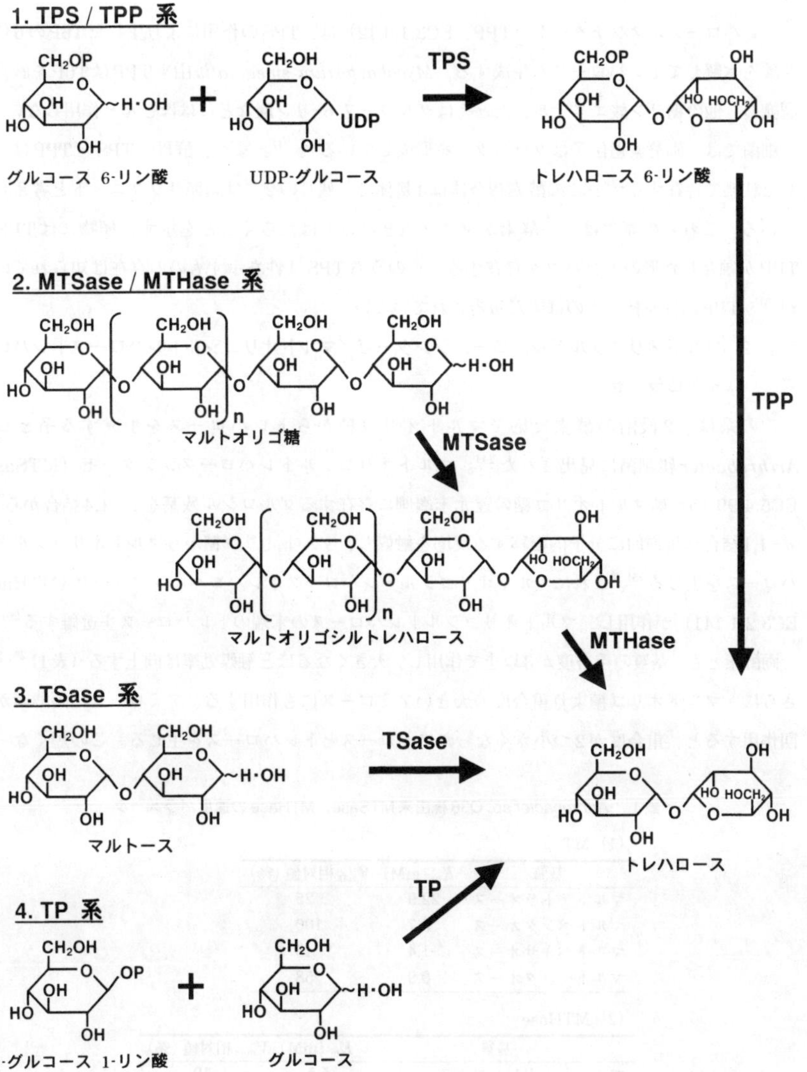

図1　4つのトレハロース生成経路

TPS，トレハロース　6-リン酸シンターゼ；TPP，トレハロースホスファターゼ；MTSase，マルトオリゴシルトレハロースシンターゼ；MTHase，マルトオリゴシルトレハローストレハロハイドロラーゼ；TSase，トレハロースシンターゼ；TP，トレハロースホスホリラーゼていない[17, 19]。

トレハロースホスファターゼ（TPP, EC3.1.3.12）は，TPSの作用により生じたT6Pの6位リン酸を水解してトレハロースを生成する。*Mycobacterium smegmatis*由来TPPはT6Pを厳密に認識し，他の糖リン酸エステル，たとえばグルコース6-リン酸などにはほとんど作用しない[20]。

細菌では，両酵素遺伝子はクラスターを形成している[12, 21]。また，酵母のTPSとTPPは会合した状態で存在する[22]。この酵素複合体は4量体で，残りの2つは調節サブユニットと考えられている。これらの事実は，両酵素が常に一組となってはたらくことを示す。植物にはTPSとTPPが融合した形のタンパクが存在する。このうちTPS活性を示すものの存在は知られているが[23]，TPP活性を持つものは未だ報告されていない。

7. 2. 2 マルトオリゴシルトレハロースシンターゼ／マルトオリゴシルトレハローストレハロハイドロラーゼ

この系は，2段階の酵素反応でマルトオリゴ糖からトレハロースを生成する系として*Arthrobacter*属細菌に見出された[24]。マルトオリゴシルトレハロースシンターゼ（MTSase, EC5.4.99.15）はマルトオリゴ糖の還元末端側に存在するグルコシル残基をα-1,4結合からα, α-1,1結合へ可逆的に分子内転移する反応を触媒し，マルトオリゴ糖からマルトオリゴシルトレハロースを生じる[25]。これにマルトオリゴシルトレハローストレハロハイドロラーゼ（MTHase, EC3.2.1.141）が作用し，マルトオリゴシルトレハロースの末端のトレハロースを遊離する[26]。

両酵素とも，基質の重合度が3以上で作用し，大きくなるほど触媒効率は向上する（表1）[25, 26]。さらに，マルトオリゴ糖より重合度の大きいアミロースにも作用する。アミロースに両酵素が一回作用すると，重合度が2つ小さくなったアミロースとトレハロースを生じる。この短くなった

表1　*Arthrobacter* sp. Q36株由来MTSase，MTHaseの速度パラメータ

(1) MTSase

基質	K_m (mM)	V_{max}相対値 (%)
マルトテトラオース	22.9	25
マルトペンタオース	8.7	100
マルトヘキサオース	1.4	45
マルトヘプタオース	0.9	58

(2) MTHase

基質	K_m (mM)	V_{max}相対値 (%)
マルトシルトレハロース	5.5	19
マルトトリオシルトレハロース	4.6	100
マルトテトラオシルトレハロース	7.0	149
マルトペンタオシルトレハロース	4.2	115

ともにpH7.0，40℃における値。V_{max}は，重合度5の基質に対する値を100とした相対値で表している。

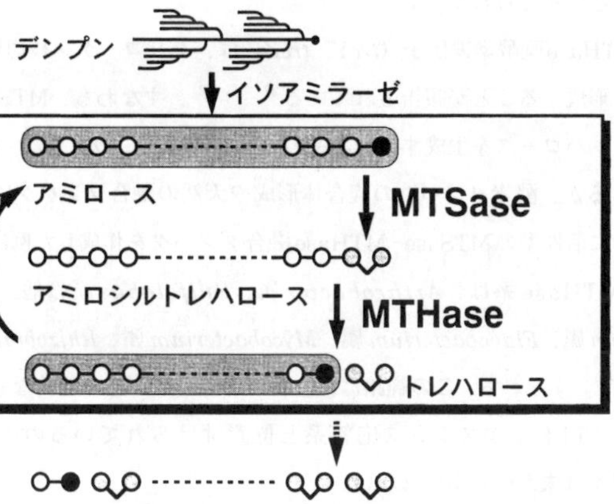

図2　MTSaseとMTHaseによるデンプンからのトレハロース生成機構

アミロースは，理論的には重合度が2以下になるまで繰り返し作用を受け，著量のトレハロースに変換される。平均重合度17以上のアミロースからは80％以上の収率でトレハロースが得られている[24)]。

MTSase，MTHaseのいずれにもα-アミラーゼファミリー特有の4つの保存領域が存在する[27)]。α-アミラーゼファミリーとは，α-1,4およびα-1,6結合から構成されるグルカンに作用して転移反応または水解反応を触媒する酵素の一群で，アミノ酸配列による分類ではglycosyl hydrolase family13に相当する[14)]。α-アミラーゼ，プルラナーゼ，イソアミラーゼ，シクロデキストリングルカノトランスフェラーゼ（CGTase）などがこれに属する[28)]。MTHaseについては，還元末端側のトレハロース残基を認識して，それに隣接するα-1,4結合を水解する特殊なα-アミラーゼであると考えることができる。一方，MTSaseは，α，α-1,1結合に作用し得る点で，α-アミラーゼファミリーに属する酵素としてはまったく新しい酵素である。

*Sulfolobus*属始原菌由来のMTSase，MTHaseについては，結晶化とその構造解析がなされている[29, 30)]。いずれの分子も基本的にはα-アミラーゼなどと同じ（β／α）$_8$バレル構造をとる。ただし，MTSaseがモノマーであるのに対してMTHaseはホモダイマーである。

MTSase分子における基質マルトオリゴ糖の還元末端の結合部位付近には多数のα-ヘリックスが存在し，深い活性クレフトを形成している。基質から一旦切り離されたグルコースの動きがこの構造により制限されるため，MTSaseは分子内転移反応を起こすと提唱されている。この深いクレフト内で基質と酵素は水素結合ネットワークを形成する。還元末端がα-1,4結合した基質よりα，α-1,1結合した基質の方が水素結合の数が多いと推定されており，これが分子内転移反応の推進力になると考えられている。

MTSase，MTHase両酵素遺伝子（*treY*，*treZ*）は，グリコーゲン枝切り酵素遺伝子*treX*とともにオペロンを形成することが報告されている[27,31,32]。すなわち，MTSaseとMTHaseはグリコーゲンからトレハロースを生成する酵素系の一部である。このように，両酵素の遺伝子はクラスターを形成するが，酵素タンパクの複合体形成や天然の融合タンパクについての報告はない。ただし，人為的に活性型のMTSase-MTHase融合タンパクを作成した例はある[33]。

MTSase／MTHase系は，*Arthrobacter*属，*Sulfolobus*属の他，*Brevibacterium*属，*Corynebacterium*属，*Flavobacterium*属，*Mycobacterium*属，*Rhizobium*属などの細菌にも認められた[24,34,35]。すなわち，この経路は微生物においてはごく一般的なものであるとわかった。ただし，TPS／TPP系がストレス応答系と位置付けられているのに対して，MTSase／MTHase系の役割は未だ明らかではない。

7.2.3 トレハロースシンターゼ

トレハロースシンターゼ（TSase，EC5.4.99.16）は，マルトースのα-1,4結合をα，α-1,1結合に変換してトレハロースを生じる分子内転移反応を可逆的に触媒する酵素で，*Pimelobacter*属，*Thermus*属細菌から精製されている[36,37]。この反応はMTSaseが触媒するものと同じであるが，基質特異性が異なる。すなわち，MTSaseがマルトトリオース（重合度3）以上の大きさの基質に作用するのに対して，TSaseはマルトース以外のマルトオリゴ糖には作用しない。TSaseは，スクロースにも作用し，主にトレハルロース（1-*O*-α-D-glucopyranosyl-D-fructose）を生成する。このとき，ごくわずかにパラチノース（6-*O*-α-D-glucopyranosyl-D-fructose），ツラノース（3-*O*-α-D-glucopyranosyl-D-fructose）も生じる[38]。

TSaseもまた，α-アミラーゼファミリー特有のアミノ酸配列を持つ[39,40]。TSaseとMTSaseはいずれも可逆的なα-1,4←→α，α-1,1分子内転移反応を触媒するが，両者のアミノ酸配列相同性は意外に低い。活性部位付近のアミノ酸残基に関して言えば，α-アミラーゼファミリーのコンセンサス配列のほか，MTSase（*S. acidocaldarius*）のPhe193，Phe194にTSase（*Pimelobacter* sp.）のPhe174，Phe175が対応する程度である。MTSaseのPhe194は，CGTaseにおける環化反応と類似の機構でのα，α-1,1結合形成に寄与すると考えられている[29]。同じ反応を触媒する両酵素のPhe残基が保存されていることは，この考えを支持しているように見える。

*Thermus*属の一部の菌株では，*ots*AB（TPS／TPP）-*tre*S（TSase）という形で複数のトレハロース生成系が一つの遺伝子クラスターを形成している[22]。このうち，塩ストレスを与えたときに菌体内のトレハロース蓄積に寄与するのはTPS／TPP系であって，TSaseではないことが報告されている[22]。この結果から，TSaseはトレハロースを生成するための酵素ではなく，

TPS／TPP系で生じたトレハロースをマルトースに変換することによって消去する酵素と考えることもできる。

7.2.4 トレハロースホスホリラーゼ

トレハロースホスホリラーゼ（TP，EC2.4.1.64）はglycosyl hydrolase family65に属する酵素で[14]，トレハロースを加リン酸分解してグルコースとβ-グルコース1-リン酸（β-G1P）を生成する。この酵素の触媒する反応は可逆的である。本酵素は*Bacillus*属，*Thermoanaerobacter*属などの細菌から見出されている[41, 42]。

これとは別に，担子菌類由来のTP（EC2.4.1.231）も存在する[43, 44]。こちらは，トレハロースの加リン酸分解によってα-G1Pとグルコースを生じる。細菌由来酵素との間にアミノ酸配列の相同性は見られず，互いに別のファミリーに属する酵素である。

細菌由来のTPと同じファミリーに属する類縁のホスホリラーゼにマルトースホスホリラーゼ（MP，EC2.4.1.8）やコージビオースホスホリラーゼ（EC2.4.1.230）がある[45, 46]。いずれもα-グルコシル結合を持つ二糖を基質とし，それぞれの基質を加リン酸分解するとTPと同様β-G1Pとグルコースを生じる。したがって，マルトースにMP，TP両酵素を協同的に作用させることにより，グルコースとβ-G1Pを介してトレハロースが生成する。この系によるトレハロース収率は40℃において60％程度である[47]。

TPの触媒機構について論じた報告はない。ただし，*Lactobacillus brevis*由来MPの結晶構造解析がなされており，触媒ドメインおよび活性部位の構造についてグルコアミラーゼとの類似性が指摘されている[48]。両者の活性部位間で対応するアミノ酸残基もいくつか存在するが，グルコアミラーゼの求核触媒に対応する残基がMPには見出されていない。この残基の位置にはMPのリン酸結合ポケットが存在することから，基質の無機リン酸そのものが求核触媒の役割を担うと推定されている。すると，結合に寄与するグルコースのアノマー型は反転するため，これはMP，TPほかglycosyl hydrolase family65に属する酵素の触媒機構を合理的に説明する一つの有力なモデルとなる。

7.3 なぜMTSase／MTHase系は高率かつ大量にトレハロースを生産できるのか？

上記の各酵素系を利用して，トレハロースを工業生産するためのさまざまな試みがなされてきた。当初は，酵母のTPS／TPP系を利用した抽出法（トレハロースを蓄積した培養酵母菌体より抽出）により生産されてきた[49]。後に，MTSase／MTHase系を利用した酵素法が開発され，安価なデンプンを原料として高純度トレハロースの大量生産を実現した（図2）[50]。MTSase／MTHase系が選ばれた主な理由として，以下の2点を挙げる。

7.3.1 トレハロース生成段階の反応が可逆的反応でないこと

MTSase／MTHase系では，MTHaseのマルトオリゴシルトレハロース水解反応によってトレハロースが生成する。そのため，MTSaseによる可逆的分子内転移反応はマルトオリゴ糖からマルトオリゴシルトレハロースを生成する方向へ進む。MTSaseはトレハロースには全く作用しないため，生成したトレハロースは蓄積する。MTSase／MTHase系が高いトレハロース生成率(80％以上）を示すのはこのためである。

TSaseはMTSaseと基質の重合度が異なるだけで，全く同様の反応を行っているように見える。しかし，マルトースに作用して直接トレハロースを生成するため，反応の平衡がトレハロース生成率にそのまま反映される。平衡は反応温度に依存する。*T. aquaticus*由来TSaseの場合，反応温度40℃におけるトレハロース生成率は約80％だが，70℃では約60％まで低下する[37]。

7.3.2 反応系に高エネルギー化合物を必要としないこと

TPS／TPP系は，トレハロース生成段階が加水分解反応であるという点ではMTSase／MTHase系と共通している。したがって，この系自体のトレハロース生成効率は高いと考えられる。むしろ，TPS／TPP系とMTSase／MTHase系とでは，*in vivo*においては前者の方がエネルギー的に有利という議論もある[34]。現在のところ，真核生物に見られるトレハロース生成系は，前述した担子菌類由来のTPを除けばTPS／TPP系のみである。このことも，同酵素系が進化の過程で生き残った，いわば合理的なトレハロース生成経路であることを示唆する。培養によるトレハロース生産性なら，こちらの方が勝っているのではないだろうか？

ところが，TPS／TPP系の基質であるUDPGとG6Pは実質的に*in vivo*でしか供給することができない。TPS／TPP系を用いたトレハロース生産が酵素法で行われず，抽出法で行われるのはこのためである。抽出法や発酵法など，菌の培養によって直接生成物を得る方法は，複雑な酵素系による物質生産には有利である。反面，添加した原料の一部が，菌の生育や基質の生成のために材料，エネルギー源として利用されるので，少なくともその分は生成物の収率が落ちる。高エネルギーリン酸化合物を基質に用いる以上，この問題を避けて通ることはできない。

また，抽出法では，生成したトレハロースは酵母菌体内に蓄積する。したがって，TPS／TPP系のトレハロース生成効率がいかに高くとも，菌の生育と菌体の体積にその収量は制限される。

一方，MTSase／MTHase系では酵素法が採用された。原料のデンプンは枝切り酵素を介してそのままMTSase／MTHase系に入るので，培養による方法と異なり，トレハロース生成中に基質合成のための化学エネルギーを全く必要としない。すなわち，植物の貯蔵多糖であるデンプンを原料とすることで，太陽エネルギーを巧みに利用している。

酵素法の場合，酵素系の効率が生成物の収率・収量を大きく支配すると考えてよい。トレハロース収率が高く，かつ酵素法が利用可能なMTSase／MTHase系は工業生産向きの系と言えよう。

7.4 おわりに

以上，トレハロース生成にかかわる酵素系について紹介した。トレハロースという一つの糖質を生成するのに多くの経路が発見され，可逆的な系，不可逆的な系の両方が存在することや，いずれの酵素も特異性が高いことなど，多くの知見が得られている。しかし，酵素タンパクの立体構造を基にした分子レベルでの研究はようやく始まったばかりである。その進展が，蓄積されてきた生化学的・速度論的研究と結びつくことによって，トレハロース生成酵素，生成系，ひいてはトレハロースそのものについての理解をより深めることになるだろう。また，新規な糖質および糖誘導体生成のためのツールとしてこれら酵素を用いるという意味でも，酵素の反応機構や特異性を深く理解することは有益である。基礎・応用の両面において，今後の研究の進展に期待したい。

文　献

1) H. A. L. Wiggers, *Ann. der Pharm.*, **1**, 129-182 (1832)
2) M. Berthelot, *Comp. Rend.*, **46**, 1276-1279 (1858)
3) G. G. Birch, *Adv. Carbohydr. Chem.*, **18**, 201-225 (1963)
4) A. D. Elbein, *Adv. Carbohydr. Chem. Biochem.*, **30**, 227-256 (1974)
5) 奥和之，澤谷郁夫，茶圓博人，福田恵温，栗本雅司，日本食品化学工学会誌，**45**, 381-384 (1998)
6) R. J. Mayer, D. J. Candy, *Comp. Biochem. Physiol.*, **31**, 409-418 (1969)
7) J. H. Crowe, *Biochim. Biophys. Acta*, **947**, 367-384 (1988)
8) R. H. Reed, L. J. Borowitzka, M. A. Mackay, J. A. Chudek, R. Foster, S. C. R. Warr, D. J. Moore, W. D. P. Stewart, *FEMS Microbiol. Rev.*, **39**, 51-56 (1986)
9) Y. Nishizaki, C. Yoshizane, Y. Toshimori, N. Arai, S. Akamatsu, T. Hanaya, S. Arai, M. Ikeda, M. Kurimoto, *Nutr. Res.*, **20**, 653-664 (2000)
10) 竹内叶，*New Food Industry*, **40**, 1-8 (1998)
11) E. Cabib, L. F. Leloir, *J. Biol. Chem.*, **231**, 259-275 (1958)
12) I. Kaasen, P. Falkenberg, O. B. Sryrvold, A.R. Strom, *J. Bacteriol.*, **174**, 889-899 (1992)
13) W. Bell, P. Klaassen, M. Ohnacker, T. Boller, M. Herweijer, P. Schoppink, P. van der Zee, A. Wiemken, *Eur. J. Biochem.*, **209**, 951-959 (1992)
14) http://afmb.cnrs-mrs.fr/CAZY

15) A. D. Elbein, *J. Bacteriol.*, **96**, 1623-1631 (1968)
16) D. Lapp, B. W. Patterson, A. D. Elbein, *J. Biol. Chem.*, **246**, 4567-4579 (1971)
17) R. P. Gibson, J. P. Turkenburg, S. J. Charnock, R. Lloyd, G. J. Davies, *Chem. Biol.*, **9**, 1337-1346 (2002)
18) G. Davies, M. L. Sinnott, S. G. Withers, in Comprehensive Biological Catalysis (Sinnott, M. L., ed) Vol. 1, pp.119-209, Academic Press, London (1997)
19) R. P. Gibson, C. A. Tarling, S. Roberts, S. G. Withers, G. J. Davies, *J. Biol. Chem.*, **279**, 1950-1955 (2004)
20) S. Klutts, I. Pastuszak, V. K. Edavana, P. Thampi, Y.-T. Pan, E. C. Abraham, J. D. Carroll, A. D. Elbein, *J. Biol. Chem.*, **278**, 2093-2100 (2003)
21) Z. Silva, S. Alarico, A. Nobre, R. Horlacher, J. Marugg, W. Boos, A. I. Mingote, M. S. da Costa, *J. Bacteriol.*, **185**, 5943-5952 (2003)
22) W. Bell, W. Sun, S. Hohmann, S. Wera, A. Reinders, C. De Virgillo, A. Wiemken, J. M. Thevelein, *J. Biol. Chem.*, **272**, 33311-33319 (1998)
23) P. J. Eastmond, I. A. Graham, *Curr. Opin. Plant Biol.*, **6**, 231-235 (2003)
24) K. Maruta, T. Nakada, M. Kubota, H. Chaen, T. Sugimoto, M. Kurimoto, Y. Tsujisaka, *Biosci. Biotech. Biochem.*, **59**, 1829-1834 (1995)
25) T. Nakada, K. Maruta, K. Tsusaki, M. Kubota, H. Chaen, T. Sugimoto, M. Kurimoto, Y. Tsujisaka, *Biosci. Biotech. Biochem.*, **59**, 2210-2214 (1995)
26) T. Nakada, K. Maruta, H. Mitsuzumi, M. Kubota, H. Chaen, T. Sugimoto, M. Kurimoto, Y. Tsujisaka, *Biosci. Biotech. Biochem.*, **59**, 2215-2218 (1995)
27) K. Maruta, K. Hattori, T. Nakada, M. Kubota, T. Sugimoto, M. Kurimoto, *Biochim. Biophys. Acta*, **1289**, 10-13 (1996)
28) 栗木隆, 高田洋樹, 柳瀬美千代, 金子寛生, 高田俊和, 岡田茂孝, 応用糖質科学, **41**, 255-260 (1994)
29) M. Kobayashi, M. Kubota, Y. Matsuura, *J. Appl. Glycosci.*, **50**, 1-8 (2003)
30) M. D. Feese, Y. Kato, T. Yamada, M. Kato, T. Komeda, Y. Miura, M. Hirose, K. Hondo, K. Kobayashi, R. Kuroki, *J. Mol. Biol.*, **301**, 451-464 (2000)
31) K. Maruta, M. Kubota, S. Fukuda, M. Kurimoto, *Biochim. Biophys. Acta*, **1476**, 377-381 (2000)
32) K. Maruta, H. Mitsuzumi, T. Nakada, M. Kubota, H. Chaen, S. Fukuda, T. Sugimoto, M. Kurimoto, *Biochim. Biophys. Acta*, **1291**, 177-181 (1996)
33) Y. H. Kim, T. K. Kwon, S. Park, H. S. Seo, J. J. Cheong, C. H. Kim, J. K. Kim, J. S. Lee, Y. D. Choi, *Appl. Environ. Microbiol.*, **66**, 4620-4624 (2000)
34) M. Tzvetkov, C. Klopprogge, O. Zelder, W. Liebl, *Microbiology*, **149**, 1659-1673 (2003)
35) K. A. De Smet, A. Weston, I. N. Brown, D. B. Young, B. D. Robertson, *Microbiology*, **146**, 199-208 (2000)
36) T. Nishimoto, M. Nakano, T. Nakada, H. Chaen, S. Fukuda, T. Sugimoto, M. Kurimoto, Y. Tsujisaka, *Biosci. Biotech, Biochem.*, **60**, 640-644 (1996)
37) T. Nishimoto, T. Nakada, H. Chaen, S. Fukuda, T. Sugimoto, M. Kurimoto, Y. Tsujisaka, *Biosci. Biotech, Biochem.*, **60**, 835-839 (1996)

38) T. Nishimoto, T. Nakada, H. Chaen, S. Fukuda, T. Sugimoto, M. kurimoto, Y. Tsujisaka, *Biosci. Biotech. Biochem.*, **61**, 898-899 (1997)
39) K. Tsusaki, T. Nishimoto, T. Nakada, M. Kubota, H. Chaen, T. Sugimoto, M. Kurimoto, *Biochim. Biophys. Acta*, **1290**, 1-3 (1996)
40) K. Tsusaki, T. Nishimoto, T. Nakada, M. Kubota, H. Chaen, S. Fukuda, T. Sugimoto, M. Kurimoto, *Biochim. Biophys. Acta*, **1334**, 28-32 (1997)
41) Y. Inoue, K. Ishii, T. Tomita, T. Yatake, F. Fukui, *Biosci. Biotechnol. Biochem.*, **66**, 1835-1843 (2002)
42) H. Chaen, T. Nakada, T. Nishimoto, N. Kuroda, S. Fukuda, T. Sugimoto, M. Kurimoto, Y. Tsujisaka, *J. Appl. Glycosci.*, **46**, 399-405 (1999)
43) W. J. B. Wannet, H. J. M. Op den Camp, H. W. Wisselink, C. van der Drift, L. J. L. D. Van Griensven, G. D. Vogels, *Biochim. Biophys. Acta*, **1425**, 177-188 (1998)
44) C. Eis, B. Nidetzky, *Biochem. J.*, **341**, 385-393 (1999)
45) C. Fitting, M. Doudoroff, *J. Biol. Chem.*, **199**, 153-163 (1952)
46) H. Chaen, T. Yamamoto, T. Nishimoto, T. Nakada, S. Fukuda, T. Sugimoto, M. Kurimoto, Y. Tsujisaka, *J. Appl. Glycosci.*, **46**, 423-429 (1999)
47) S. Murao, H. Nagano, S. Ogura, T. Nishino, *Agric. Biol. Chem.*, **49**, 2113-2118 (1985)
48) M.-P. Egloff, J. Uppenberg, L. Haalck, H. van Tilbeurgh, *Structure*, **9**, 689-697 (2001)
49) L. C. Stewart, N. K. Richtmyer, C. S. Hudson, *J. Am. Chem. Soc.*, **72**, 2059-2061 (1950)
50) 岡田勝秀, 杉本利行, 食品と開発, **30**, 49-52 (1995)

8　放線菌キトサナーゼの構造と機能

深溝　慶*

8.1　はじめに

高分子多糖キトサンがもつ有用な物性や生物活性は，医療分野や農業分野を始めとして，多くの分野で応用されている。とりわけ食品への添加によって抗菌性を始めとする多くの機能が食品に付与されるので，食品添加物としての有用性が注目されている[1)]。一方，このような高分子多糖キトサンはその重合度によって物性が変化するものであり，ひいては食品添加物としての効果性も変化してくる。よって，自然界から得られるキチンの脱アセチル化によってキトサンを得たあと，適切な物性をもつ重合度へと分解し，効果性を最大限に引き出す必要がある。適切な重合度へと分解するために，亜硝酸分解などの化学的な分解法も提案されているが[2)]，やはり温和な条件での分解が可能な酵素法は最もふさわしい方法であると言えよう。

キトサンのβ-1,4-グリコシド結合を加水分解する酵素，キトサナーゼが最初に報告されたのは1972年のことであるが[3, 4)]，それ以来，この酵素に関する研究報告はごくわずかに限られていた。類縁酵素であるキチナーゼの研究が大きく進展する中で，キトサナーゼの研究はとり残されてしまったという感があった。このような状況を打破したのは，Brzezinskiらのグループによる放線菌キトサナーゼ遺伝子のクローニングと高発現系の構築であろう[5, 6)]。このことは，本酵素のX線結晶構造解析へと導き，その立体構造に基づき加水分解の分子機構も推定された[7)]。現在，数多くのキトサナーゼの一次構造が集積されており，それらの中でいくつかは結晶構造が明らかになっているか，あるいは現在結晶解析が進行中である。このような中で，筆者らのグループは上で言及した放線菌，*Streptomyces* sp. N174キトサナーゼの機能解析を精力的に行い，構造との関連について多くの情報を蓄積した。本稿では，これらの研究成果をまとめるとともに，これからのキトサナーゼの実用化に向けた，新しい研究の方向性について言及する。

8.2　*Streptomyces* sp. N174キトサナーゼの一次構造

酵素タンパク質の構造解析において，最初のステップとなるのは一次構造解析である。精製されたタンパク質の限定加水分解を行い，アミノ酸配列を直接決定していく方法も行われてはいるが，現在ではその酵素タンパク質をコードする遺伝子の塩基配列から一次構造を決定するのが主流となっている。安藤らは1992年に，*Bacillus circulans* MH-K1由来のキトサナーゼ遺伝子のクローニングおよびその塩基配列決定に成功し，論文として発表した[8)]。その後，*Streptomyces* sp. N174由来キトサナーゼのアミノ酸配列がその遺伝子の塩基配列に基づいて決定され[9)]，現在

*　Tamo　Fukamizo　近畿大学　農学部　食品栄養学科　食品酵素　教授

では，数十種の細菌，真菌類およびウィルス由来のキトサナーゼのアミノ酸配列が決定されている。Henrissatの分類によると[10]，これらのキトサナーゼはFamily5，Family8，Family46，Family75，Family80に分類され，キトサナーゼの構造は多岐にわたっていることがわかった。そのうち，Family46に属するキトサナーゼは約半数を占めており，現在のところ，このファミリーに最も多く分布していると言える。Family46に属するキトサナーゼのアミノ酸配列のアラインメントを図1に示している。これらの配列を比較すると，完全に保存されたアミノ酸残基(アスタリスクが付された残基）はどちらかと言えばＮ末端側50～60残基に偏在しており，この領域がこれらの酵素群の機能を司っているものと思われる。

8.3　キトサナーゼのX線結晶構造

キトサナーゼのＸ線結晶構造としてこれまでに発表されているものは，*Streptomyces* sp. N174[7]，*Bacillus circulans* MH-K1[11]，および*Bacillus* sp. K17[12]由来のものである。K17株由来のものはFamily8に属しているが，他の二つは，Family46に属している。よって，結晶構造もファミリーによる分類を反映しており，K17株由来のキトサナーゼがダブルα6バレル構造を呈しているのに対し[12]，Family46に属する酵素は，二つのαリッチな球状ドメインからなるリゾチーム様の構造を呈する[7,11]。その例として，*Streptomyces* sp. N174キトサナーゼの結晶構造を図2に示す。Ball and stickモデルによって示されている二つのアミノ酸側鎖は触媒反応に必須なアミノ酸残基であり，二つのドメインに挟まれるようにして触媒クレフトが存在する。これらは，7.5項で述べられる部位特異的変異導入によって明らかにされた事柄である。

8.4　触媒反応機構

糖質加水分解酵素の触媒反応機構研究は，ニワトリ卵白リゾチームに端を発し，アミラーゼやセルラーゼなどで精力的に行なわれている。これらの酵素で明らかにされている反応機構は，それらの加水分解生成物のアノマー型によって大きく二つに分類することができ，生成物のアノマー型が基質のそれと同じである場合，retaining mechanismとよび，基質と逆転している場合，inverting mechanismとよばれている[13]。キトサナーゼの反応がこれら二つのどちらの機構でおこっているのかを明らかにすることは，本酵素の構造と機能を考察する上で重要である。

キトサナーゼの基質は，グルコサミン（GlcN）がβ-1,4-グリコシド結合で連なった高分子多糖キトサンあるいはそのオリゴ糖である。これらの加水分解によって生じる生成物オリゴ糖のアノマー型を調べるために，^{1}H-NMR法は最も効果的な方法である。キトサナーゼの基質であるグルコサミンの6糖［$(GlcN)_6$］をD_2O溶媒に溶かし，NMR試験管中でキトサナーゼ溶液と混合させ，経時的にスペクトルを測定すると，アノメリックプロトン領域に生成物のアノマー型に

```
          1       10        20        30        40        50             60        70
STR_N174  AGAGLDDPHKKEIAMELVSSAENSSLDWKAQYKYIEDIGDGRGYTGGIIGFCSG-----TGDMLELVQHYTDLEP
NOC_N106  AAVGLDDPHKKDIAMQLVSSAENSSLDWKSQYKYIEDIKDGRGYTAGIIGFCSG-----TGDMLDLVADYTDLKP
STR_COEL  LPPGLAAPAKKELAQQLVSSAENSTTKWRTAYGSIEDVGDGDGYTAGIIGFCTG-----THDLLMLVERYTEDHP
BAC_SUBT  --AGLNKDQKRR-AEQLTSIFENGTT--EIQYGYVERLDDGRGYTCGRAGFTTA-----TGDALEVVEVYTKAVP
BAC_AMYL  --AGLNKDQKRR-AEQLTSIFENGKT--EIQYGYVEALDDGRGYTCGRAGFTTA-----TGDALEVVEVYTKAVP
PBCV-1    KKLGFNTTNADT-ILSLIALPENSTTQWWKNYNYASCLKDGRGWTVTIYGACSG-----TGDLLMVLESLQKINP
CVK2      KKLGFNTTNADT-ILSLIALPENSTTQWWKNYNYASCLKDGRGWTVTIYGACSG-----TGDLLMVLESLQKINP
BAC_EHIM  DRTGLDGEQWNN-IMKLINKPEQDDLNWIKYYGYCEDINDERGYSIGIFGATTGGPRDTHPDGPELFKAYDAAKG
BUR_GLAD  DNTGLDGEQWDN-IMKLVNKPEQDSLDWTKFYGYCEDIGDDRGYTMGIFGATTGGPNDGGPDGPALFKAYDAASG
BAC_CIRC  NNTGLDGEQWNN-IMKLINKPEQDDLNWIKYYGYCEDIEDERGYTIGLFGATTGGSRDTHPDGPDLFKAYDAAKG
                          *    *         *       *  *      *           *
         17 20         30        40        50        60        70        80        90

                  80        90              100       110       120       130
STR_N174  GNILAKYLPALKKVNGSASH--SGL-----GTPFTKDWATAAKDTVFQQAQNDERDRVYFDPAVSQAKADGLR-A
NOC_N106  GNILAKYLPALRKVNGTESH--AGL-----ASAFEKDWATAAKDSVFQQAQNDERDRSYFNPAVNQAKAS-LR-A
STR_COEL  DNGLAEYLPALREVDGSDSH--EGL-----DPGFTAAWKAEAEVPAFRAAQEAERDRVYFEPAVRLAKLDGLG-T
BAC_SUBT  NNKLKKYLPELRRLAKEESDDTSNL------KGFASAWKSLANDKEFRAAQDKVNDHLYYQPAMKRSDNAGLKTA
BAC_AMYL  NNKLKKYLPELRRLAKDESDDISNL------KGFASAWRSLGNDKAFRAAQDKVNDSLYYQPRNKRSENAGLKTA
PBCV-1    NHPLVKFIPAMRKTKGDDIRGLENLGKVINGLGDDKEWQTAVWDIYVKLYWTFAADFSDKTGSAKNRPGPVMTSP
CVK2      NHPLVKFIPAMRKTKGDDIRGLENLGKVINGLGDDKEWQTAVWDIYVKLYWTFAADFSDKTGSAKNRPGPVMTSP
BAC_EHIM  AGNPSVEGALKRLGINGKMKG-SILEIKDSEKVFCGKIKKLQNDPAWRKAMWETFYNVYIRYSVEQARQRGFTSA
BUR_GLAD  ASNPSVQGGLARIGAHGSMQG-SILKITDSEKVFCGKVKGLQNDAAWREAMWRTFYSVYIQYSVQQARSRGFGSA
BAC_CIRC  ASNPSADGALKRLGINGKMKG-SILEIKDSEKVFCGKIKKLQNDAAWRKAMWETFYNVYIRYSVEQARQRGFTSA
                                  *
                 100       110        120       130       140       150       160

          140       150       160       170        180       190       200
STR_N174  LGQFAYYDAIVMHGPGNDPTSFGGIRKTAMKKARTPAQ-GGDETTYLNAFLDARKAAMLTEAAHD--D-------
NOC_N106  LGQFAYYDAIVMHGPGDSSDSFGGIRKAAMKKAKTPAQ-GRDEATYLKAFLAARKTVMLKEEAHS--D-------
STR_COEL  LGQFVYYDAMVFHGPDTDAEGFYGLRERAMAEARTPGQ-GGSEKAYLETFLDVRKQAMEAKRPGI--D-------
BAC_SUBT  LARAVMYDTVIQHGDGDDPDSFYALIKRTNKKAGGSPKDGIDEKKWLNKFLDVRYDDLMNP-ANH--DTRDEWRE
BAC_AMYL  LAKAVMYDTVIQHGDGDDPDSFYALIKRTNKKMGGSPKDGTDEKKWLNKFLDVRYDDLMNP-ADE--DTQDEWRE
PBCV-1    LTRGFMVDVALNHG--SNMESFSDILKRMKNREE------KDEAKWFLDFCETRRKLLKAGFQDL--DTS----K
CVK2      LTRGFMVDVALNHG--SNMESFSDILKRMKNKDE------KDEAKWFLDFCETRRKLLKSGFQDL--DTS----K
BAC_EHIM  LTIGSFVDTALNQGATGDSNTLQGLLARS----GSS----TNEKTFLKKFHAKRTLVVDTNEYNQPP-------N
BUR_GLAD  LTIGSFVDTALNQGADGGSNTLQGLLSRS----GNS----TDEKTFMTSFYAQRTKVVDTHDFNQPP-------N
BAC_CIRC  VTIGSFVDTALNQGATGGSDTLQGLLARS----GSS----SNEKTFMKNFHAKRTLVVDTNKYNKPP-------N
                 *     *                            *      *   *
             170       180       190               200       210       220

           205  210       220        230     238
STR_N174  -TSRVDTEQRVFLKAGNLDLNPPLKWKTYGDPYVINS-
NOC_N106  -TSRVDTEQTVFLNAKNFDLNPPLKWKVSGDSYAINS-
STR_COEL  -TSRVDTAQRRFLTAGNLKLATPLVWEMYGDTYRVP--
BAC_SUBT  SVARVD-VLRSIAKENNYNLNGPIHVRSNEYGNFVI--
BAC_AMYL  SVARVD-VFRDIVKEKNYNLNGPIHVRSSEYGNFTIQ-
PBCV-1    TGDRCT-LWANIFKEGNVGLKRPIKCYNGYWGKNIVIS
CVK2      TGDRAI-LWSELFKTGNVGLKRPIKCYNGYWGKNIVIS
BAC_EHIM  GKNRVK-QWDTLLDMGKMNLKNVDAEIAQVTNWEMK--
BUR_GLAD  GKNRVK-QWSTLMSQGITSLKNCDADIVKVTSWTMK--
BAC_CIRC  GKNRVK-QWDTLVDMGKMNLKNVDSEIAQVTDWEMK--
             *               *
             230        240        250      259
```

図1　Family 46キトサナーゼのアミノ酸配列アラインメント

STR_N174, *Streptomyces* sp.N174; NOC_N106, *Nocardioides* sp.N106; STR_COEL, *Streptomyces coelicolor* A3(2); BAC_SUBT, *Bacillus subtilis*, BAC_AMYL, *Bacillus amyloliquefaciens*; PBCV-1, *Chlorella* virus PBCV-1; CVK2, *Chlorella* virus CVK2; BAC_EHIM, *Bacillus ehimensis*; BUR_GLAD, *Burkholderia gladioli*; BAC_CIRC, *Bacillus circulans* MH-K1. *が付された残基は，完全に保存されたアミノ酸。

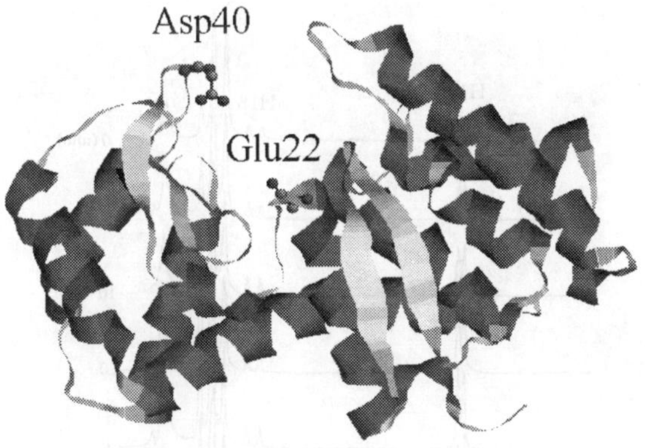

図2　*Streptomyces* sp.N174キトサナーゼのX線結晶構造
触媒基であるGlu22とAsp40をBall and stickモデルで示している。中央部の凹みが基質結合クレフト。

関する情報が明確に現れる。その例を図3に示す。この^{1}H-NMRスペクトルの経時変化は，放線菌*Streptomyces* sp. N174キトサナーゼと（GlcN)$_6$とを反応させて得られたものである。最も左側に位置する還元末端C1炭素に結合した水素原子のα-アノマーの^{1}Hシグナル（H1α）が，反応開始から20分間において，急激に増大したが，β-アノマーのシグナル（H1β）には大きな変化がおこらなかった。このことより，この酵素反応の生成物はα型であることがわかった。基質のグリコシド結合はβ型であるので，この触媒反応はinverting mechanismということになる[14]。さらに，他の菌種由来のFamily46キトサナーゼ，またFamily8やFamily80のキトサナーゼにおいてもinverting mechanismで触媒反応がおこっていることがすでに明らかになっている（深溝ら，未発表)。最も古くから研究されている糖質加水分解酵素ニワトリ卵白リゾチームやFamily18に属するキチナーゼでは，retaining mechanismで反応がおこることが明らかになっているので[15]，これらのキトサナーゼは，リゾチームとは全く異なるメカニズムで反応がおこっているものと思われる。

では，このinverting mechanismはどのような構造的な要因で引き起こされているのであろうか。retaining mechanismによる触媒反応の最初のステップは，触媒基カルボキシル基（−COOH）からグリコシル酸素原子（C1-O-C4）へのプロトン供与である。このプロトン供与によってグリコシド結合が開裂すると，反応性の高い中間体が共有結合の形成や静電的な相互作用によって安定化され，その後，水分子の攻撃をβ方向から受けることによって加水分解反応が完結する[16]。一方，inverting mechanismにおいては，グリコシド結合の開裂と同時にα側からの水分子の攻撃がおこり，中間体の安定化を経ずに加水分解が完結する（図4)。この場合，

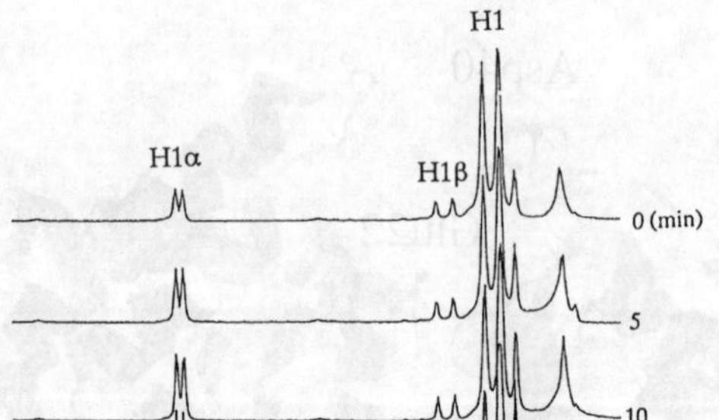

図3　キトサン６糖のキトサナーゼ分解に伴う ^{1}H-NMRスペクトルの経時変化
Streptomyces sp.N174キトサナーゼの濃度，0.7 μM；キトサン６糖の濃度，8.3mM。反応条件；10mM重水素化酢酸緩衝液pH4.5，30℃。

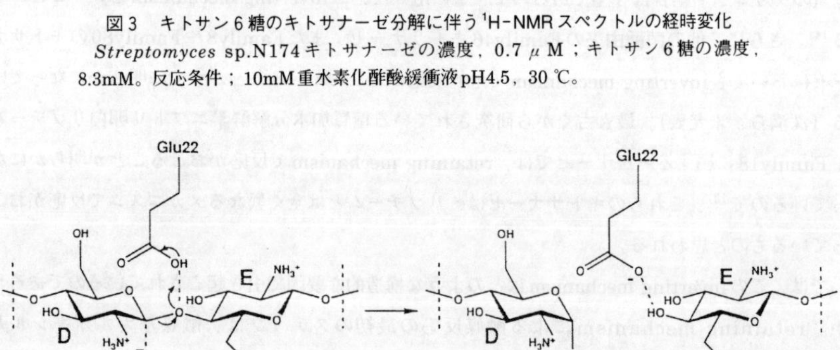

図4　*Streptomyces* sp.N174キトサナーゼの触媒反応機構

共役塩基によって求核性が高められた水分子はグリコシド結合を失ったC1炭素原子の α 側に存在しなければならず，必然的に共役塩基と基質のC1炭素との間には水分子が入りうる十分のスペースが存在しなければならないことになる。*Streptomyces* sp. N174キトサナーゼのX線結晶構造と部位特異的変異導入実験より，これらの推定に関してより確かな証明が行なわれることになる。

8.5　触媒基の同定

このような加水分解の機能を発揮する二つのカルボキシル基，すなわち触媒基は，酵素分子中のどこに存在するのであろうか。部位特異的変異導入法によって，多くの糖質加水分解酵素で触媒に必須なアミノ酸残基が同定されてきた。*Streptomyces* sp. N174キトサナーゼにおいても同様の方法で，触媒基が同定された。上で述べているように，Family46キトサナーゼのアミノ酸配列を比較すると（図1），N末端側に配列が高度に保存された領域が存在する。その中にはいくつかの酸性アミノ酸残基が含まれており，触媒基として当然これらの酸性アミノ酸に注意が向けられた[17]。これらそれぞれを部位特異的変異によって他のアミノ酸へと置換すると，Glu22とAsp40においてのみ顕著な酵素活性の減少（0.02～0.2％）が観察された。X線結晶構造中において（図2），これらのアミノ酸のカルボキシル基は，基質結合クレフトと想定されている領域の中央部分に位置している。また，ドッキングシミュレーションによって推定されたキトサナーゼと $(GlcN)_6$ の複合体構造において，Asp40のカルボキシル炭素原子と基質糖残基のC1炭素原子との間には，水分子が入りうるだけの十分のスペースが存在していた。このようにして，これら二つの酸性アミノ酸残基が触媒基であると決定でき，さらに図4で示された反応機構の妥当性をも確かめることができた。すなわち，Glu22がプロトンドナーであり，Asp40は水分子の求核攻撃をその背後から支持していることになる。

8.6　触媒に必須な分子内相互作用

酵素分子中でプロトン供与体として働くカルボキシル基は，その機能を効果的に発揮するために，そのプロトン解離のpKaは通常（2.0～4.0）の値よりもかなり高いものとなっている。例えば，ニワトリ卵白リゾチームの触媒基Glu35のpKaは6.3くらいと見積もられている[18]。このような異常なpKa値をもたらすためには，そのカルボキシル基近傍において分子内相互作用による特殊な立体構造形成が必要である。*Streptomyces* sp. N174キトサナーゼの結晶構造において，Glu22カルボキシル基周辺の微細構造をみてみると，図5に示すように，Glu22のカルボキシル基はArg205のグアニジル基とかなり近接しているようである。さらに，このArg205はAsp145と，Asp145はArg190と近接しており，静電的に逆の符号が交互に並んでいることがわ

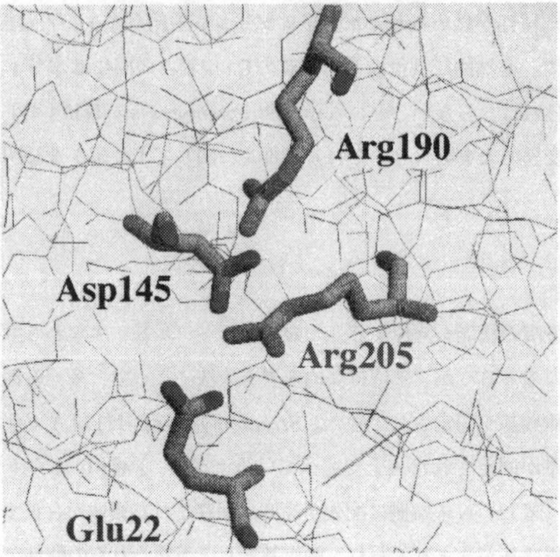

図5　*Streptomyces* sp.N174キトサナーゼの触媒中心近傍の構造

かった。これらのアミノ酸残基の相互作用は，本酵素が触媒作用を発揮するために重要な働きをしているのかもしれない。

そこで，Arg205，Asp145，およびArg190の部位特異的変異を行い，変異導入に伴う酵素活性および熱安定性の変化を調べてみた。Arg205とAsp145の変異によって酵素活性は完全に消失し，Arg190の変異は90％以上もの大きな酵素活性の減少をもたらした。よって，これら三つのアミノ酸残基は酵素活性発現に重要であることがわかった。熱安定性をみてみると，Arg205の変異によって，熱変性の転移温度（T_m）が10℃以上も低下し，Arg190の変異によって6℃の低下がみられた。Asp145の変異は分泌発現量の大きな低下をもたらし，この変異によって適正なフォールディングがおこっていないと推察された。以上より，これらの三つのアミノ酸残基は分子内相互作用を形成することにより触媒中心近傍の構造を維持しており，そのことによってGlu22の酸触媒能を適正なものに保っているものと思われた[19)]。

このような分子内相互作用は，それらの解離性アミノ酸残基のpKa値に影響するはずである。個々のpKa値を実験的に得ることができるのであれば，この分子間相互作用に関するさらなる確証を得ることができるのであるが，実際には非常に困難である。一方，近年，バイオインフォマティクスの進展により，タンパク質の立体構造に基づき多くの微視的な物理化学情報を得ることが可能になっている。Jufferらが考案したタンパク質構造中の解離性アミノ酸残基のpKa値の予測法もその一つである。その詳細な方法論の説明については他書にゆずるが，この方法によって，確かに前で述べた分子内相互作用に関わる解離性アミノ酸残基のpKa値を理論的に推定することができる[20)]。*Streptomyces* sp. N174キトサナーゼの結晶構造に基づいて理論的に予測されたpKa値の結果を表1に示す。多くのアミノ酸残基でほぼ正常なpKa値が得られているが，前で述べた分子内相互作用に関わるアミノ酸残基をみてみると，Arg205は20以上，Asp145は負の値，Arg190は17.7と，いずれも極めて異常な値が得られている。この計算結果は，これら三つの分子内相互作用の妥当性を示唆するものである。

8.7　基質結合性の定量的解析

酵素と基質の相互作用は，酵素反応の第一ステップであり，酵素の構造と機能を調べる上で重要な課題である。一般に，高分子多糖を加水分解する酵素はいくつかのサブサイトからなる細長い基質結合クレフトをもち，クレフトへの基質結合は多数の分子間相互作用からなっている。このような基質結合クレフトとの相互作用機構を調べる上で，オリゴ糖基質のキトサナーゼへの結合性を定量的に調べることは重要である。

8.7.1　オリゴ糖の加水分解様式

キトサナーゼがどのようにオリゴ糖を分解するのかを定量的に調べることは，本酵素の基質結合様式に関する重要な情報を与える。TLCによる分離分析によって半定量的な情報を与えうる

表1　*Streptomyces* sp. N174キトサナーゼの理論的pKa値

残基	pKa	残基	pKa	残基	pKa	残基	pKa
Arg118	＞20.0	Asp202	3.4	C-terminal	0.8	Lys164	8.8
Arg120	16.7	Asp207	1.1	Glu12	3.2	Lys168	10.8
Arg136	15.1	Asp220	2.7	Glu117	3.7	Lys169	10.1
Arg163	15.8	Asp232	4.0	Glu16	6.1	Lys191	12.7
Arg171	12.6	Asp27	3.3	Glu179	2.5	Lys215	10.6
Arg190	17.7	Asp37	2.9	Glu197	4.7	Lys226	10.6
Arg205	＞20.0	Asp40	2.9	Glu209	6.2	Lys228	11.0
Arg211	14.8	Asp6	1.6	Glu22	3.4	Lys29	13.2
Arg42	15.9	Asp57	4.6	Glu36	4.8	Lys33	11.1
Asp107	5.1	Asp7	3.0	Glu60	4.8	Lys76	14.1
Asp116	−2.0	Asp67	4.4	Glu69	6.1	Lys82	11.2
Asp119	0.8	Asp100	2.8	His150	7.1	Lys83	11.0
Asp124	5.0	N-terminal	7.2	His200	7.1	Lys10	13.2
Asp133	1.2	Tyr122	13.2	His64	10.4	Lys99	11.1
Asp145	−1.6	Tyr143	＞20.0	His9	10.3	Tyr32	11.0
Asp155	4.0	Tyr144	13.7	His90	8.6	Tyr34	13.5
Asp178	3.8	Tyr182	11.6	Lys11	15.3	Tyr44	10.8
Asp188	1.5	Tyr230	15.0	Lys106	11.1	Tyr65	16.4
Asp201	2.1	Tyr234	11.8	Lys132	13.3	Tyr77	12.1

が，高い定量性を得るためにはやはりHPLCによって分離定量を行うべきである[21)]。図6には，*Streptomyces* sp. N174キトサナーゼが（GlcN)$_6$を加水分解した場合のHPLCパターンを経時的に示している。この結果から明らかなように，本酵素は（GlcN)$_6$基質を主として2分子の(GlcN)$_3$へと加水分解する。いくらか（GlcN)$_2$あるいは（GlcN)$_4$も生成されてはいるが，これらは，非還元末端側（GlcN)$_2$と還元末端側（GlcN)$_4$への分解，あるいは非還元末端側（GlcN)$_4$と還元末端側（GlcN)$_2$への分解，の両方の加水分解様式から生成されてくるものである。この

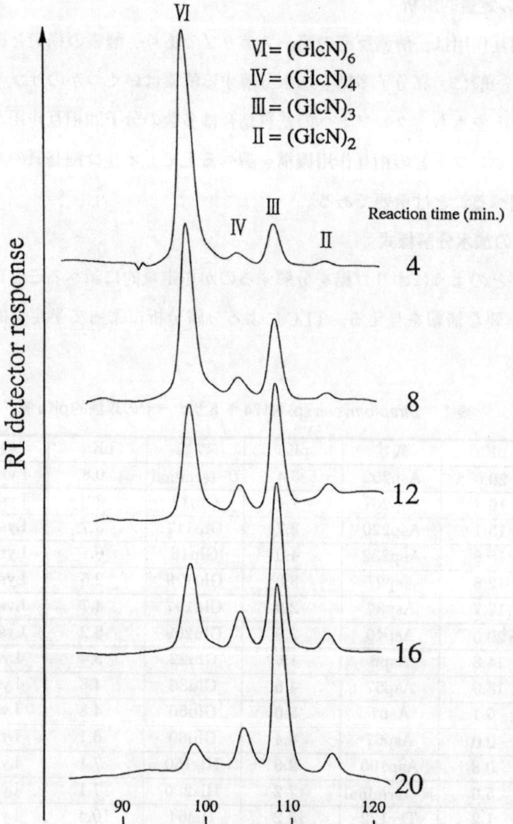

図6　キトサナーゼによるキトサン6糖の加水分解のHPLCによる解析
Streptomyces sp. N174キトサナーゼの濃度，0.4 μM；キトサン6糖の濃度，16.5mM。反応条件；50mM酢酸緩衝液pH5.5，40℃。

ことを考えるならば，$(GlcN)_6$はほとんどが2分子の$(GlcN)_3$へと加水分解されるものと結論づけることができる。よって，本酵素の基質結合クレフトには，触媒部位から非還元末端側に少なくとも3個のサブサイトがあり，また還元末端側に3個のサブサイトがあるものと推定できる。このようなサブサイトの並びを統一的に表現するために，(－3)(－2)(－1)(＋1)(＋2)(＋3)と表すことが現在推奨されている[22)]。この表記法では，サイト（－1）と（＋1）の間でグリコシド結合が切断され，負の符号が非還元末端側のサイト，正の符号が還元末端側のサイトであることを示している。よって，$(GlcN)_6$との反応において，$(GlcN)_6$は主として（－3）から（＋3）まで基質結合クレフト全体を覆うように結合し，ちょうど真中に位置するグリコシド結合の開裂がおこることになる。

8.7.2　オリゴ糖結合に伴う熱安定性の上昇

前で示されたような6個のサブサイトの存在は，次のような方法でも確認することができる。部位特異的変異によってGlu22を他のアミノ酸へと置換し，触媒活性はもたないが基質結合力は維持された変異酵素，E22Qを作製し，熱変性実験を行う[23)]。酵素タンパク質の溶液を昇温させながら，222nmにおける円二色性（CD）を測定すると熱変性曲線が得られ，その曲線より熱変性の転移温度，T_mを知ることができる。一方，この酵素タンパク質溶液にオリゴ糖を加えるとタンパク質・糖鎖間の相互作用によって，タンパク質自体の熱安定性が向上する。このことはT_m値の上昇という形で現れ，T_m値の上昇より間接的にタンパク質・糖鎖間の相互作用の強さを評価することが可能である。図7には，*Streptomyces* sp. N174キトサナーゼ変異体E22Qと重合度の異なるキトサンオリゴ糖を加えた場合の熱変性曲線を示している。加えられるキトサンオリゴ糖の重合度が3から6へと上昇することによって，T_mは明確に増大していることがわかる。すなわち，重合度の大きいオリゴ糖はそれだけ強く相互作用を行っており，最も重合度の大きいオリゴ糖$(GlcN)_6$のすべての糖残基は，それぞれ個々に酵素タンパク質のサブサイトと相互作用を行なっていることがわかる。以上より，本酵素は少なくとも6個のサブサイトをもつものと推定できるのである。

8.7.3　その他の基質結合解析法

糖質加水分解酵素の多くは，その基質結合部位周辺に芳香族アミノ酸残基をもち，基質のピラノース環とスタッキング相互作用を行なっているものと考えられている。芳香族アミノ酸のうちトリプトファン残基は強い蛍光を発し，その蛍光強度変化によって基質結合に伴うタンパク質構造変化を捉えることができ，ひいては基質の結合力をも知ることができる。この方法は，これまでリゾチームを始めとしていくつかの糖質加水分解酵素において適用されてきたが，*Streptomyces* sp. N174キトサナーゼにおいても，この蛍光法の適用が可能であることが筆者の研究室の実験で明らかになった（未発表データ）。定量的に結合定数などを得ようとする場合は，

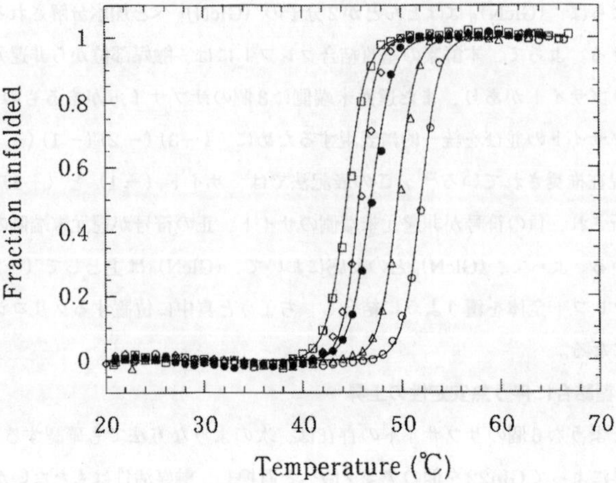

図7　*Streptomyces* sp.N174キトサナーゼの不活性変異体E22Qの熱変性曲線
E22Q濃度3.2 μMに対して0.36mMのオリゴ糖を混合させ，CDによる熱変性曲線を得た。□，E22Qだけ；◇，E22Q＋$(GlcN)_3$；●，E22Q＋$(GlcN)_4$；△，E22Q＋$(GlcN)_5$；○，E22Q＋$(GlcN)_6$

特にこの方法は有用であると思われる。また，表面プラズモン共鳴を利用した生体分子間相互作用のリアルタイム測定や，滴定型マイクロ熱量計による分子間相互作用測定など，これまではその分野の専門的な研究室だけでしか行うことのできなかった測定が，現在では，ごく一般的な酵素研究室においても可能になりつつある。このような方法もこれからのキトサナーゼ研究において，大いに利用されていくことになるであろう。

8.8　基質結合に必須なアミノ酸の同定

Streptomyces sp. N174キトサナーゼの基質結合クレフトの静電ポテンシャルを調べてみると，かなりの部分で負の荷電がみられる[24)]。基質がポリカチオンであることから考えると，このことは妥当なことであり，負の荷電をもつ酸性アミノ酸残基が基質結合に重要であることを推測しうる。そこで，この領域に存在し，基質との結合に関わっていると思われる酸性アミノ酸残基を部位特異的変異によって他のアミノ酸に置換し，その酵素活性および基質結合性に対する影響を調べてみた。その結果，基質結合クレフトの中央部分に位置するAsp57の変異は酵素活性を大きく減少させることがわかった。上で述べたT_m値の上昇より基質結合性を評価してみたところ，Asp57変異体は3糖から6糖を加えてもほとんどT_m値の上昇はみられなかった。よって，Asp57変異体において，基質結合力は極端に減少しており，そのことによって酵素活性が失われている

ものと思われた。以上より，Asp57は基質との相互作用において重要な役割をもつことが明らかとなった[24]。

8.9 おわりに

これまで述べてきたように，*Streptomyces* sp. N174由来のFamily46キトサナーゼの構造と機能に関して多くの情報を集積することができた。キトサン6糖が迅速に加水分解されて3糖が生成されることから，このキトサナーゼは比較的重合度の低いオリゴ糖を得るために有用であると思われる。これより高い重合度のオリゴ糖を得るためには糖転移反応活性が必要であろう。糖転移反応活性は，現在のところ，いずれのFamily46キトサナーゼにも見いだされてはいない。しかし，最近，Family5に属する*Streptomyces griseus* HUT6037株より得られたキトサナーゼが糖転移反応活性をもつことが報告されている[25]。今後，このようなファミリーのキトサナーゼの構造と機能が理解されていけば，さらにキトサナーゼの応用範囲が広がっていくことであろう。

最近，キトサンを構成する単糖グルコサミンは，軟骨の主成分であるプロテオグリカンの構成成分であることから，関節症の治療薬として用いられている。また，グルコサミンを食品中に添加することによって，日常的な関節痛を和らげるという効果も期待されている。このような状況の中で，筆者の研究室では，まだ多くの知見が得られていないエキソ型キトサナーゼの構造と機能に関して研究を進めている。これまで述べてきたキトサナーゼはすべてエンド型であり，最終生産物は2糖あるいは3糖であるが，エキソ型酵素の最終生産物は単糖グルコサミンである。このようなエキソ型酵素の構造と機能に関する情報が蓄積されれば，さらにこれらのキトサナーゼの応用性が広がると思われる。すなわち，エキソ型とエンド型酵素の混合は，高分子多糖キトサンの分解を飛躍的に高めるとともに，グルコサミン単糖を生産させるための有用な多酵素反応システムの構築につながるものと期待できる。このように多様な酵素活性をもつキトサナーゼの研究は，これから食品機能を高めるための高分子多糖キトサンの利用に関して，さらに多くのバリエーションをもたらすことに貢献するであろう。

文　献

1）内田　泰, キチン・キトサンおよびオリゴ糖の抗菌性とその応用, キチン・キトサンの応用, pp.71-92, キチン・キトサン研究会編, 技報堂出版, 東京 (1992)

2）Tømmeraas, K., Vårum, K.M., Christensen, B.E., and Smidsrød, O., Preparation and characterization of oligosaccharides produced by nitrous acid depolymerization of

chitosans. *Carbohydr. Res.* **333**, 137-144 (2001)
3) Monaghan, R.L., Eveleigh, D.E., Tewari, R., and Reese, E.T., Chitosanase, A novel enzyme. *Nature New Biology* **245**, 79-81 (1972)
4) Ruiz-Herrera, J. and Ramirez-Leon, I.F., Purification of chitosanases active against the cell wall of Mucorales, Abstract papers of the Third International Symposium on Yeast Protoplasts. (1972)
5) Fink, D., Boucher, I., Denis, F. and Brzezinski, R., Cloning and expression in *Streptomyces lividans* of a chitosanase-encoding gene from the actinomycete *Kitasatosporia* N174 isolated from soil, *Biotechnol. Lett*. **13**, 845-850 (1991)
6) Masson, J.-Y., Li, T., Boucher, I., Beaulieu, C., and Brzezinski, R., Factors governing an efficient chitosanase production by recombinant *Streptomyces lividans* starins carrying the cloned chs gene from *Streptomyces* N174. in Chitin Enzymology, ed. by Muzzarelli, R.A.A., pp.423-430, Eur. Chitin Soc., Ancona, Italy (1993)
7) Marcotte, E.M., Monzingo, A.F., Ernst, S.R., Brzezinski, R., and Robertus, J.D., X-ray structure of an anti-fungal chitosanase from *Streptomyces* N174. *Nature Struct. Biol*. **3**, 155-162 (1996)
8) Ando, A., Noguchi, K., Yanagi, M., Shinoyama, H., Kagawa, Y., Hirata, H., Yabuki, M., and Fujii, T., Primary structure of chitosanase produced by *Bacillus circulans* MH-K1. *J. Gen. Appl. Microbiol*. **38**, 135-144 (1992)
9) Masson, J.-Y., Denis, F., and Brzezinski, R., Primary sequence of the chitosanase from *Streptomyces* sp. strain N174 and comparison with other endoglycosidases. *Gene*, **140**, 103-107 (1994)
10) Henrissat, B. and Davies, G., Structural and sequence-based classification of glycoside hydrolases. *Curr. Opin. Struct. Biol*. **7**, 637-644 (1997)
11) Saito, J.-I., Kita, A., Higuchi, Y., Nagata, Y., Ando, A., and Miki, K., Crystal structure of chitosanase from *Bacillus circulans* MH-K1 at 1.6 Å resolution and its substrate recognition mechanism. *J. Biol. Chem*. **274**, 30818-30825 (1999)
12) Adachi, W., Shimizu, S., Sunami, T., Fukazawa, T., Suzuki, M., Yatsunami, R., Nakamura, S., and Takenaka, A., Evolutional classification of Family 8 glycosylases based on X-ray structure of *Bacillus* sp. K17 chitosanase. Abstract papers of 9th International Chitin-Chitosan Conference, Montreal, Canada, p.35 (2003)
13) Svensson, B. and Søgaard, M., Mutational analysis of glycosylase function, *J. Biotechnol*. **29**, 1-37 (1993)
14) Fukamizo, T., Honda, Y., Goto, S., Boucher, I., and Brzezinski, R., Reaction mechanism of chitosanase from *Streptomyces* sp. N174. *Biochem. J*. **311**, 377-383 (1995)
15) 深溝　慶, 佐々木千絵, 小島美紀, キチナーゼ・キトサナーゼの構造生物学, 化学と生物, **39**, 377-383 (2001)
16) Fukamizo, T., Chitinolytic enzymes: Catalysis, Substrate binding, and their Application. *Curr. Protein Peptide Res*. **1**, 105-124 (2000)
17) Boucher, I., Fukamizo, T., Honda, Y., Brzezinski, R., Site-directed mutagenesis of evolutionary conserved carboxylic amino acids in the chitosanase from *Streptomyces* sp.

N174 reveals two residues essential for catalysis. *J. Biol. Chem.* **270**, 31077-31082 (1995)

18) Inoue, M., Yamada, H., Yasukochi, T., Kuroki, R., Miki, T., Horiuchi, T., and Imoto, T., Multiple role of hydrophobicity of Trp108 in chicken lysozyme: Structural stability, saccharide binding ability, and abnormal pKa of glutamic acid-35. *Biochemistry*, **31**, 5545-5553 (1992)

19) Fukamizo, T., Juffer, A., Vogel H.J., Honda, Y., Tremblay, H., Boucher, I., Neugebauer, W.A., and Brzezinski, R., Theoretical calculation of pKa reveals an important role of Arg205 in the activity and stability of *Streptomyces* sp. N174 chitosanase. *J. Biol. Chem.* **275**, 25633-25640 (2000)

20) 深溝　慶, Juffer, A.H., Brzezinski, R., 酵素触媒反応を背後から支援する機能構造, 蛋白質 核酸 酵素, **46**, 1261-1267 (2001)

21) 深溝　慶, 本多裕司, Boucher, I., Brzezinski, R., 放線菌由来のキトサナーゼの構造と機能, 応用糖質科学, **43**, 247-256 (1996)

22) Davies, G.J., Wilson, K.S., and Henrissat, B., Nomenclature for sugar-binding subsites in glycosyl hydrolases. *Biochem. J.* **321**, 557-559 (1997)

23) Honda, Y., Fukamizo, T., Boucher, I., and Brzezinski, R., Substrate binding to the inactive mutants of *Streptomyces* sp. N174 chitosanase: indirect evaluation from the thermal unfolding experiments. *FEBS Lett.* **411**, 346-350 (1997)

24) Tremblay, H., Yamaguchi, T., Fukamizo, T., and Brzezinski, R., Mechanism of chitosanase-oligosaccharide interaction: Subsite structure of *Streptomyces* sp. N174 chitosanase and the role of Asp57 carboxylate. *J. Biochem.* **130**, 679-686 (2001)

25) Tanabe, T., Morinaga, K., Fukamizo, T., and Mitsutomi, M., Novel chitosanase from *Streptomyces griseus* HUT6037 with transglycosylation activity. *Biosci. Biotechnol. Biochem.* **67**, 354-364 (2003)

9 フィターゼ〜大豆たん白質への応用〜

齋藤 努*

9.1 はじめに

フィチン酸はイノシトールにリン酸が6分子結合した有機リン酸化合物である。リンは植物種子中では発芽や生長に必要であるが，リンの約3分の2がフィチン酸として貯蔵されている。一方で，フィチン酸はカルシウムやマグネシウム等のミネラルとの強いキレート作用を有する。ミネラルの他にたん白質やアミノ酸とも複合体を形成する。これらの性質は，人間や動物にとってミネラルの吸収阻害や消化酵素の活性阻害など栄養上好ましくない作用をもたらすことが指摘されている。

フィターゼはフィチン酸を加水分解してリン酸を遊離する酵素である。フィターゼによるフィチン酸の分解は，リンの利用率の向上とともに上述の栄養上好ましくない作用を改善するのに有効であり，飼料を中心に食品分野で利用されている。

また，フィチン酸はたん白質の電気的性質に強い影響を与えていると言われており，栄養学的な視点のみならずたん白化学的な視点でも注目される。我々は，大豆たん白質の溶解性に与えるフィチン酸の影響に着目し，フィターゼを作用させることで新しい大豆たん白質の主要構成成分（β-コングリシニンおよびグリシニン）の単離（分画）方法を見出した。

本稿ではフィチン酸とフィターゼについて解説するとともに，フィターゼを利用した新規な大豆β-コングリシニンおよびグリシニンの分画法について紹介する。

9.2 フィチン酸とは

フィチン酸は*myo*-イノシトール―六リン酸エステル（IP6）であり，イノシトールにリン酸が6分子結合した有機リン酸化合物である。フィチン酸は多くの穀類，豆類に分布し，その他，ジャガイモなどの塊茎，花粉，胞子，有機土壌に存在している。穀類，豆類には，乾燥重量当たり1％程度のフィチン酸が含まれ，フィチン態のリン含量は全リンの50－80％を占める[1,2]。フィチン酸は植物の成熟に伴って種子中に蓄積され，発芽に伴うフィターゼ活性の上昇とともに消失していく[3]。したがって，フィチン酸はリンの貯蔵・供給源として重要な役割を果たしている。

一方，その独特の構造がゆえに特徴的な性質を有している。フィチン酸はカルシウムやマグネシウム等のミネラルやたん白質と複合体を形成するが，これはフィチン酸が6分子のリン酸基を持っていることに起因する。

---

* Tsutomu Saito 不二製油㈱ フードサイエンス研究所 ASSPプロジェクトリーダー

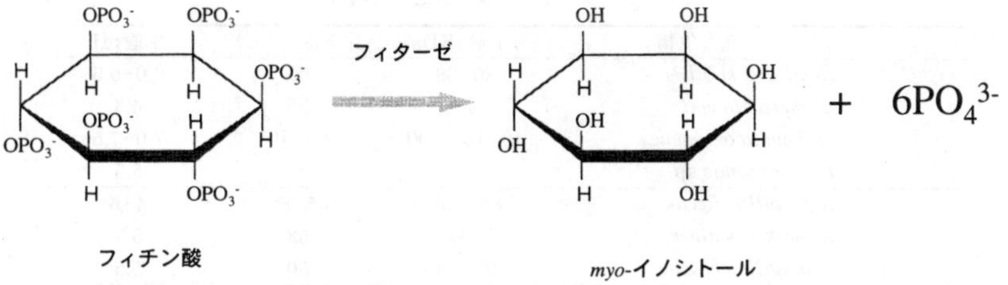

図1　フィチン酸とフィターゼによる分解反応

フィチン酸はミネラルと結合し，栄養的に重要なミネラルの消化管からの吸収を阻害する。その結合は$Cu^{2+} > Zn^{2+} > Co^{2+} > Mn^{2+} > Fe^{3+} > Ca^{2+}$の順で起こりやすい。フィチン酸は穀類，豆類におけるミネラル欠乏症，くる病の誘発因子の一つとされている。

フィチン酸はたん白質の等電点以下ではリジン，アルギニンなどの塩基性アミノ酸とのイオン結合によって，また，等電点以上では亜鉛やカルシウムといったミネラルを介してたん白質と不溶性複合体を形成する。このため消化酵素による分解を低下させる。同時に，消化酵素自体がたん白質であるため活性を阻害することとなる。消化酵素のα-アミラーゼ[4)]，β-ガラクトシダーゼ[5)]，ペプシン[6)]等の阻害作用が報告されている。

9.3　フィターゼとは

フィターゼはフィチン酸を加水分解しリン酸を遊離させるホスファターゼの一種で，最終的にはフィチン酸1分子よりイノシトール1分子と6分子のリン酸を生成する。フィターゼの種類により最終産物が異なり，イノシトールリン酸（IP1-IP5）を生じる。反応の第一段階で遊離するリン酸基の位置により2タイプのフィターゼがあり，3-フィターゼ（EC3.1.3.8）と呼ばれるカビやバクテリア等が生産する微生物由来のものと6-フィターゼ（EC3.1.3.26）と呼ばれる高等植物，穀類やマメ科植物の種子や花粉に存在する植物由来のものがある。反応至適pHは4.5－7.5で，反応至適温度は45－60℃程度である。表1に示したように自然界には多様なフィターゼ活性を有する酵素が存在していることが明らかになっている[7)]。

植物由来のフィターゼは，発芽時にフィターゼ活性が上昇することから種子の発芽や生長に重要な役割を果たしている。微生物の場合は糸状菌，酵母，細菌類などにフィターゼを産生するものが見られ，根粒菌の多くもフィターゼ活性を有している。微生物の栄養源としてもフィチン酸由来のリンが利用されている。

現在，産業用酵素として利用されているフィターゼ製剤は，微生物由来の酵素を利用しその生

表1　フィターゼの主な起源とその特性[7)]

	起源生物	分子量(KDa)	至適温度(℃)	至適pH
バクテリア	*Bacillusu subtilis*	36-38	61	6.0-6.5
	Escherichia coli	42	55	4.5
	Klebsiella aerogenes	10-13，700	60-70	7.0-7.5
	Pseudomonas sp.	—	—	5.5
カビ	*Aspergillus ficcus*	85-100	55-60	4-6
	Aspergillus niger	200	53	5.5
	Aspergillus oryzae	120-140	50	5.5
酵母	*Saccharomayces cerevisiae*	—	45	4.6
	Schwanniomyces castellii	490	77	4.4
植物	ナタネ	—	50	5.2
	トウモロコシ	76	55	4.8
	緑豆	160	57	7.5
	大豆	60	55	4.5-4.8
	小麦フスマ	47	55	5.0-5.6，7.0
動物	牛	—	—	8.7

産性を高めたもので，遺伝子操作を施した菌体から生産される遺伝子組み換え（GMO）フィターゼ製剤と育種技術により生産性を高めた非遺伝子組み換え（Non-GMO）フィターゼ製剤に分類できる。前者ではノボザイムズ社のPhytase Novo，BASF社のNatuphosがあり，後者では協和発酵工業社のフィターゼ協和，新日本化学工業社のスミチームPHY等がある。

9.4　フィターゼの用途

9.4.1　飼料分野への利用

酵素市場でフィターゼといえばほとんど飼料用途である。世界で2億ドル／年，年率20～25％程度の成長が続いていると言われており，世界の酵素業界で注目されている。

フィチン酸は動物から排泄されるリンに起因する環境汚染と飼料原料の栄養価低下原因として問題視されている。その解決手段として畜産飼料へのフィターゼの添加が有効である。フィチン酸は畜産飼料に用いられるトウモロコシ，豆，麦類の全リン含量の50～80％を占めている。牛などの反芻動物は消化管内でフィターゼを分泌し，フィチン酸を消化して飼料中のリンを有効に利用できるが，豚や鶏のような単胃動物は消化管内でフィターゼを分泌しないためリンを利用することができない。そのため，飼料に有効なリン量を満たすため鉱物性無機リンが添加されている。これら動物からの排泄物に，フィチン酸や未利用の無機リン由来のリンが多量に含まれており環境汚染の原因となっている。

フィターゼを飼料に添加すると，フィターゼの作用によりフィチン酸が分解されて有効なリン含量を高めることができる。このため，鉱物性無機リンの添加量も大幅に削減でき，リンの排泄量も低減されることになる。

このようにフィターゼは環境汚染対策の有効な方策として注目され，数多くのフィターゼの畜産飼料に対する応用研究が行われている[8～11]。また，フィターゼ添加はキレート作用や消化酵素阻害作用も弱めることができ，ミネラルの利用率の向上やたん白質の消化吸収効率の向上にも効果があることが報告されている[12～16]。

9.4.2　食品分野への利用

清酒の製造，醤油等の調味料の製造，製パンにおいてフィターゼが利用されており，幾つかの例を記す。

清酒醸造において酵母増殖，アルコール発酵にフィターゼが重要な役割を果たしていることが確認されている[17]。フィターゼの作用によりフィチン酸から生成されるイノシトールが酵母の栄養源となることによる。また，フィターゼ高生産性の麹菌を用いて健康をコンセプトにしたイノシトール高含有清酒が商品として開発されている[18]。醤油の製造におけるフィチンオリの除去にもフィターゼの関与が報告されている[19]。

全粒小麦パンの製パン性について，カビフィターゼの添加は発酵時間の短縮，パンの比容積増加，内層テクスチャーの改善，高さ／幅比の増加をもたらすことが報告されている[20]。

9.5　大豆たん白質への応用

9.5.1　大豆たん白質とは

大豆たん白質は栄養的に卵や乳のたん白質に匹敵する優れたアミノ酸組成をもち，その加工特性や機能性が高いことから，広く食品素材として利用されている。製法や構造により粉末状、粒状，繊維状などに分類され，粉末状大豆たん白は，精製方法やたん白質含量により，濃縮大豆たん白，分離大豆たん白に区別される。この中で最もたん白質を多く含むものが，分離大豆たん白である。いずれも，大豆から大豆油を抽出した後の脱脂大豆を原料として製造される。

近年，大豆たん白質が血漿コレステロールレベルを下げる作用が認められ，その生理機能が注目されるようになった[21～23]。この大豆たん白質のコレステロール低下作用はアメリカ食品医薬品局（FDA）も認めており，99年10月以降，1食分に6.25g以上の大豆たん白質を含む食品には，「1日25gの大豆たん白をとると心臓病のリスクを軽減する」という旨を表示することが認められている。

この大豆たん白質の主要構成成分は，β-コングリシニンとグリシニンとよばれるグロブリンたん白質で，これらは構造が異なるばかりか，溶解性／乳化性／起泡性／水和特性／ゲル形成性といった機能特性も大きく異なる[24]（詳細は文献24）を参照）ことから，両者を分けて利用することはたん白質化学的な見地からだけでなく，食品たん白質としての観点からも興味が持たれ

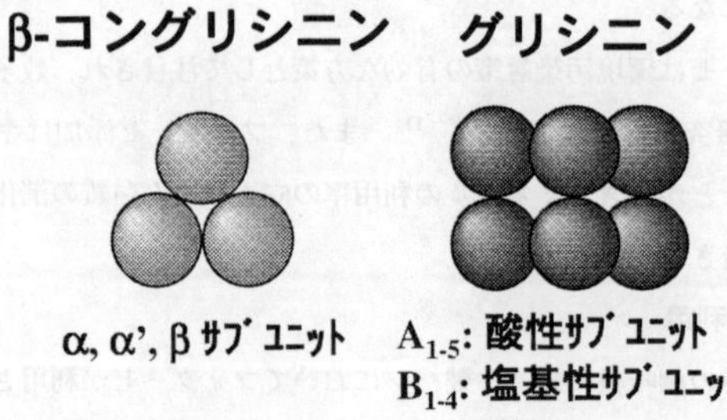

図2　β-コングリシニンとグリシニンの分子モデル

る。

これまでにThanh & Shibasakiの方法など数多くの分画法が報告されているが，大量調製を行うには種々の問題があり，β-コングリシニンとグリシニンの個別の利用には至っていない。

9.5.2 大豆たん白質とフィチン酸

大豆たん白質にはフィチン酸が約2％含まれている[25]。大豆たん白質やミネラルと複合体を形成し，大豆たん白質の消化性を低下させ[26]，栄養上重要なミネラル成分の吸収を低下させるとの指摘がある[27,28]。さらに，大豆たん白質の電気的性質に強く関わっており溶解性や乳化性などの物性機能への影響も大きいと言われている[29,30]。このことから，β-コングリシニンとグリシニンの分画操作においても少なからず影響していることが予想される。

大豆たん白質からフィチン酸を効率的に除去する方法を検討した結果，フィターゼを用いてフィチン酸を大幅に低減させることに成功した。同時にその工程において，大豆たん白質をその主要構成成分であるβ-コングリシニンとグリシニンに容易に分画できる技術の開発にも成功した。

9.5.3 フィターゼ処理によるグリシニンの凝集沈殿

脱脂大豆より水抽出した抽出液（脱脂豆乳）にフィターゼ（商品名Phytase Novo L，ノボザイムズ社製）をある条件で作用させたときに，溶解状態であった脱脂豆乳中のたん白質が凝集沈殿する現象を見出した。

そこでどのようなたん白成分が凝集したのかを確認するため，遠心分離を行い上清画分および沈殿画分についてSDS-PAGEで分析を行った。その結果，興味深いことに上清画分から主要構成成分の一つであるグリシニンのバンドがほとんど消失していることがわかった。すなわち，凝集した成分はグリシニンを主成分とするたん白質であったことになる。

この現象をうまく利用すればβ-コングリシニンとグリシニンの分画が行えるのではないかと考え，フィターゼの作用条件，遠心分離条件など詳細に検討した結果，フィターゼを利用した新しい分画方法を確立するに至った。

フィターゼによるフィチン酸の分解がグリシニンを主成分とするたん白質の凝集にどの程度関与しているのかを明らかにするため，pH6.0における豆乳中のフィチン酸量とたん白質の沈殿量の関係を追跡した。それらの関係を図3に示した。

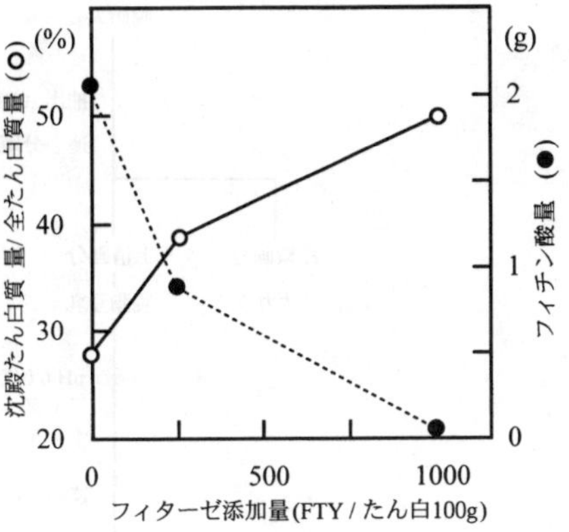

図3　pH6.0における脱脂豆乳中のフィチン酸量とたん白質の沈澱量の関係

フィターゼの活性単位（FYT）は37℃，pH5.5の条件下でフィチン酸ナトリウム塩を基質にしたときに1分間にフィチン酸から1 μmolのリン酸を生成する能力として定義される。

このグラフによると，フィターゼ添加量に対応してフィチン酸含量が減少するが，これに応じてたん白質の沈殿量も増加していくことがわかった。すなわち，上述のグリシニンを主成分とするたん白質の凝集が，フィチン酸の分解によって引き起こされていることが確認できた。

フィチン酸は6つのリン酸基を有する有機リン酸化合物であり，大豆たん白質と複合体を形成したたん白質の電気的性質や水和の状態に強い影響を与えていることは上述の通りである。フィチン酸の分解によりフィチン酸からの影響がなくなったグリシニンが本来の溶解性に戻ることによって等電点近傍のpH6.0で沈殿したのではないかと推察している。

このように，フィチン酸が大豆たん白質に与えている影響は栄養面のみならず物性面からも非常に興味深いものと言える。

9.5.4　新規な分画方法

図4に新たに確立した分画法のプロトコールを示した。脱脂豆乳に対しpHを6.0，40℃1時間の作用条件でフィターゼによるフィチン酸の分解を行う。これによりグリシニンを中心としたたん白質が沈殿するのでこれを遠心分離により回収する。一方，微酸性域での溶解性が高いβ-コングリシニンはグリシニン画分を沈殿除去した後，等電点のpH5.0で再度遠心分離を行い回収する。

本法で得られたβ-コングリシニン画分およびグリシニン画分の組成についてSDS-PAGE分析の結果を図5に示す。デンシトメーター解析によるとグリシニン画分，β-コングリシニン画分ともに80％以上の純度を示し，相互のコンタミが少ないことがわかった。したがって，操作が単純で相互のコンタミの少ない点が本分画法の特徴といえる。

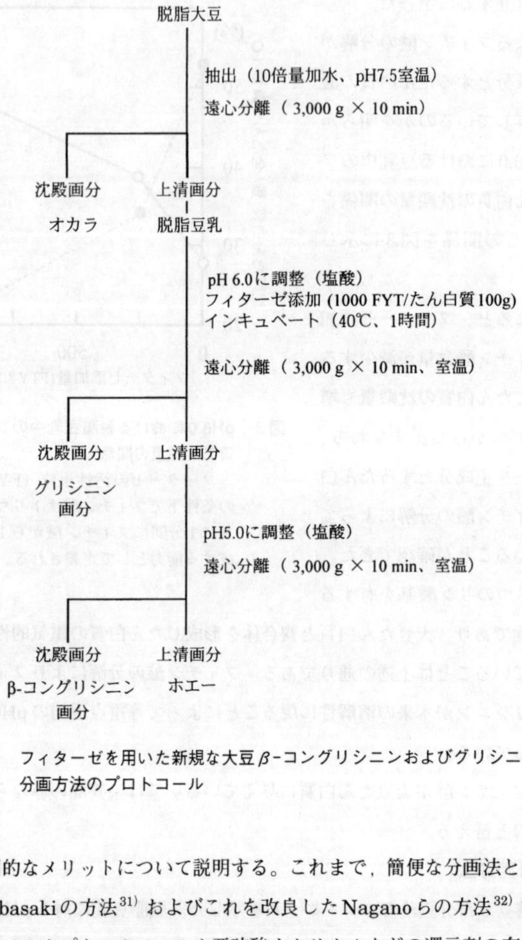

図4　フィターゼを用いた新規な大豆β-コングリシニンおよびグリシニンの分画方法のプロトコール

新分画法の実用的なメリットについて説明する。これまで，簡便な分画法として広く普及しているThanh，Shibasakiの方法[31]およびこれを改良したNaganoらの方法[32]では，第一段のグリシニンの分離にメルカプトエタノールや亜硫酸ナトリウムなどの還元剤の存在や「冷沈」といわれる冷却工程が必須であった。還元剤はたん白質の物性に悪影響を与えるためこれを除去する工程が必要であること，また冷却工程は大量調製には不向きであるという問題があった。

しかしながら，本分画法ではフィターゼを使用することで還元剤の存在や冷却工程を必要とせずにβ-コングリシニンおよびグリシニンを分画できることが特徴である。

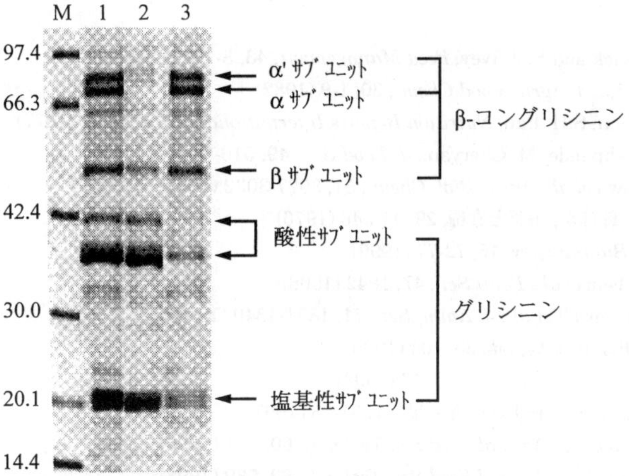

図5　各画分のSDS-PAGEパターン
左から，M：分子量マーカー，1：脱脂豆乳，2：グリシニン画分，
3：β-コングリシニン画分

9.6　おわりに

我々はフィターゼを用いる新しいβ-コングリシニンおよびグリシニンの分画方法を開発した[33]。得られたβ-コングリシニンはその後の研究で血中トリグリセリドレベルの低下及び，HDLの上昇という生活習慣病で重要なキーワードを満足させる画期的な生理機能を持つことが明らかとなった[34]。今後，β-コングリシニンは新規な生理機能性食品素材として大きく成長していくことが期待される。

このように大豆たん白質とフィチン酸の関係は栄養学的な視点のみならず，たん白化学的な視点においても非常に深いことが示唆された。この関係は大豆以外の穀類，豆類のたん白質においてもおそらく同様であろう。フィターゼは穀類，豆類にとって栄養学的にもたん白化学的にも重要なキーとなる酵素であり，今後も様々な角度から新たな応用の可能性が見出されることが期待される。

文　献

1) R. A. Swick and F. J. Ivey, *Feed Management*, **43**, 8-17 (1992)
2) J. A. Maga, *J. Agric. Food Chem.*, **30**, 1-9 (1982)
3) L. H. Chen, S.H. Pan, *Nutrition Reports International*, **16**, 125-131 (1977)
4) S. S. Deshpande, M. Cheryan., *J. Food Sci.*, **49**, 516-519 (1984)
5) J. Inagawa *et al.*, *Agric. Biol. Chem.*, **51**, 3027-3032 (1987)
6) 金谷建一郎ほか, 栄養と食糧, **29**, 41-346 (1976)
7) 滝澤昇, *Bio Industry*, **16**, 72-77 (1999)
8) T. S. Nelson *et al.*, *Poult Sci.*, **47**, 1842 (1968)
9) G. C. Cromwell *et al.*, *J. Anim. Sci.*, **71**, 1831-1840 (1993)
10) 武政正明ほか, 家禽会誌, **33**, 104 (1996)
11) 小泉徹ほか, 滝川畜試研報, **30**, 17 (1998)
12) 平林美穂ほか, 栄養生理研究会報, **41**, 51-68 (1997)
13) T. Matsui *et al.*, *Animal Feed Sci. Technol.*, **60**, 131 (1996)
14) T. Matsui *et al.*, *Animal Feed Sci. Technol.*, **69**, 589 (1998)
15) S. L. Traylor *et al.*, *J. Anim. Sci.*, **79**, 2634-2642 (2001)
16) V. Ravindran *et al.*, *Poult Sci.*, **78**, 699-706 (1999)
17) J. Fujita *et al.*, *Biotechnol. Lett.*, **23**, 9 (2001)
18) 平野賢司, 温故知新, **35**, 59-63 (1998)
19) 大友一宏ほか, 醤研, **24**, 283-292 (1998)
20) M. Haros *et al.*, *J. Agric. Food Chem.*, **49**, 5450-5454 (2001)
21) J. W. Anderson *et al.*, *N. Engl. J. Med.*, **333**, 276-282 (1995)
22) Y. Nagata *et al.*, *J. Nutr.*, **112**, 1614-1625 (1982)
23) M. Kito *et al.*, *Biosci. Biotechnol. Biochem.*, **57**, 354-355 (1993)
24) 森田雄平,「大豆蛋白質」光琳 (2000)
25) J. R. Brooks and C. V. Morr, *J. Food Sci.*, **47**, 1280-1282 (1982)
26) M. A. Ritter *et al.*, *J. Food Sci.*, **52**, 325-327, 341 (1987)
27) M. Cheryan, *CRD Crit. Rev. Food Sci. Nutr.*, **13**, 197-335 (1980)
28) C. A. Prattley, *et al.*, *J. Food Biochem.*, **5**, 273-282 (1982)
29) K. Okubo *et al.*, *Cereal Chem.*, **53**, 513-524 (1976)
30) B. H. -Y. Chen, and C. V. Morr, *J. Food Sci.*, **50**, 1139-1142 (1985)
31) V. H. Thanh, and K. Shibasaki, *J. Agric. Food Chem.*, **24**, 1117-1121 (1976)
32) T. Nagano *et al.*, *J. Agric. Food Chem.*, **40**, 941-944 (1992)
33) T. Saito *et al.*, *Biosci. Biotechnol. Biochem.*, **65**, 88-887 (2001)
34) T. Aoyama *et al.*, *Biosci. Biotechnol. Biochem.*, **65**, 1071-1075 (2001)

10　プルラン分解酵素の構造と機能

坂野好幸*

10.1　はじめに

プルラン[1,2]は，黒酵母の一種であるAureobasidium pullulansがマルトース，ショ糖などを炭素源にして生産する多糖類で，マルトトリオースが繰り返しα-1,6グルコシド結合した構造のα-グルカンである（図1）。A. pullulansは空気中にも存在し，壁や流しの隅に直ぐ生えてくる微生物である。この菌は多糖プルランの他に，酸性多糖類，赤や黒の色素を生産する厄介な生き物で，リンゴやモモなどにも着生する植物病原菌である。現在では，野生株を育種し，色素をほとんど生産せず，デンプンから効率よくプルランを生産する改良された菌株を用いて，プルランは安価に生産され，広く食品添加物や医薬用，化粧品用に使われている。最近では，生分解性プラスチックの原料としても注目を浴びている。

プルランを加水分解する酵素は，図1に示してあるように，4種類ある[3)]。①非還元性末端側からグルコース単位に切断して，グルコースを生成するグルコアミラーゼ（EC 3.2.1.3）型[4)]，②α-1,6結合を切断して，マルトトリオースを生成するプルラナーゼ（EC 3.2.1.41）型[5)]，③α-1,6結合に隣接する非還元性末端側のα-1,4結合を切断して，パノースを生成するThermoactinomyces vulgaris α-アミラーゼ（EC 3.2.1.1；TVA）型[6)]，④α-1,6結合の隣の還元性末端側のα-1,4結合を切断して，イパノースを生成するイソプルルナーゼ（EC 3.2.1.57）型[3,7)]の酵素が存在する。これらの酵素の構造と機能について概説する。

10.2　短い基質に特異的に作用するグルコアミラーゼ

グルコアミラーゼは，枝切りアミラーゼ（プルラナーゼやイソアミラーゼ）の助けを借りて，デンプンをグルコースに変換する糖化工程には，必須の酵素で工業的に大量に使われている。カビ由来の酵素が実際にはよく使われており，これらのグルコアミラーゼについては，いくつかの総説等[8~10)]があるので，それらを参考にして下さい。ここでは，低分子のオリゴ糖に特異的に作用する変わった放線菌のグルコアミラーゼ[11)]について概説する。この酵素は，Thermoactinomyces vulgarisのグルコアミラーゼで，後述するTVAII遺伝子の下流にあるtga遺伝子産物として発見されたものである[12)]。TGAの1次構造は，工業的に使われているカビのグルコアミラーゼとの相同性は10％以下と低いが，Clostridium sp. G0005のグルコアミラーゼ[13)]，Arthrobacter globiformis T-3044のグルコデキストラナーゼ[14)]，超高熱菌のMethanococcus jannaschiiのグルコアミラーゼとは，22，24，28％と高い[12)]。大腸菌で発現さ

＊　Yoshiyuki Sakano　東京農工大学　農学部　応用生物科学科　生物化学研究室　教授

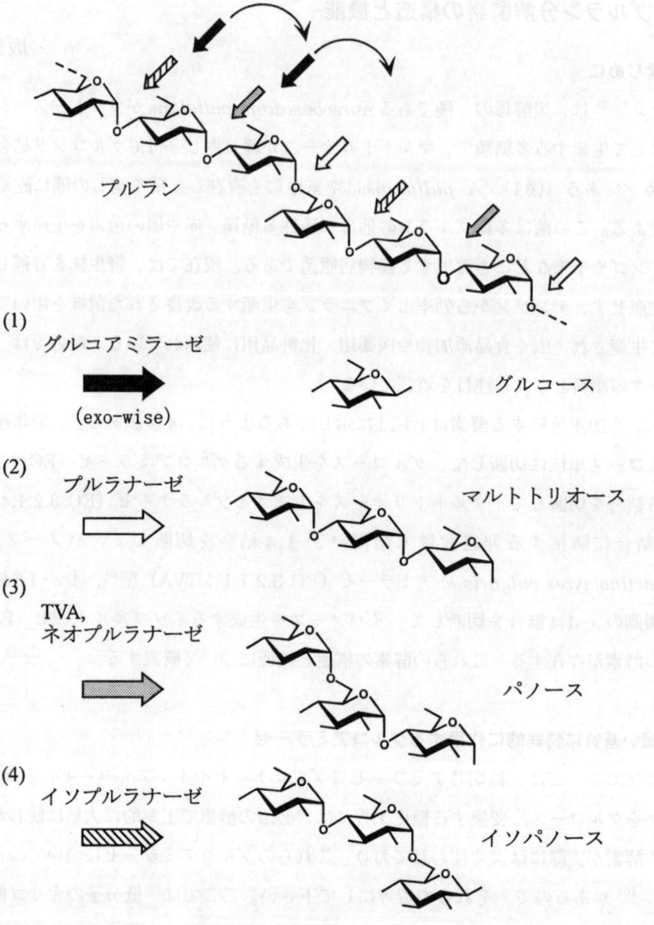

図1　プルランの酵素による分解形式

，グルコシル残基；，，，，酵素の切断点

(坂野，小林（1971）一部改変)

せた組換えTGAは，基質の非還元性末端から作用して，β-グルコースを生成するが，高分子のデンプンより低分子のマルトテトラオース等のマルトオリゴ糖を好んで作用する（表1）。図2に至適pH・温度，pH・熱安定性を示す[11]。TGAは，カビのグルコアミラーゼとは異なる新しいタイプのグルコアミラーゼであり，新しい利用が模索されている。

表1　TGAの各種基質に対する作用の比較

基　　質	相対活性（%）
マルトース（G2）	23.5
マルトトリオース（G3）	100
マルトテトラオース（G4）	98.7
マルトペンタオース（G5）	58.6
マルトヘキサオース（G6）	37.5
マルトヘプタオース（G7）	28.3
マルトオクタオース（G8）	26.9
マルトナノオース（G9）	22.5
マルトペンタデカオース（G15）	11.0
可溶性デンプン	1.9
プルラン	＜0.1
デキストラン	＜0.1
イソマルトース	＜0.1

（Ichikawa, *et. al*. (2004) 一部改変）

10.3　プルラナーゼ

プルラナーゼは，プルランのα-1,6結合を加水分解し，マルトトリオースを生成する酵素として*Aerobacter aerogenes*（後に，*Klebsiella aerogenes*，*Klebsiella pneumoniae*に分類される）から発見された[5]。この酵素は，デンプンやグリコーゲンのα-1,6結合をも加水分解できるので，これら多糖類の構造解析に使われるだけでなく，デンプン糖化工業などによく使われている。そこでプルラナーゼ生産菌が広く土壌中などから検索され，*Streptomyces mitis*[15]，*Bacillus acidopullulyticus*[16]，*Thermus aquaticus* YT-1[17]，*Thermus caldophilus* GK-24[18]，*Caldicellulosiruptor saccharolyticus*[19]，*Fervidobacterium pennavorans* Ven5[20]，*Thermotoga maritima*[21] などから見出されプルラナーゼの諸性質が調べられたが，実際に工業的に使われているものは非常に少ない。

*K. pneumoniae*プルラナーゼの基質特異性は，低分子の分岐オリゴ糖に対してはKainumaら[22] により，高分子基質に対しては，Yokobayashiら[23] により，もう一つの枝きり酵素の*Pseudomonas amyloderamosa*イソアミラーゼ（EC 3.2.1.68）との特異性を比較して明らかにされている。これら枝きり酵素は，デンプンの糖化工業になくてはならない酵素で，その使い方等については，立派な著書・参考書[24, 25] が上梓されているので参考にして下さい。ここではプルラナーゼの特殊な使い方の例を挙げて概説する。

工業的に使われている*Bacillus acidopullulyticus*プルラナーゼの逆反応を利用して，マルトースとサイクロデキストリン（CD）から分岐CDを効率よく合成する方法[26, 27] が開発され，CDの利用範囲が広げられた。マルトースの枝をCDに付けることにより，CDの特にβ-CDの溶

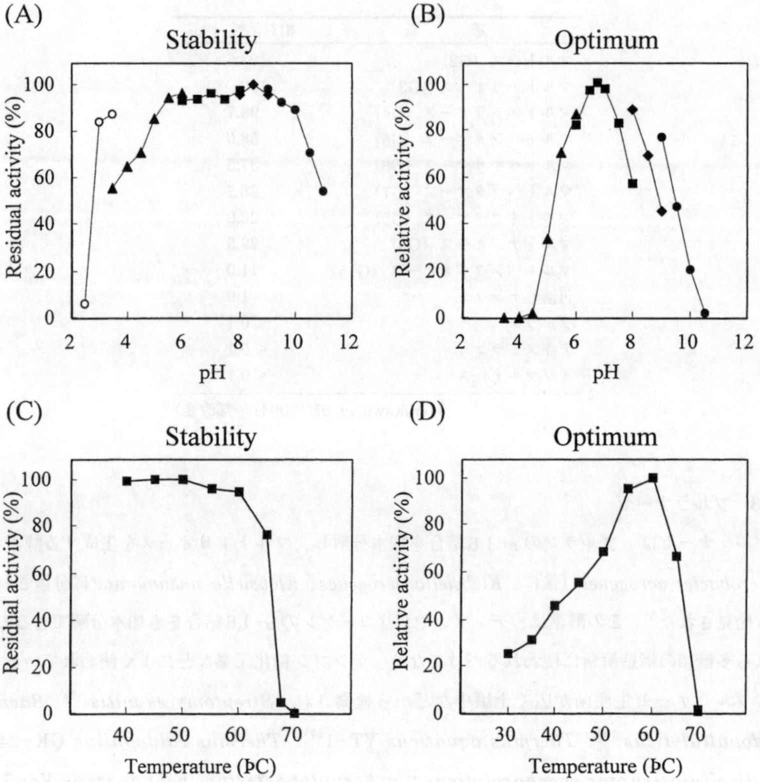

図2 TGAのpH安定性(A)，至適pH(B)，温度安定性(C)，至適温度

(Ichikawa, *et. al.* (2004) 一部改変)

解度を上昇させることができた（図3）[28]。プルラナーゼの代わりにイソアミラーゼを用いるとマルトトリオース，マルトテトラオースと長い分岐を付ける時には効率が良い[29]。分岐CDは，マルトシルフルオリドとCDの混合液にプルラナーゼあるいはイソアミラーゼを作用させても合成できる[30]。

次に，変わったプルラナーゼについて概説する。この種の酵素で耐熱性であれば実用価値が高いと思われる。一つの酵素分子でプルランや澱粉の α-1,6結合を加水分解するプルラナーゼ作用と澱粉の α-1,4結合を加水分解するアミラーゼ作用を有する酵素（アミロプルラナーゼと称されている）を生産する微生物が多数報告されている。1987年に *Bacillus subtilis* の培養液から

DEAE-Sephadex，Bio-gel A-1.5mで精製した酵素標品がプルランからマルトトリオースを，可溶性澱粉からグルコース，マルトース，マルトトリオースを生成することが発見された[31]のが最初である。*Clostridium thermohydrosulfuricum* E101-69[32]，*Thermoanaerobium brockii* ATCC33075[33]，*Thermoanobium* Tok5-B1[34]，*C. thermohydrosulfuricum* E-39[35]，*Pyrococcus furiosus* DSM3638[36]，*Thermococcus litoralis* DSM5473[36]から発見されたアミロプルラナーゼは何れも一つの触媒部位で，2つの基質に作用すると報告されている。Araら[37]の*Bacillus* sp. KSM-1378由来のアミロプルラナーゼは，

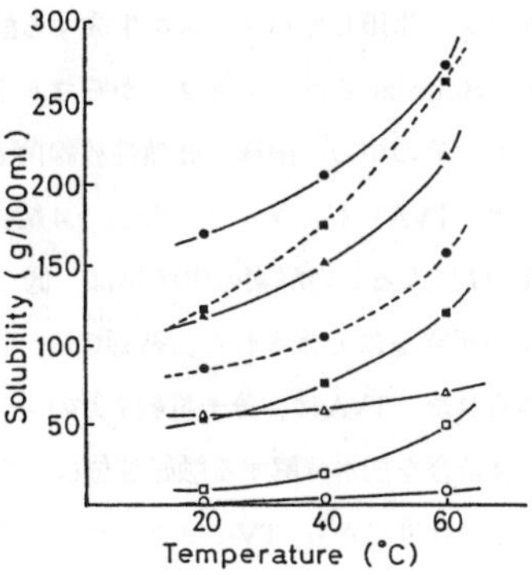

図3　分岐CDの溶解度

−□−, α-CD; −■−, G_2-α-CD; ···■···, G_2G_2-α-CD; −○−, β-CD; −●−, G_2-β-CD; ···●···, G_2G_2-β-CD; −△−, CD_{mix}; −▲−, branched CD_{mix}

（坂野（1996）一部改変）

210kDaと大きく，等電点は，4.8で，N-末端配列は，Glu-Thr-Gly-Asp-Lys-Arg-Ile-Glu-Phe-Ser-Tyr-Glu-Arg-Pro-であった。プルランに対する至適pHは9.5，可溶性澱粉に対する至適pHは8.5と異なり，ジエチルピロカーボネートによりプルラナーゼ活性が，*N*-ブロモサクシニイミドによりアミラーゼ活性が阻害された。2つの酵素活性に対するHg^{2+}，EDTA，EGTA，α-CD，β-CDによる阻害の程度や，Ca^{2+}による活性の保護作用に差が認められ，この酵素では2つの酵素活性は別々の部位で発揮すると推測された。そこで，この酵素をpapainで部分消化して，アミロースを分解するフラグメント（AHF114，114kDa）とプルランを分解するフラグメント（PHF，102kDa）に分けることに成功した[38]。各フラグメントの温度安定性，pH安定性は部分消化する前の酵素のものとほとんど変わらなかった。両酵素活性の比活性は上昇した。2つのフラグメントのN-末端分析から，このアミロプルラナーゼは，N-末端側にアミラーゼドメインとC-末端側にプルラナーゼドメインがあり，両者がタンデムに繋がった構造をしていることが分かった。それぞれのアミラーゼドメインとプルラナーゼドメインには，α-アミラーゼーファミリー特有の保存領域I，II，III，IVが保存され，触媒残基Asp550-Glu579-Asp645，Asp1464-Glu1493-Asp1581が推測された。透過型電子顕微鏡写真で，2つのドメインが，向き合ったカスタネット状の分子が観測されている[39]。

10.4 *T. vulgaris* α-アミラーゼなどのパノースを生成する酵素

プルランに作用してパノースを生成する酵素を1971年に，初めて発見したのは，Shimizuら[6]である。Shimizuらは，デンプンからマルトースを効率よく生成する酵素生産菌を土壌中から探していた。その中の一菌株，好熱性放線菌*Thermoactinomyces vulgaris* R-47の生産するα-アミラーゼ（TVA）が，プルランのα-1,4結合を分解して，パノースを生成することを明らかにした。R-47によるこの酵素の生産量は，低く工業的用途には向かないという理由から，この菌株は我々の研究室に分譲された。普通のα-アミラーゼはプルラン分解しないので，興味深く研究が進められた。TVAは，分子量約7万のシングルペプチドで，デンプンのα-1,4結合とプルランのα-1,4結合を加水分解する触媒部位は一つということを速度論的に証明した[40]。マルトオリゴ糖に対する速度論から，TVAのサブサイト構造を明らかにし，基質特性の特徴を明らかにした[41]。さらに，TVAは，イソパノースのα-1,6結合をも加水分解すること[42]，さらにタカアミラーゼA（TAA）などのα-アミラーゼの拮抗阻害剤となるCDまでも容易に分解する特異な酵素であることが明らかにされた[26]。そこで，本酵素を大腸にクローニングしたところ，2種類のTVA遺伝子を取得することができ，菌体外に生産されていた酵素をTVAI，新たにクローニングにより見出された菌体内酵素はTVAII[43]と命名された。TVAIとTVAIIの相同性は，20数%と余り高くないが，デンプン，プルラン，オリゴ糖などに対する作用は同じではあるが，それらの作用の強さは異なり，TVAIは高分子基質に，TVAIIは低分子基質に作用しやすい[44]。これら2種類の酵素のX線結晶構造解析[45,46]はすでになされ，TAAなどの典型的なα-アミラーゼとは異なった特徴的な構造をしていた（図4）。このTVAは，特に，TVAIIは糖転移作用が強く，グルコースなどの受容体共存下でプルランに作用させていると効率よく転移物を生成する（図5）。

TAA[47]を代表する典型的なα-アミラーゼは，N-末端側，触媒残基と保存領域I，II，III，IVを含む（β/α）8バレル構造をとるAドメイン，C-末端側を含むアンチパラレルβシートのサンドウィッチ構造のCドメインとAドメインのβ3とα3の間にループアウトした部分（ドメインB）からなっている。TVAIとIIは，TAA等のいわゆるα-アミラーゼファミリー[48]の基本構造（A,B,Cドメイン）の他に，AドメインのN末端側に約100アミノ酸残基から成る7本のアンチパラレルシート構造のNドメインを持っている。その後次々に，α-アミラーゼファミリーの属する酵素でNドメインを持っている酵素のX線結晶構造解析がなされた（図4）。TVAと同じ酵素反応を触媒するネオプルラナーゼ（EC 3.2.1.135）[49]，マルトジェニックアミラーゼ（EC 3.2.1.133）[50]，サイクロデキストリン分解酵素（EC 3.2.1.54）[51]，は，何れもNドメイン構造を持っている。デンプンの枝（α-1,6結合）を加水分解するイソアミラーゼ[52]もNドメインを持っていることは興味深い。Nドメインの役割が明快に解かれることが期待されている。

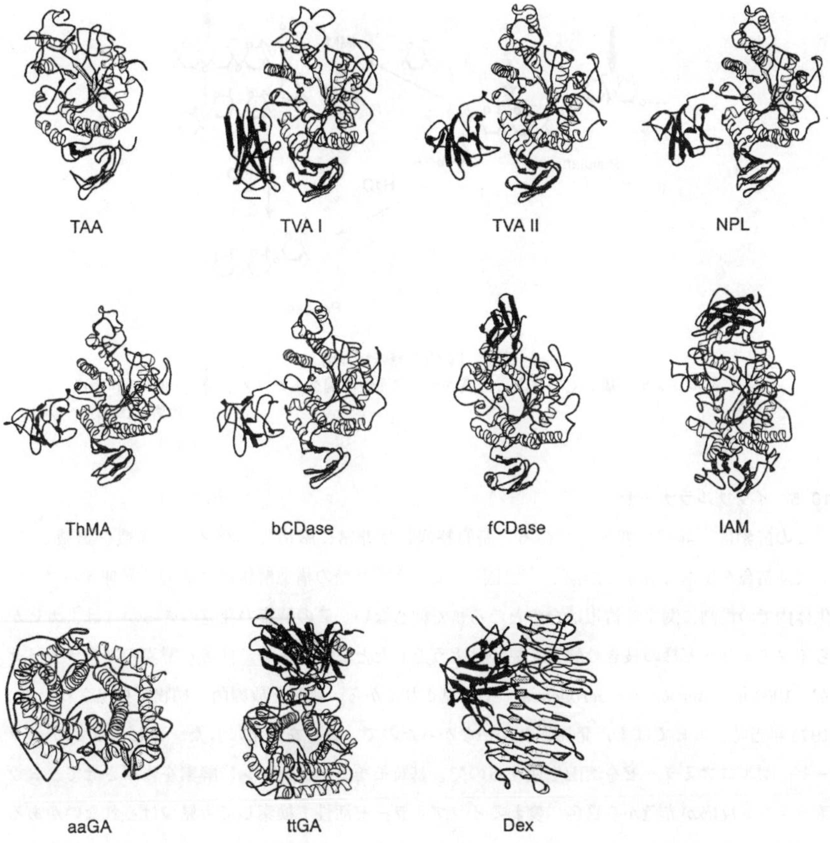

図4　各種酵素の３Ｄ構造

TAA, Taka-amylase A (2TAA, Matsuura, *et. al.*, *J. Biochem*., **95**, 697 (1984)); TVAI, α-amylase (1JI1, Kamitori, *et. al.*, *J. Mol. Biol.*, **318**, 443-453 (2002)); TVAII, α-amylase (1JI2, Kamitori, *et. al.*, *J. Mol. Biol*. **287**, 907-921 (1999)); NPL, neopullulanase (1JOH, Hondoh *et. al.*, *J. Mol. Biol.*, **326**, 177-188 (2003)); ThMA, maltogenic amylase (1SMA, Kim, *et. al.*, *J. Biol. Chem.*, **274**, 26279-26286 (1999)); bCDase, cyclomaltodextrinase (1EA9, Lee, *et. al.*, *J. Biol Chem.*, **277**, 21891-21897 (2002)); fCDase, cyclomaltodextrinase (1H3G, Fritzsche, *et. al.*, *Eur. J. Biochem.*, **270**, 2332-2341 (2003)): IAM, isoamylase (1BF2, Katsuya, *et. al.*, *J. Mol. Biol.*, **281**, 885-897 (1998)); aaGA, glucoamylase (3GLY, Aleshin, *et, al,. J. Biol. Chem.*, **269**, 15631-15639 (1994)); ttGA, glucoamylase (1LF6, Aleshin, *et. al.*, *J. Mol. Biol.*, **327**, 61-73 (2003)); Dex, dextranse (1OGM, Larsson, *et. al.*, *Structure*, **11**, 1111-1121 (2003))

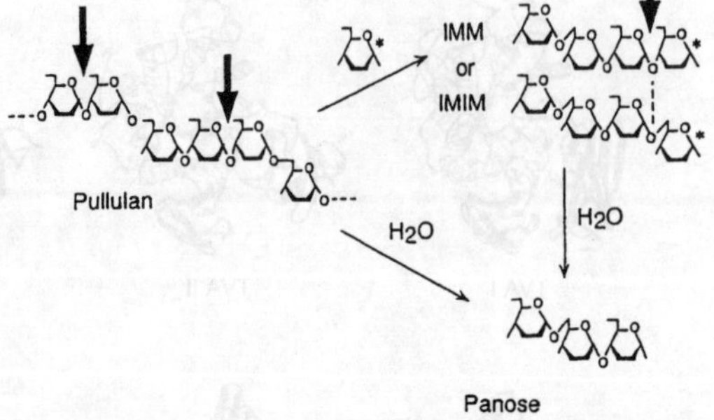

図5　TVAIIの糖転移作用
，グルコシル残基；，C^{14}で標識された還元性末端グルコース；，酵素の作用点
（坂野（1996）一部改変）

10.5　イソプルラナーゼ

この酵素は，非常に変わっている。基質特異性は非常に厳格で，パノース構造を認識して，α-1,4結合を加水分解する酵素[7, 53]（図6）で，オリゴ糖の構造解析には威力を発揮する[54, 55]。生体内での役割に関する情報は今のところまだ何もない。この酵素の発見のきっかけは，カビからイソアミラーゼ様の枝きり酵素を見つけようとしたところにある。枝きり酵素のプルラナーゼが，1961年に*Aerobacter aerogenes*[5]で発見されてから，細菌，放線菌，植物で見出された[56]。1971年当時，カビではまだ発見されていなかったので，カビを対象にした。カビにはα-アミラーゼ，グルコアミラーゼを沢山生産するので，基質モチゴメデンプンに酵素を作用させて，ヨウ素デンプン反応が赤色から青色に変わるイソアミラーゼ活性で検索しても見つけられないかあるいは見つけるのが難しいのではと考え，プルラン基質から還元糖を生成する酵素活性を測定することで，プルラン分解酵素生産菌を検索した。その結果，従来知られているプルラナーゼやグルコアミラーゼとは異なる新規のイソプルラナーゼ（IPU）を*Aspergillus niger* ATCC9642株から発見できた[3]。その時，まだ発見されていない酵素（TVA[6]）の存在をも予測した。IPUについては，ほとんど同じ時期に，辻阪らのグループにより報告された[57]。

IPU遺伝子がクローニングされ，*Aspergillus oryzae*[58]および*Pichia pastoris*[53]での発現系が構築され，IPU分子の特徴が明らかにされてきた。IPU遺伝子は1695bpからなり，564アミノ酸をコードしている。19アミノ酸のシグナル配列を持ち，成熟IPUは545アミノ酸からなり，59kDaと計算できた。IPUには，そのアミノ酸配列から15箇所のN型糖鎖の付加できるsequonがある。*A. niger*，*A. oryzae*，*P. pastoris*から得られた酵素標品の糖鎖をPNGaseで除去したときのSDS-PAGEによる分子量は59-60kDaとほぼ一致する。IPUは，他のプルラン分解酵素や，α-アミラーゼファミリーとは全く相同性がなく，*Penicillium minioluteum*[59]，*Arthrobacter* sp.[60]のデキストラナーゼとの相同性は61％，56％と高い[61]。IPUと他のカビ及び細菌のデキストラナーゼとのアミノ酸配列をGenetic Computor Group（GCG, Madison, WI. USA）のBest Fit programで比較すると，表2のように4つのファミリーに分類され，IPUはファミリーIに入る。最近，*Penicillium minioluteum*のデキストラナーゼのX線結晶構造解析（図4参照）

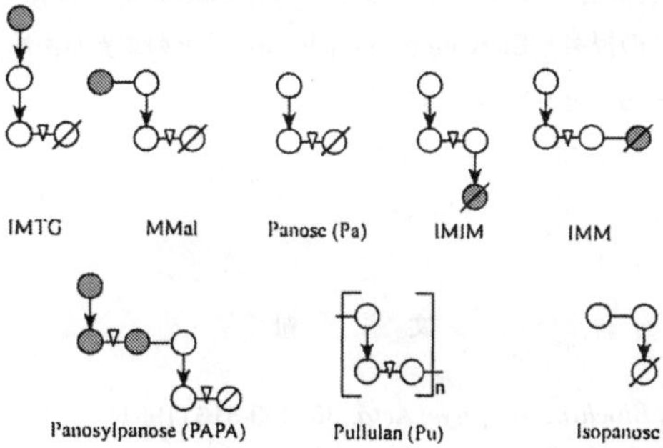

図6　イソプルラナーゼのパノースモチーフ基質に対する作用

(Akeboshi, *et. al.* (2003) 一部改変)

表2　イソプルラナーゼとデキストラナーゼのアライメントスコアの比較

	Family 1		Family 2				Family 3		Family 4
	PEMDEX	ARTDEX	STDDEX	STMDEX	STSDEX	BACCIT	STEDEG	STMDEG	ARGIMD
ASNIPU	35.5	40.4	0.5	0.0	0.9	0.2	−0.2	−0.3	2.7
PEMDEX		31.3	0.1	−0.3	−0.6	0.2	−0.4	−1.5	0.5
ARTDEX			1.3	0.3	−1.1	−0.3	−0.7	−1.5	1.8
STDDEX				91.9	73.4	7.7	−1.0	−0.7	0.7
STMDEX					62.7	13.7	1.5	−0.3	1.3
STSDEX						9.5	2.4	1.7	0.9
BACCIT							0.0	0.7	4.9
STEDEG								109.4	−0.7
STMDEG									−0.6

ASNIPU, *A. niger* isopollulanase (GenBank D85240); PEMBEX, *P. minioluteum* dextranase (GenBank L41562); ARTDEX, *Arthrobacter* sp. Dextranase (PIR JQ0878); STDDEX, *S. downei* dextranase (Swiss-Prot P39653); STMDEX, *S. mutans* dextranase (GenBank D49430); STSDEX, *S. salivarius* dextranase (PIR JC4076); BACCIT, *B. circulans* cycloisomalto-oligosaccharide glucanotrnasferase (GenBank D61382); STEDEG, *S. equisimilis* dextran glucosidse (EMBL X72832); STMDEG, *S. mutans* dextran glucosidase (Swiss-Prot Q99040); AGRIMD, *A. globiformis* isomaltodextranase (PIRA55549).

(Aoki and Sakano (1997) 一部改変)

がなされ[62]，この酵素は，平行β-ヘリックス構造をしている特徴的な構造を持っている。IPUもこのような構造をしているものと予測している。*Stereum purpureum*のエンドポリガラクツロナーゼI[63]についても*Penicillium minioluteum*のデキストラナーゼの構造と非常に良く似た平行β-ヘリックス構造が報告されている。酵素のX線結晶構造が似ていても作用する基質が異なることには，非常に興味がわいてくる。酵素の構造と機能の相関に関する研究はこれから益々面白くなる。Henrissatら[64~66]は酵素反応の特性から分類された従来法に加えて，酵素の1次構造，フォールディングの仕方を考慮して糖質加水分解酵素（glycosylhydrolase）の新しい分類法（詳しくは，CAZY（carbohydrate active enzymes，http//afmb.cnrs-mrs.fr/~pedro/CAZY/db.htmlを参照）を提案した。この提案とEnzyme Nomenclature[67]との差異があり，今後，酵素の原点に戻って研究が進められることを願っている[68]。

文　　献

1) H. Bender, *et. al*., *Biochim. Biophys. Acta,* **36**, 309-316 (1951)
2) K.I. Shingel, *Carbohydr. Res*., **339**, 447-460 (2004)
3) Y. Sakano, *et. al*., *Agric. Biol. Chem*., **35**, 971-973 (1971); 坂野好幸, 小林恒夫, アミラーゼシンポジウム, **6**, 25-30 (1971)
4) S. Ueda, "Handbook of Amylases and Related Enzymes", ed. by The Amylase Research Society of Japan, Pergamon Press, pp.25-30 (1988)
5) H. Bender und K. Wallenfels, *Biochem. Z*., **334**, 79-95 (1961)
6) M. Shimizu, *et. al*., *Agr. Biol. Chem*., **42**, 1681-1688 (1978)
7) Y. Sakano, *et. al*., *Arch. Biochem. Biophys*., **153**, 180-187 (1972)
8) 大西正健ほか, 蛋白質・核酸・酵素, **30**, 489-495 (1985)
9) 大西正健,「アミラーゼ—生物工学へのアプローチ—」, 中村道徳監, 学会出版センター, pp.15-68 (1986)
10) H. Ohnishi, "Enzyme Chemistry and Molecular Biology of Amylases and Related Enzymes", ed. by The Amylase Research Society of Japan, CRC Press, pp.107-111 (1995)
11) K.Ichikawa, *et. al*., *Biosc. Biotechnol. Biochem*., **68**, 413-320 (2004)
12) R. Uotsu-Tomita, *et. al*., *Appl. Microbiol. Biotechnol*., **56**, 465-473 (2001)
13) H. Ohnishi, *et. al*., *Eur. J. Biochem*., **207**, 413-418 (1992)
14) T. Oguma, *et. al*., *Biosci. Biotechnol. Biochem*., **63**, 2174-2182 (1999)
15) G. J. Walker, *Biochem. J*., **108**, 33-40 (1968)
16) B. E. Norman, *J. Jpn. Soc. Starch Sci*., **30**, 200-211(1983)
17) A.R. Plant, *et. al*., *Enzyme Microb. Technol*., **8**, 668-672 (1986)

18) C.-H. Kim, *et. al.*, *FEMS Microbiology Letters*, **138**, 147-152 (1996)
19) G. D. Albertson, *et. al.*, *Biochim. Biophys. Acta*, **1354**, 35-39 (1997)
20) C. Bertoldo, *et. al.*, *Appl. Enveron. Microbiol.*, **65**, 2084-2091 (1999)
21) G. Kriegshauser and W. Liebl, *J. Chromatogr.*, **B. 737**, 245-251 (2000)
22) K. Kainuma, *et. al.*, *Carbohydr. Res.*, **61**, 345-357 (1978)
23) K. Yokobayahi, *et. al.*, *Biochim. Biophys. Acta*, **293**, 197-202 (1973)
24) 「デンプンハンドブック」, 二國二郎監, 朝倉書店 (1977)
25) 「澱粉の事典」, 不破英次, 小巻利章, 檜作進, 貝沼圭二編, 朝倉書店 (2003)
26) Y. Sakano, *et. al.*, *Agric. Biol. Chem.*, **39**, 3391-3398 (1985)
27) T. Shiraishi, *et. al.*, *Agric. Biol. Chem.*, **53**, 2181-2188 (1989)
28) 坂野好幸, 応用糖質科学, **43**, 113-123 (1996)
29) J. Abe and S. Hizukuri, *Carbohydr. Res.*, **154**, 81-92 (1986)
30) S. Kitahata, *et. al.*, *Carbohydr.Res.*, **159**, 303-313 (1987)
31) Y. Takasaki, *Agric. Biol. Chem.*, **51**, 9-16 (1987)
32) H. Melasniem, *Biochem. J.*, **246**, 193-197 (1987)
33) R. Coleman, *et. al.*, *J. Bacteriol.*, **169**, 4302-4307 (1987)
34) A. R. Plant, *Biochem. J.*, **246**, 537-541 (1987)
35) B. C. Saha, *et. al.*, *Biochem. J.*, **252**, 343-348 (1987)
36) S. H. Brown and R. M. Kelly, *Appl. Environ. Microbiol.*, **59**, 2614-2621 (1993)
37) K. Ara, *et. al.*, *Biochim. Biophys. Acta*, **1243**, 315-324 (1995)
38) K. Ara, *et. al.*, *Biosci. Biotechnol. Biochem.*, **60**, 634-639 (1996)
39) Y. Hatada, *et. al.*, *J. Biol. Chem.*, **271**, 24075-24083 (1996)
40) Y. Sakano, *et. al.*, *Agric. Biol. Chem.*, **46**, 1121-1129 (1982)
41) M. Sano, *et. al.*, *Agric. Biol. Chem.*, **49**, 2843-2846 (1985)
42) Y. Sakano, *et. al.*, *Agric. Biol. Chem.*, **47**, 2211-2216 (1983)
43) T. Tonozuka, *et. al.*, *Biosci. Biotechnol. Biochem.*, **57**, 395-401 (1993)
44) T. Tonozuka, *et. al.*, *Biochim. Biophys. Acta*, **1252**, 35-43 (1995)
45) S. Kamidori, *et. al.*, *J. Mol. Biol.*, **318**, 443-453 (2002)
46) S. Kamidori, *et. al.*, *J. Mol. Biol.*, **287**, 907-921 (1999)
47) Y. Matsuura, *et. al.*, *J. Biochem.*, **95**, 697-702 (1984)
48) T. Kuriki and T. Imanaka, *J. Biosci. Bioeng.*, **87**, 557-565 (1999)
49) H. Hondoh, *et. al.*, *J. Mol. Biol.*, **326**, 177-188 (2003)
50) J. S. Kim, *et. al.*, *J. Biol. Chem.*, **274**, 26279-26286 (1999)
51) H. S. Lee, *et. al.*, *J. Biol. Chem.*, **277**, 21891-21897(2002)
52) Y. Katsuya, *et. al.*, *J. Mol. Biol.*, **281**, 885-897 (1999)
53) H. Akeboshi, *et. al.*, *Biosci. Biotechnol. Biochem.*, **67**, 1149-1153 (2003)
54) 坂野好幸, 小林恒夫, 化学と生物, **11**, 436-438 (1973)
55) M. Kuriyama, *et. al.*, *J. Biochem.*, **94**, 1941-1153 (1985)
56) Y. Sakano, "Handbook of Amylases and Related Enzymes", ed. by The Amylase Research Society of Japan, Pergamon Press, pp.131-138 (1988)
57) 辻坂好夫, 浜田信威, アミラーゼシンポジウム, **6**, 17-24 (1971)

58) H. Aoki, *et. al.*, *Biochem. J.*, **323**, 757-764 (1997)
59) H. Roca, *et. al.*, *Eur.Patent Appl.* No. 92036146 (1995)
60) M. Okushima, *et. al.*, *Jpn. J. Genet.*, **66**, 173-187 (1991)
61) H. Aoki and Y. Sakano, *Biochem. J.*, **323**, 859-861 (1997)
62) A, M. Larsson, *et. al.*, *Structure*, **11**, 1111-1121 (2003)
63) T. Shimizu, *et. al.*, *Biochemistry*, **41**, 6651-6657 (2000)
64) B. Henrissat, *Biochem. J.* **280**, 309-316 (1991)
65) B. Henrissat and A. Bairoch, *Biochem. J.* **293**, 781-788 (1995)
66) G. Davies and B. Henrissat, *Structure*, **3**, 853-859 (1995)
67) Enzyme Nomenclature (J. F. G. Vliegenthart, *et. al.*, ed.) IUBMB, Academic Press, 1992
68) 坂野好幸, 農芸化学の事典, 鈴木昭憲, 荒井綜一編, 朝倉書店, p.43-45 (2002)

第3章　タンパク質・アミノ酸関連酵素

1　サーモライシン：その好熱性と好塩性および応用の酵素化学

井上國世*

1.1　はじめに

酵素の活性がpHや温度により顕著な影響をうけることはよく知られているが，高濃度の塩類の効果については，ほとんど研究がなされていない。一般に，酵素に対する塩の効果としては，変性や塩析が知られている。これらは，酵素の活性化の点では否定的な意味あいを持つ。一方，わが国では古くから高濃度の塩類存在下に醤油や味噌などの発酵が行われており，生体触媒機能を高濃度の塩類存在下に活用してきた。さらに，地球上にはイスラエルの死海をはじめ多くの塩湖があり，高濃度の塩類存在下に微生物が生存しており，これらの好塩性微生物の生命活動に関わる酵素が高濃度の塩類中で活性を発揮するという事実がある。

酵素化学では，従来，精製した酵素を用いて理想的条件（中性pH，常温，常圧，希薄溶液，地上重力場）で反応解析を行い，酵素の構造と機能を解明する手法が取られてきた。しかし，このような手法は，酵素の多彩な能力の一面しか見ていない可能性があり，また，酵素の応用を考えるうえで限界となりうる。酵素は，高温，高圧，高粘度，濃厚塩濃度などの条件下に利用されることが多い。酵素の工業的利用においては，可能な限り高濃度の基質を仕込みたいが，基質が一般に電解質であるため，高イオン強度かつ高塩濃度になることが多い。洗剤には大量の酵素が利用されているが，このとき酵素は高濃度の界面活性剤とイオンの存在下で活性を発揮する必要がある。医薬用酵素としてアスパラギナーゼ，ウロキナーゼ，スーパーオキサイドジスムターゼなどの利用が考えられているが，これらの酵素が血液中で作用するためには，高い粘性と高電解質中で活性を発揮し，かつプロテアーゼに対し抵抗性を持つ必要がある。われわれはこのような観点から，高濃度の塩類存在下に機能を発揮する酵素（好塩性酵素）に関心をもち研究を進めてきた。本稿では，微生物の好熱性中性亜鉛プロテイナーゼであるサーモライシン（thermolysin；以下TLNと略す）を研究材料として取り上げ，本酵素の好塩的性質を通してみた活性発現の仕組みについて，また，本酵素の応用について述べる。

---

* Kuniyo Inouye　京都大学大学院　農学研究科　食品生物科学専攻　教授

1.2 好熱性酵素サーモライシン（TLN）

TLNは1962年，遠藤滋俊博士（大和化成）により有馬温泉の熱水中より分離された中等度好熱菌*Bacillus thermoproteolyticus*が菌体外に産生する中性亜鉛プロテイナーゼである[1]。本酵素は最初に記載された「好熱性酵素」と言うことができる。本酵素は，分子量34,600のシングルサブユニットよりなるタンパク質（アミノ酸残基数316個）であり，1分子あたり活性に必須の亜鉛1個と安定性に必要なカルシウム4個を含有する。本酵素は酵素化学的およびタンパク質化学的な面で最も詳細に研究されている酵素のひとつである。X線結晶解析による立体構造[2]から明らかなように，ほぼ等しい大きさの2つのドメインからなり，中央に明瞭な基質結合部位が形成されている。活性に必須の亜鉛をはじめ活性発現に必要と考えられている残基の多くはC末端側ドメインにある。C末端側ドメインは主としてαヘリックスから構成されているのに対し，N末端側ドメインは主としてβシートから構成されている。TLNのカゼイン消化に対する至適温度は77℃であるが，30分加熱処理により50％失活する温度は86.9℃である。一方，TLNは，加水分解反応の逆反応を利用してペプチド（とくに人工甘味剤アスパルテーム前駆体）の合成にも応用されている[3, 4]。われわれは，本酵素の活性のみならず安定性もが高濃度（1～5M）の塩類の存在下に著しく活性化することを見いだし[5]，本酵素を「好塩性酵素」であると判断し報告した[6]。好塩性微生物に関する研究が活発に行われてきたが，これらの微生物の酵素は必ずしも好塩性ではない。他方，TLN生産菌は好塩性微生物ではないが，高濃度塩類存在下におけるTLN活性を詳細に調べることにより，本酵素の活性発現の分子機構を理解できるものと期待される。好熱性と好塩性が同一の原理により支配されているのか否かについては今後の課題である。

1.3 サーモライシン（TLN）の高濃度塩類による活性化

基質*N*-Carbobenzoxy (Z)-L-Asp-L-Phe-Methyl ester (Z-Asp-Phe-OMe，ZAPM）や*N*-Furylacryloyl (FA)-Gly-L-Leu amide (FAGLA）などのFA-X-Y dipeptide amide (FAXYA）のTLNによる加水分解活性（反応速度）は塩濃度の増大につれて指数関数的に増大し，たとえば，飽和濃度のNaCl存在下での酵素活性はNaClが存在しない場合に比べて十数倍大きい。ZAPMの加水分解反応に対するNaClの添加効果を示す（図1）。3.8M NaClのとき6～7倍の活性化が認められ，同濃度のKClおよびLiClによる活性化はそれぞれ4～5倍と2～3倍である。活性化の効果は，陽イオンについては，$Na^+ > K^+ > Li^+$の順である。またNaBrではNaClの70～80％程度の活性化を示す。陰イオンについては，$Cl^- > Br^-$の順であり，NaClが最も優れた活性化を示す。活性が塩濃度に対して飽和型ではなく指数関数的である点は注目に値する。FAGLAを基質として，NaClを添加する場合，塩非存在下の活性に対しxM NaCl存在下の活性の比をxM NaCl存在下の「活性化度」と定義すると，これは，1.9^xで表される。活性化度は，基質のもつ性質（電荷，疎水性度など）により若干変化する傾向があり，とくに正電荷を持つ基質では活性化度が1.9^xよりも増大する傾向がある。

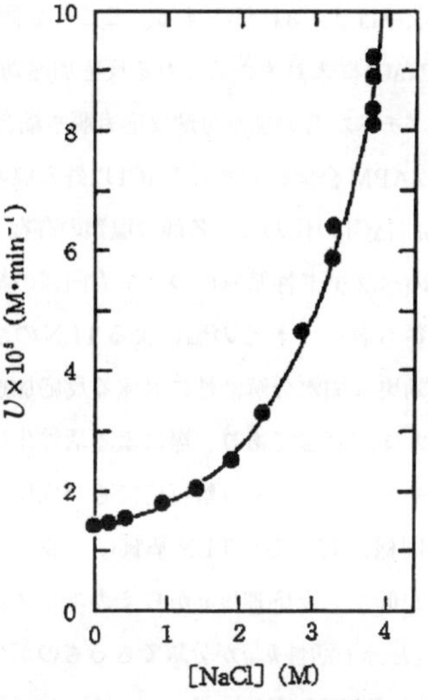

図1　サーモライシン（TLN）のZAPM加水分解反応のNaCl添加による指数関数的活性化[5)]
20nM TLN，113 μM ZAPM，pH7.5，25℃

TLNによるZAPMの合成活性は，ZAPMにおけるL-Asp－L-Phe間のペプチド結合の加水分解反応の逆反応に基づく(式(1))。本ペプチド結合の加水分解は97％が分解側に片寄るが，3％は分解されないまま残る。すなわち，等量のZ-L-Asp(ZA)とL-Phe-OMe(PM)の混合物から出発すると3％程度が脱水縮合してZAPMを形成することになる。

$$ZAPM + H_2O \underset{k_{-1}}{\overset{k_{+1}}{\rightleftharpoons}} ZA + PM \qquad (1)$$

$$K = k_{-1}/k_{+1} = \{[ZA][PM]\}/[ZAPM][H_2O]\} \qquad (2)$$

水の項を除いた見かけの平衡定数K_{app}は式(3)で表される。

$$K_{app} = \{[ZA][PM]\}/[ZAPM] \qquad (3)$$

ZAPMの収量を上げようとすれば，式(1)の平衡を左側に片寄らせる工夫が求められる。一方，酵素触媒の存在により平衡は原則として変化しないから，式(1)において，ZAPM合成反応（左向き）をa倍加速すると，加水分解反応（右向き）もa倍加速される。すなわち，合成反応条件の検討は原理的には加水分解反応条件の検討で代替できる。

ZAPM合成反応に対する塩の添加効果を検討した。36.4mMのZAとPMを混合して0.83 μMのTLNを加え，ZAPMの合成を行ったときの一例を図2に示す[5)]。NaCl非存在下の場合，18時間後に平衡に達し，1.08mMのZAPMが合成され，反応が終わる。このときの生成物の収率は3％であり，反応の半減期（反応が50％終了するに要する時間）は3.8時間である。一方，2.7M NaCl存在下では，反応開始後5～6時間でほぼ反応は平衡に達する。半減期は0.9時間であるが，このときの生成物の収率は2％である。すなわち，2.7M NaClは反応を4.2倍加速するものの，反応収率は2／3に低下する。ここで観測された反応加速効果は，ZAPMの加水分解反応で同濃度のNaClによりもたらされる反応加速効果とほぼ同程度である。塩の添加によるTLNの活性化はペプチド結合の加水分解反応も脱水縮合反応も同様に加速することがわかる。表1に，TLNによるZAPM合成に対するNaCl以外の塩の効果を示す。反応条件は図2の条件と同じであるが，2.7 M NaClの代わりに各種の塩類の存在下にZAPM合成に対する効果を検討した。

他のペプチド性基質についても同様の結果が得られ，これらの塩によるTLNの活性化効果は加水分解活性に対する反応加速効果とほぼ同じであり，塩による活性化はペプチド結合の加水分解反応でも合成反応でも同様に起こる。TLN基質は一般に溶解度が低く，反応速度vからミカエリス定数K_mと分子活性k_{cat}が分離できるものが少ないが，ZAPM，FA-L-Leu-L-Ala amideやFA-L-Phe-L-Ala amideの加水分解反応では，両パラメータが分離できる。これらのパラメータに対する塩の効果を検討したところ，塩による活性化はK_mには依存せず，すべてk_{cat}の増大にのみ基づくことが示された。また，陽イオンによる活性化

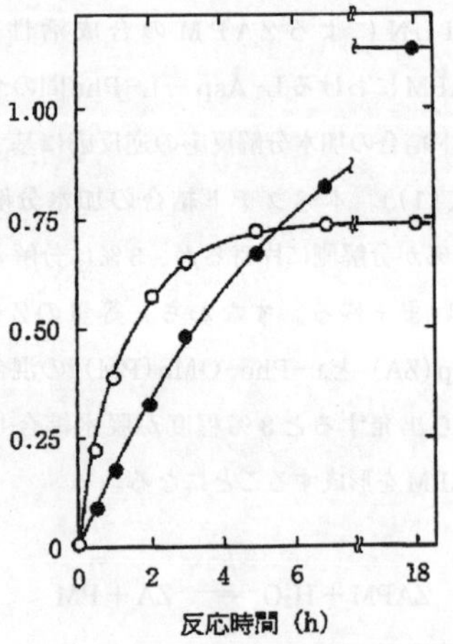

図2　サーモライシン（TLN）のZAPM合成反応のNaCl添加による活性化[5)]
36.4mM ZA，36.4mM PM，0.8mM TLN，pH

表1　36.4mM ZA，36.4 mM PM，0.83 μM TLN，pH6.5，40℃

塩	ZAPM 収率（%）	K（M^{-1}）	$t_{1/2}$（h）	k（$M^{-1}h^{-1}$）	活性化度
none	3.0	0.88	3.8	7.2	1.0
NaCl	2.0	0.57	0.9	31	4.3
NaBr	1.9	0.54	1.3	21	2.9
KCl	1.9	0.54	1.5	18	2.5
KBr	2.2	0.63	1.5	18	2.5
LiCl	1.2	0.33	2.0	14	1.9
LiBr	1.2	0.37	2.0	14	1.9

各種塩濃度は2.7M．ZAPM収量（ZAPM yield）：反応開始時のZA量に対して，反応が平衡に到達したときに得られたZAPM合成量から算出。$t_{1/2}$：反応が平衡に到達したとき得られたZAPM合成量の半分が合成されるときの反応時間（半減期）。K：平衡に到達したときのZAPMと残存するZAとPMの平衡定数。k：合成反応（ZA＋PM＝ZAPM）を二分子反応と仮定して，$t_{1/2}$から算出した二分子反応速度定数。活性化度(Activation)：塩を添加しない場合のkに対して，2.7Mの塩を添加したときのkの比。

効果の違いも，k_{cat}のみによる違いであることが示された。酵素活性は，基質分子をいかに強く結合できるかを表すK_mと結合した基質をいかに速やかに切断できるかを表すk_{cat}の2つのパラメータで表現できるが，塩によるTLN活性化はK_mに対してではなくむしろk_{cat}に対する効果として表される。ここで，K_mはES複合体の形成に関わるパラメータであり，k_{cat}は遷移状態の形成に関わるパラメータであることを考慮すると，TLNの塩による活性化は，ES複合体の安定化ではなく，遷移状態の安定化によりもたらされていることが示唆される。

1.4　活性化に対する基質切断部位アミノ酸残基の効果

TLNの基質特異性は，基質を上述のようにFA-X-Y dipeptide amide（FAXYA）で表現するとき，P1部位にあるX残基とP1' 部位にあるY残基として疎水性のアミノ酸が好ましいことを示す。たとえば，基質FA-Gly-Y amideのY残基の側鎖を系統的に変化させるとY残基の側鎖の疎水性に応じて活性が増大し，良い基質（FA-Gly-L-Leu amideとFA-Gly-L-Phe amide）と悪い基質（FA-Gly-L-Ala amide）では活性に5,000倍の違いがある。同様に，基質FA-X-L-Ala amideについては，良い基質（FA-L-Phe-L-Ala amide）と悪い基質（FA-Gly-L-Ala amide）とでは活性に1,000倍の違いがある。しかし，塩による活性化度は，いずれの基質でもほとんど同じであり，TLNの塩による活性化は基質の構造の違いには依存しない。NaClについてみると，中性pH，25℃でのTLNのk_{cat}は，いずれの基質に対してもxM NaClを添加したときの活性化度は，1.9^xである。一方，FA-Gly-Y amideのY残基の疎水性を疎水性パラメータ（π）において1ユニット増大させると活性は100倍増大する[7]。また，基質FA-X-L-Ala amideのX残基の疎水性を1ユニット増大させると活性は10倍増大する。Y残基の側鎖の疎水性が同じであれば，直鎖脂肪酸側鎖＞分岐脂肪酸側鎖＞芳香族側鎖の順で活性が高いが，X残基については逆に芳香族側鎖に対する選択性が高い。従って，FA-Gly-Gly amide（FAGGA）のGly-Gly結合の切断活性に対して，FA-L-Phe-L-Leu amide（FAFLA）のL-Phe-L-Leuの切断活性は5×10^6倍高く，これに4M NaClを添加すると活性はさらに13倍増大する。

1.5　活性化に対するpH，温度，有機溶媒の効果

塩非存在下と4M NaClの存在下においてFAGLAを基質とする加水分解活性のpH依存性は中性pHに極大をもつベル型となる[8]。基質には解離性残基が無いので，このpH依存性は酵素の活性解離基に起因すると考えてよい。このときのpK_aは塩非存在下では5.4（pK_{a1}）と7.8（pK_{a2}）であるが，塩の添加につれ，pK_{a2}は7.8のままであるが，pK_{a1}はアルカリ側に移行し，4M NaClでは6.6になる。TLNの活性解離基については議論のあるところである[9]。pK_{a2}はHis231に起因すると考えられているが，pK_{a1}についてはGlu143あるいは活性部位の亜鉛に配位した水分子

(ルイス酸）に基づくとする2つの可能性が提出されている。いま，pK_{a1}がGlu143側鎖のカルボキシル基によるものとすると，4M NaCl存在下の6.6という値は異常に高い値である。4M NaCl存在下の活性化度は，活性のpH依存性に類似した中性pHに極大値を持つベル型のpH依存性を示す（図3)。25℃では，pH7で15倍の活性化が観測されるが，pH5での活性化は2倍，pH9では4倍である。最大活性化度の50％を与えるpHはおおむね酵素活性から求められるpKaに近い。このことは，塩による活性化が，活性を支配する活性解離基により支配されている可能性を示唆している。われわれは，種々の塩によるTLNの活性化とpK_{a1}のアルカリ性側へのシフトの度合いが相関する結果（加藤裕之：京都大学学士論文）を得ており，pK_{a1}を支配する活性解離基の解離状態が塩の存在下に変化すること，この変化が活性発現に直接影響することが示唆された。

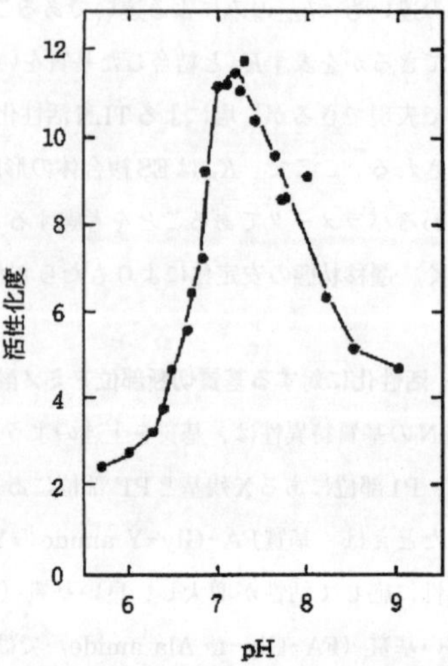

図3　サーモライシン（TLN）の4M NaClによる活性化度のpH依存性[8)]

活性化度はTLNによるFAGLA加水分解活性において，塩非存在下の活性に対する4M NaCl存在下の活性の比として表した。

TLN活性は，温度を5から35℃に上昇させると2～3倍も増大するが，逆に4M NaClによる活性化度は温度の増大につれて単調に低下し，5℃では18倍，25℃では13倍，35℃では10倍となる[8)]。また，TLN活性はアルコールの存在下において顕著に低下する。その程度は種々の酵素に対するアルコールの効果の中でも最も大きいと言ってよい。同じプロテアーゼであるキモトリプシンやズブチリシンがむしろアルコールの存在下に安定化し，30％アルコールによって活性が上昇すること（永井宏幸：京都大学修士論文）を考えると，TLN活性にするアルコールの添加効果は際だっており，たとえば10％メタノールの添加により10％以下となる。アルコール添加によるTLN活性の阻害は完全に可逆的であり，媒質の誘電率の変化と特異的な相互作用が指摘された[10)]。一方，メタノールの濃度（0～20％）の増加につれて活性化度も低下し，0％で活性化度が12倍のとき，12％メタノールを添加すると4倍となる[8)]。温度の上昇やアルコール添加により反応系の誘電率の低下が期待されるが，このことが活性化度の低下をもたらす可能性がある。化学修飾によりサーモライシン表面のTyrのフェノール性水酸基[11)]，Lysのアミノ基や

AspやGluのカルボキシル基の電荷を変化させると活性化度が大きく変動する（水野礼：京都大学修士論文)。現在のところ，どの残基の，どういう電荷変化がどのような活性化度の変化をもたらすかについては理解できていない。これらの結果は，塩による活性化が酵素表面および活性部位の解離基間の近距離および遠距離的な静電的相互作用に起因する可能性を強く示唆する。

1.6　サーモライシン（TLN）の熱安定性に対する塩の効果

TLNを中性pHで60～85℃の種々の温度において一定時間処理したのち，25℃で5分間処理し，FAGLA加水分解活性を測定した。TLNの失活速度は，いずれの温度においても塩の非添加時に比べて0.2～2M NaClの添加では著しく低下するが，より高濃度のNaCl存在下では塩非添加の場合と同程度の失活速度が観測された[12)]。失活の活性化エネルギーE_aはNaCl非存在下には16kcal/molであるが0.5～1.5M NaCl存在下では32kcal/molとなる。さらに，NaCl濃度が増大するとE_aは逆に低下し，4M NaClでは16kcal/molとなる。NaClの添加によりTLNの熱失活のE_aは増大し，熱安定性が増大することが認められた。熱安定性のNaCl濃度依存性は0.5～1.5M NaClに極大があるが，活性はNaCl濃度に依存して指数関数的に増加することから，両者のNaClに対する依存性は明瞭に異なっており，塩によるTLNの活性化は構造安定化に直接起因するものではない。

1.7　サーモライシン（TLN）の溶解度に対する塩の効果

TLNの溶解度は可溶性タンパク質としては異様に小さい。通常の条件（例：40mM Tris-HCl緩衝液，pH7.5，37℃）での溶解度は1mg/mL（0.03mM）である。この溶解度に対する各種の塩の添加効果と温度の影響を調べた[13)]。塩の添加により溶解度は上昇し，NaClとKClでは2～2.5Mのとき最大（8～10mg/mL）になる。それ以上の濃度では逆に低下し，5Mでは1mg/mLになる。溶解度のLiCl濃度依存性においては，極大値が見られず単調に増加し，2M LiClのとき5mg/mL，5Mでは25mg/mLである。一方，2～2.5M NaBrやNaIでは35～40mg/mLである。TLNの溶解度は塩の種類により大きく依存する。塩が非存在下では，溶解度は0～60℃でほとんど変化せず，1mg/mLである。しかし，3M NaCl存在下では0℃で9.5mg/mLであるが，温度の上昇につれ低下し60℃では6mg/mLとなる。4M NaCl存在下では0℃で6.5mg/mLであるが，この場合も温度の上昇につれ低下し60℃では2mg/mLとなる。他の塩でもTLNの溶解度は低温ほど大きい。TLNの溶解度は塩非存在下では温度に依存しないが，塩存在下では低温ほど溶解度が増大し，cold solubleタンパク質の特徴を示す。0℃において，1Mの各種ナトリウム塩の存在下の溶解度を比較すると，アニオンのカオトロピック的な性質に従って溶解度が上昇し，NaSCNでは70mg/mL，NaIでは30mg/mL，NaBrでは20mg/mL，NaCl

では10mg/mLとなる。TLNの溶解度は水の構造が破壊された方が増大することから，本酵素の表面がかなり疎水的であると推定される。活性に対するカチオンの効果は，$Na^+ > K^+ > Li^+$である。一方，イオン半径は$K^+ > Na^+ > Li^+$であり，これは離液系列に対応し，溶解度を増大させる順序に対応する。活性化の順序が離液系列に従わないことは，TLNとNa^+との間に特別な相互作用があることを示唆する。活性化と溶解度に対するイオン効果の順序が一致しないことから，両者の間には特別の相関性はないと考えられる。

TLNの分子量をNaCl0～4M存在下に，低角度レーザー散乱解析装置で測定したところ，塩の有無によらず分子量34,600の単量体で存在することが示された。TLNの低溶解性は，通常の緩衝液中で重合体を形成しているためではないこと，高濃度の塩類存在下の溶解度上昇は重合体の解離によるものでもないことが示された。

1.8 ZAPM合成における塩の添加によりもたらされる効率化

NaClとNaBrはTLNによるZAPM加水分解反応を高度に増大させ，4Mのとき，25℃，中性pHで，それぞれ13および10倍活性化する。このときのTLNの溶解度はそれぞれ4.2mg/mLと34.2mg/mLである。塩非存在下の溶解度は1mg/mLであるから，TLNを溶解度いっぱいまで溶解させて反応に用いようとすると，4M NaClおよびNaBrが存在下では，塩非存在下に比べて酵素活性は55倍および360倍になる。酵素を工業的に用いようとするとき，可能な限り高濃度の酵素を用いることにより反応時間を短縮することが望ましい。塩の添加によりTLNの活性を十数倍も増大させうることは，酵素のコストを十数分の1に低減できることを意味しており，製造コストの低減を可能とする。さらに，酵素の溶解度を上昇させて，反応を短時間で終了させうることは，装置の運転経費や人件費を節約できる点で製造コストの低下を可能とする。

1.9 サーモライシン（TLN）とNaClおよびNaBrとの相互作用

NaClとNaBrのTLNに対する活性化効果はほぼ同程度であり，FAGLA加水分解活性に対して4M NaClでは12倍，4M NaBrでは11倍である。TLNとNaClの混合により260～300nmに微小の吸収差スペクトルが生じる。とくに295nm付近にはTrp残基の荷電効果に基づく特徴的なピークが見られる。このピークはTLNの特異的阻害剤であるホスホラミドンやジンコフの存在下に消失することから，基質結合部位S_2に存在するTrpl15に起因するものと考えられる。一方，TLNとNaBrの混合においては，NaClにおいて見られた295nmのピークが観察されないことから，Cl^-に比べてBr^-はTrpl15に対して接触できにくい位置にあることが示唆される。Br^-の水和イオン半径はCl^-のそれに比べて0.2Åだけ大きく，この微小の差をTrp115は認識できるものと思われる。Trp115を種々のアミノ酸に置換したTLNを調製したところ，活性を発揮したのはTyr，Pheに置換したものだけであり，活性発現には，この位置には芳香族アミノ酸が必須であることが示唆された[14]。

1.10 その他の好塩性酵素

TLN以外で高度な好塩性を示すことが報告されている代表的な酵素としてペプシンとエイズウイルス（HIV）のプロテアーゼをあげることができる。これらはいずれも酸性プロテアーゼ（アスパルティック・プロテアーゼ）であり，高濃度の塩類の存在下に10倍以上の活性化をうける。しかし，その活性化の機構はTLNとは異なり，K_mの増大によると報告されている。同じ好塩性とはいえ，全く異なる仕組みで酵素の活性化が引き起こされることは興味深い。TLNの塩による活性化挙動は極めて特異であり，塩の溶解度が許容される限り，際限なく活性が増大するように見える。酸性プロテアーゼでは，3～4Mの塩濃度で最大活性を示すことが通常であり，この点でもTLNは特異な活性化挙動を示す。酵素化学では物理化学の言葉を用いて現象を表現することが要求されるが，物理化学は本来，希薄溶液での現象を記述するために発達してきた学問であり，濃厚溶液の現象の記述には向いていない。従って，ここで対象にしている酵素の「好塩性」は酵素化学のみならず，物理化学のフロンティアをも推進するものである。現在，塩によるTLNの活性化の分子機構を反応の素過程分析とタンパク質工学的な構造改変とからの検討を進めている[14～16]。活性中心亜鉛をコバルトに置換することによりTLN活性は数倍増大する[17]。Leu144をSerに，Asp150をTrpに，Asn227をHisに変換した三重変異体ではZAPM合成活性が野生型TLNに比べて10倍程度上昇するとの報告もある[18, 19]。TLNを高温下で利用することは反応速度の面で有効であるが，これは同時に自己消化をも促進する。TLNの高温下での使用を目的に自己消化を抑制する部位特異的変異導入が検討され効果が認められている（松宮芳樹，久保幹：投稿中）。また，カルシウム結合部位の増設による安定性増強も試みられている。さらに，TLN分子表面にPEGや多糖類をグラフトして安定性を向上させる試みもある（井上國世，松村憲吾：投稿中）。酵素の熱安定性の上限を250℃とする考えもある[20]。今後，より高い熱安定性と活性を有するTLNが創製される可能性がある。

文　　献

1） 遠藤滋俊, 醗酵工学会誌, **40**, 364 (1962)
2） M. A. Holms, B. W. Matthews, *J. Mol. Biol.*, **160**, 623 (1982)
3） Y. Isowa, M. Ohmori, T. Ichikawa, K. Mori, Y. Nonaka, K. Kihara, K. Oyama, H. Satoh,

S. Nishimura, *Tetrahedron Lett.*, **28**, 2611 (1979)
4) 井上國世, 瀬戸弘司, 特開昭57-68785
5) K. Inouye, *J. Biochem.*, **112**, 335 (1992)
6) 井上國世, 生化学, **66**, 446 (1994)
7) K. Inouye, S. -B. Lee, B. Tonomura, *Biochem. J.*, **315**, 133 (1996)
8) K. Inouye, S. -B. Lee, K. Nambu, B. Tonomura, *J. Biochem.*, **122**, 358 (1997)
9) 井上國世, 化学と生物, **35**, 723 (1997)
10) Y. Muta, K. Inouye, *J. Biochem.* **132**, 945-951 (2002)
11) K, Inouye, S. -B. Lee, B. Tonomura, *J. Biochem.*, **124**, 72 (1998)
12) K. Inouye, K. Kuzuya, B. Tonomura, *Biochim. Biophys. Acta*, **1388**, 209 (1998)
13) K. Inouye, K. Kuzuya, B. Tonomura, *J. Biochem.*, **123**, 847 (1998)
14) K. Inouye, N. Mazda, M. Kubo, *Biosci. Biotechnol., Biochem.*, **62**, 798 (1998)
15) M. Kubo, K. Itoh, K. Nishikawa, F. Hasumi, K. Inouye, *Lett. Appl. Microbiol.*, **28**, 431 (1999)
16) K. Inouye, Thermolysin, "Handbook of Food Enzymology" (J. R. Whitaker *et al.*,Eds.) pp.1019-1028, Marcel Dekker, New York (2003)
17) K. Kuzuya, K. Inouye, *J. Biochem.* **130**, 783 (2001)
18) S. Kidokoro, *Adv. Biophys.* **35**, 121 (1998)
19) 半澤　敏, 産業用酵素の技術と市場 (Bio Industry 編集部編), シーエムシー出版, 109-116 (1999)
20) 井上國世, 化学と生物, **37**, 738 (1999)

2　ペプチダーゼの構造と機能

廣瀬順造*

ペプチド結合（-CO-NH-）を加水分解する反応を触媒する酵素の総称がペプチダーゼである。ペプチダーゼは種類が多く作用機構やその性質が多種なため，その機能，性質，構造に基づき種々な形で分類されている。ここではペプチダーゼを広義のペプチド結合を加水分解する酵素の意味で使用する。

2.1　ペプチダーゼの分類[1, 2]

アミノ酸が鎖状に結合するタンパク質やペプチドの内部のペプチド結合を加水分解し，いくつかのペプチドにする酵素を，エンドペプチダーゼ（endopeptidase：EC 3.4.21-EC 3.4.99）とよんでいる。この酵素は一般にプロティナーゼとも言われる。タンパク質やペプチドの端に存在するアミノ末端及びカルボキシ末端からアミノ酸やペプチドなどを順に切断してゆく酵素を，エキソペプチダーゼ（exopeptidase：EC 3.4.11-EC 3.4.19）とよんでいる。またペプチダーゼが働く至適pHが異なることから，酸性ペプチダーゼ，中性ペプチダーゼ，アルカリペプチダーゼと分類されることもある。

ペプチダーゼは古くから，味噌，醤油，納豆，塩辛など，我が国古来の食品製造上で大きな役割を果たしてきた酵素である。最近ではタンパク質を利用した調味料の製造や，洗剤，医薬品の消炎酵素剤としても利用されている。

Enzyme Nomenclatureによるペプチダーゼの分類を表1に示す。EC 3.4はペプチダーゼを示し，エキソペプチダーゼがEC 3.4.11-EC 3.4.19，エンドペプチダーゼがEC 3.21-EC 3.4.99として分類される。

アミノ末端を認識して活性を発現するエキソペプチダーゼについては，主にその基質特異性にもとづいて分類されているが，カルボキシ末端を認識しアミノ酸を切り出すエキソペプチダーゼであるカルボキシペプチダーゼについては，その活性発現に関与する残基の種類，すなわち酵素の構造及び機能的差異により，セリンタイプカルボキシペプチダーゼ（EC 3.4.16），メタロカルボキシペプチダーゼ（EC 3.4.17），システインタイプカルボキシペプチダーゼに分類されている。

タンパク質やペプチドの内部に存在するペプチド結合を加水分解するエンドペプチダーゼは活性発現に重要な役割をはたす残基の種類により次の5つに分類されている。それは，セリンエン

*　Junzo　Hirose　福山大学　生命工学部　応用生物科学科　教授

表1　種々のペプチダーゼの分類

EC No.	総称	例
	Exopeptidase（エキソペプチダーゼ）	
3.4.11	Aminopeptidase アミノペプチダーゼ	アミノペプチダーゼB， ロイシンアミノペプチダーゼ
3.4.12	Dipeptidase ジペプチダーゼ	X-Argジペプチダーゼ， Glu-Glu-ジペプチダーゼ
3.4.13	Dipeptidyl-peptidses and tripeptidyl-peptidases ジペプチジルペプチダーゼとトリペプチジルペプチダーゼ	ジペプチジルペプチダーゼI， ジペプチジルペプチダーゼIII
3.4.15	Peptidyl-dipeptidases ペプチジルジペプチダーゼ	ペプチジルジペプチダーゼA
3.4.16	Serine-type carboxypeptidases セリンタイプカルボキシペプチダーゼ	セリンタイプカルボキシペプチダーゼ
3.4.17	Metallocarboxypeptidases メタロカルボキシペプチダーゼ	カルボキシペプチダーゼA， アラニンカルボキシペプチダーゼ
3.4.18	Cystein-type carboxypeptidases システインタイプカルボキシペプチダーゼ	システインタイプカルボキシペプチダーゼ
3.4.19	Omega peptidases オメガペプチダーゼ	アシルアミノアシルペプチダーゼ
	Endopeptidase（エンドペプチダーゼ）	
3.4.21	Serine endopeptidases セリンエンドペプチダーゼ	キモトリプシン，トリプシン，プラスミン
3.4.22	Cystein endopeptidases システインエンドペプチダーゼ	パパイン，カテプシンB，カルパイン
3.4.23	Aspartic endopeptidases アスパラギン酸エンドペプチダーゼ	ペプシンA，キモシン，レニン
3.4.24	Metallo endopeptidase メタロエンドペプチダーゼ	サーモリシン，アスタシン， ストロメリシンI
3.4.99	Endopeptidases of unknown catalytic mechanism 反応機構が不明のエンドペプチダーゼ	

ドペプチダーゼ（EC 3.4.21），システインエンドペプチダーゼ（EC 3.4.22），アスパラギン酸エンドペプチダーゼ（EC 3.4.23），メタロエンドペプチダーゼ（EC 3.4.24），反応機構が判らないエンドペプチダーゼ（EC 3.4.99）である。

今まで，多くのペプチダーゼについて研究がなされ，その酵素活性発現の反応機構が判っている。現在までのところ，その活性発現の反応機構からペプチダーゼは次の4種に分類されている。

① セリンペプチダーゼ

② システインペプチダーゼ

③ アスパラギン酸ペプチダーゼ

④ メタロペプチダーゼ

これらのペプチダーゼの活性発現の反応機構を次の項で述べる。

2.2　種々のペプチダーゼの構造と機能[2, 3]

2.2.1　セリンペプチダーゼ（トリプシンを例として）[3, 4]

セリン残基を活性中心とする一群の酵素で，セリン酵素と呼ばれる。エンドペプチダーゼであるトリプシン，キモトリプシン，スブチリシンやエキソペプチダーゼであるアンジオテンシナーゼCなど多くペプチダーゼがこの機構で活性を発現する。これらの一連の酵素は，ほとんど同じ活性部位を持っている。トリプシンを例にあげその反応機構を概説する。図1に示すようにトリプシンはその活性部位にSer195，His57，Asp102の残基を持ち，これらの残基がお互いに水素結合した特徴的な構造を持つ，またオキシアニオンホールと呼ばれる主鎖のアミド基が並んだ構造が活性部位に存在し，酵素反応に大きく関わる。

これらの残基がどのように活性発現に関与するかを図2に示した。まず，酵素に基質が結合した状態を図2-aに示す。ペプチド結合部位のカルボニルの酸素原子がオキシアニオンホールの二個のアミド基と水素結合で相互作用し，カルボニルの電子は酸素原子の方に偏り，カルボニルの炭素原子が正に電荷する。図2-bに示すように，このプラスに電荷したカルボニル炭素にSer195が求核攻撃し図2-bのような反応中間体を形成した後，アミン成分が脱離すると，いったん図2-cで示すアシル化酵素を形成する。次いで図2-cで示したアシル化酵素のHis57付近に水分子が結合し，His残基が塩基性触媒として働き，図2-dで示した状態にな

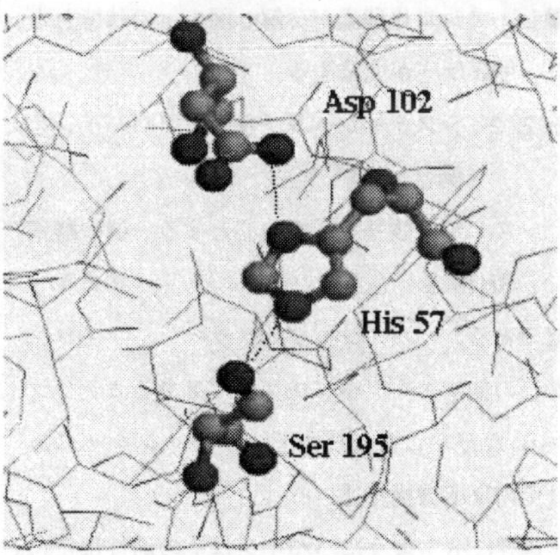

図1　セリンペプチダーゼの活性部位の残基
(PDBファイル　1AVW)

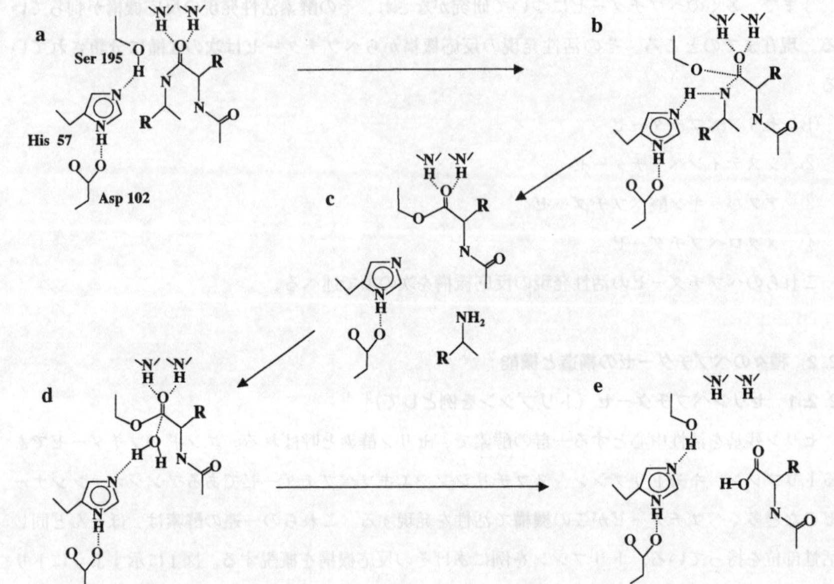

図2　セリンペプチダーゼの反応機構

る。ヒスチジン残基は，水分子からH^+を引き抜き，生成したOH^-がカルボニルの炭素を攻撃し，アシル化酵素が分解し図2-eの状態となり，触媒反応が完結する。

2. 2. 2　システインペプチダーゼ（パパインを例として）[3, 5]

システイン残基を活性中心とする一群の酵素で，SH酵素とも言われる。エンドペプチダーゼである，パパイン，ブロメライン，フィシンなどの他にエキソペプチダーゼであるカテプシンB_2などがこれに属する。パパインを例にあげその反応機構を述べる。

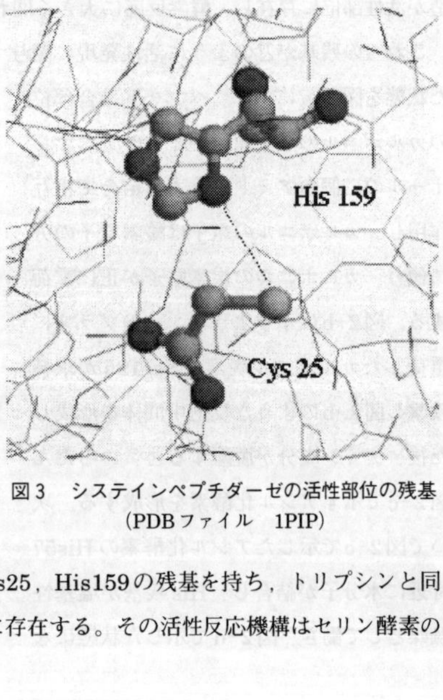

図3　システインペプチダーゼの活性部位の残基
（PDBファイル　1PIP）

図3に示すようにパパインはその活性部位にCys25，His159の残基を持ち，トリプシンと同じように主鎖のアミド基が並んだ構造が活性部位に存在する。その活性反応機構はセリン酵素の

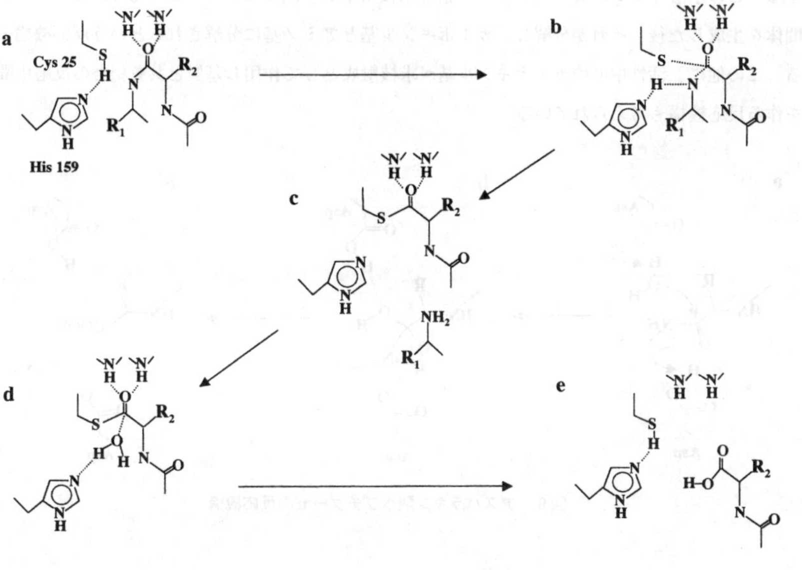

図4　システインペプチダーゼの反応機構

それと非常に類似しており，図4-aからeに示したように，セリン酵素のSer残基をCys残基で置き換えた形で反応が進行する。図4-aからeで示すようにその反応機構はセリン酵素のそれと類似している。パパインではセリン酵素のAsp102の位置にAsp158が存在するが，カテプシンなど他のSH酵素では相当するアミノ酸が無い事から，本格的な役割はしていないと考えられている。

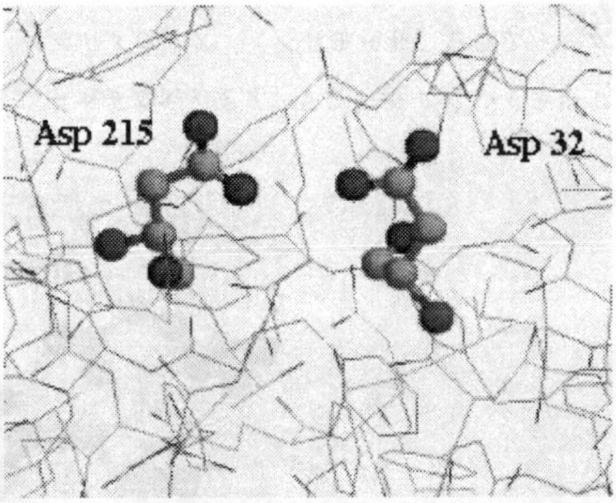

図5　アスパラギン酸ペプチダーゼの活性部位の残基
(PDBファイル　1MPP)

2.2.3　アスパラギン酸ペプチダーゼ（ペプシンを例として）[3, 6]

ペプシンを例として図5に示すように，一対のアスパラギン酸をその活性部位に持つ一群のペプチダーゼである。ペプシン，カテプシンD，キモシン，HIVプロテアーゼなどがある。

反応機構はいまだ議論されているが，アスパラギン酸が水分子を介した酸塩基触媒で働く反応機構を図6-aからcに示した。アスパラギン酸は水分子のプロトンを取り除き，水酸化イオンとする。この水酸イオンがカルボニルの炭素を求核攻撃し，図6-bに示すような4面体型の反応中間体を生成した後，それが分解し，カルボキシル基とアミノ基に分解されるという反応機構である。この他に，活性中心のカルボキシル基が求核触媒として作用し基質と共有結合の反応中間体を作る反応機構も考えられている。

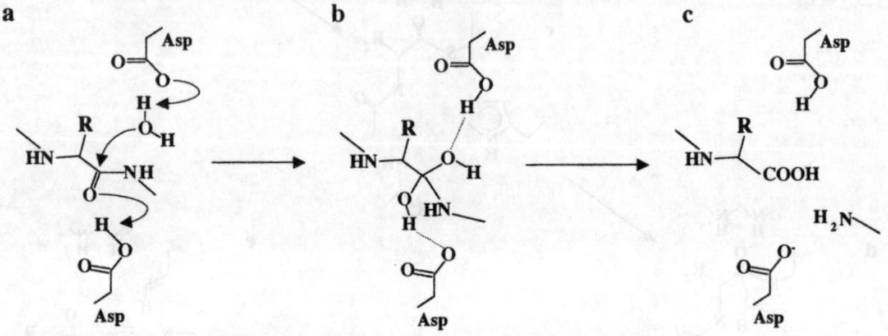

図6　アスパラギン酸ペプチダーゼの反応機構

2.2.4　メタロペプチダーゼ（カルボキシペプチダーゼAを例として）[3, 7〜9]

図7に示すように，メタロペプチダーゼは活性中心に金属イオンを保持している一群のペプチダーゼである。サーモリシン，ストロメリシン，アスタシンなどのエンドペプチダーゼ，またカルボキシペプチダーゼA，アミノペプチダーゼB，ジペプチジルペプチダーゼIIIなどのエキソ

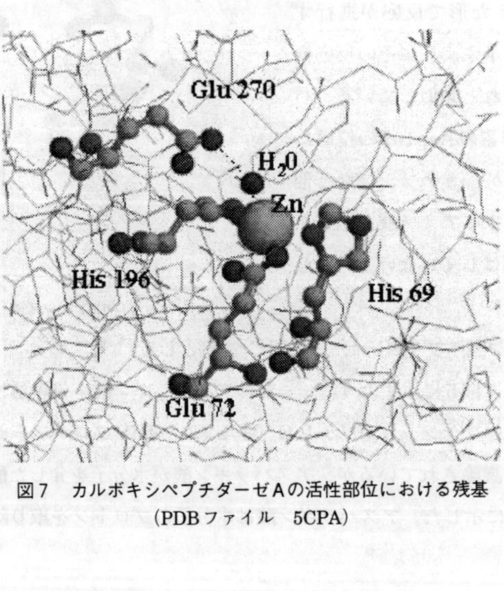

図7　カルボキシペプチダーゼAの活性部位における残基
（PDBファイル　5CPA）

ペプチダーゼなどがある。ここではカルボキシペプチダーゼAを例に上げて反応機構を概説する。

図7のカルボキシペプチダーゼAの活性部位において，金属イオンである亜鉛イオンには二つのHis69，His196，及び一つのGlu72が配位結合し，またさらには水分子が配位結合し，4面体型の配位構造を形成している。その水分子にはGlu270のカルボキシル基が水素結合している。亜鉛イオンに配位した水分子は，亜鉛金属イオンによる電子の吸引とGlu270が水素結合することにより活性化される。図8-aに示すように酵素に基質が結合すると，まず図8-bに示すように基質であるペプチドのカルボニルの酸素原子が亜鉛イオンに配位し，カルボニルの炭素原子の電子密度が低下する，そして亜鉛イオンで活性化された水分子が，Glu270によってプロトンを引き抜かれて水酸化イオンとなり，ペプチド結合部位のカルボニルの炭素原子を求核攻撃する。その後，図8-cに示すように4面体型の反応中間体を作り，それが図8-dの様に分解する事により，反応が完結する。

最近では活性部位に二つの亜鉛イオンを含む二核錯体の亜鉛ペプチダーゼ（ロイシンアミノペプチダーゼなど）も発見されているが[7]，本質的に亜鉛イオンの役割は，カルボニル基の活性化と水分子の活性化である。また，多くの亜鉛ペプチダーゼにおいては，その一次構造から亜鉛結合部位特有のモチーフ構造（HExxH）を持っていることが判明し，その一次構造から多くのペプチダーゼが亜鉛ペプチダーゼであると推定されているが，モチーフ構造を持たない亜鉛ペプチ

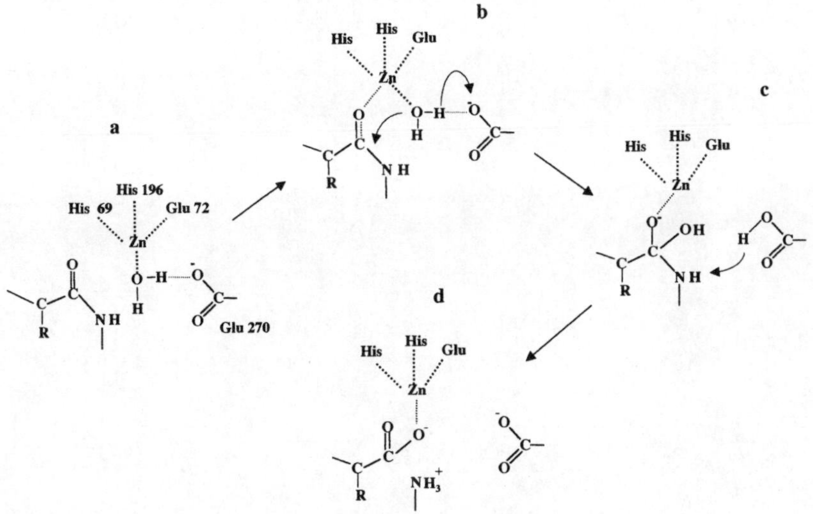

図8　メタロペプチダーゼの反応機構

ダーゼも多く存在する。カルボキシペプチダーゼAは，亜鉛結合モチーフ構造を持たず，サーモリシン，アスタシン，アミノペプチダーゼB[7〜9]は亜鉛結合モチーフ構造を持つ。

以上，ペプチダーゼの4種類の酵素反応機構について述べて来たが，いずれもどのように水分子を活性化し，ペプチド結合を切断するか，ということにつきると思われる。

文　献

1) 小巻利章, 酵素応用の知識, p.198, 幸書房 (1995)
2) A.J. Barret *el al*., "Enzyme Nomenclature", p.371, Academic Press, Inc. New York (1992)
3) 八木沢皓記, 吉元忠, 新·入門酵素化学 (西澤一俊, 志村憲助編集) p.139
4) A. Schmidt *et al*. , *J. Biol. Chem*., **278**, 43357 (2003)
5) L.G. Theodorou *et al*., *Biochemistry*, **40**, 3996 (2001)
6) 化学と生物, **41**, 796 (2003)
7) W.N. Lipscomb and N. Strater, *Chem. Rev*., **96**, 2375 (1996)
8) J. Hirose *et al*., *Biochemistry*, **40**, 11860 (2001)
9) K.M. Fukasawa *et al*., *Biochem. J*., **339**, 497 (1999)

3 豆腐ようの熟成と紅麹菌のプロテアーゼ

安田正昭*

3.1 紅麹菌と豆腐よう

紅麹菌（*Monascus*属カビ）[1] は半子囊菌科，紅麹菌族（Monascaceae）に分類され，雌雄同体であり，有性生殖期間に子囊果をつくる。菌糸は分岐し隔壁を持ち，その先端に閉子囊殻が形成され，その中にある子囊中に子囊胞子を着生する。一般に色素を産生する菌株の集落は生育初期では白色を呈するが，生育が進行するにつれ橙色，赤色へと変化する。紅麹菌産生色素は現在，赤色，赤紫色，黄色の色素がそれぞれ単離され，それらの化学構造がすでに決定されている。紅麹菌の代表的な菌株として*Monascus purpureus*，*M. pilosus*，*M. ruber*などがある。紅麹菌の顕微鏡写真を図1に示した。

*Monascus*属カビを蒸米に生育させた米麹は紅麹と呼ばれている。麹とは米，麦，大豆およびその他の穀物に糸状菌を生育させたものであり，麹を作ることを製麹という。その製麹過程において種々の酵素群や代謝生産物が生成される。われわれは，麹の種々の酵素や麹に蓄積された各種成分を利用して美味しい発酵食品を作り出しているのである。

紅麹[1~3] は，中国では紅曲（Hong Qu ホンチュ）と呼ばれ，食品の着色，紅酒（Hong Jiu ホンジュウ），紅露酒（Hong Liu Jiu ホンルージュウ），食酢，紅腐乳（Hong Fu Ru ホンフルー），肉類や野菜の漬物などに広く利用されている。また，紅麹は食品としてだけではなく，漢方薬としても利用されている。

腐乳（Fu Ru フルー）[4, 5] とは豆腐発酵食品のことで，豆腐乳（Tofu Ru　トーフルー），乳腐（Ru Fu ルーフー）とも呼ばれている。それはクリーミーな食感を呈するが，塩味がきつく，匂いも強いのが特徴である。腐乳は製法により種々の種類があり，特に紅麹を使用したものは紅腐乳と呼ばれ珍重される。中国では，腐乳は朝食の粥に混ぜたり，饅頭（蒸しパン）にはさんだりして食され，料理の調味料としても利用されている。

沖縄では，紅麹[2] は豆腐ようの製造や食品の着色（祝い用の赤飯，紅梅卵，花イカなど）に古くから利用され，独特の食文化を形成している。この豆腐よう[2, 6, 7] は豆腐を室温で乾燥させた後，麹と泡盛（沖縄伝統の蒸留酒）を含むモロミに漬け込んで熟成させたものである。豆腐ようは甘みがあり，ウニのような風味とクリームチーズのような滑らかな口当たり，さらに芳醇な香りを有しているのが特徴で，なかなかの珍味である。豆腐ようは泡盛の肴として珍重されている(図2)。

そもそも豆腐ようは，18世紀頃に中国（福建省）から伝来した紅腐乳をもとに琉球王朝おか

＊ Masaaki Yasuda 琉球大学 農学部 生物資源科学科 教授

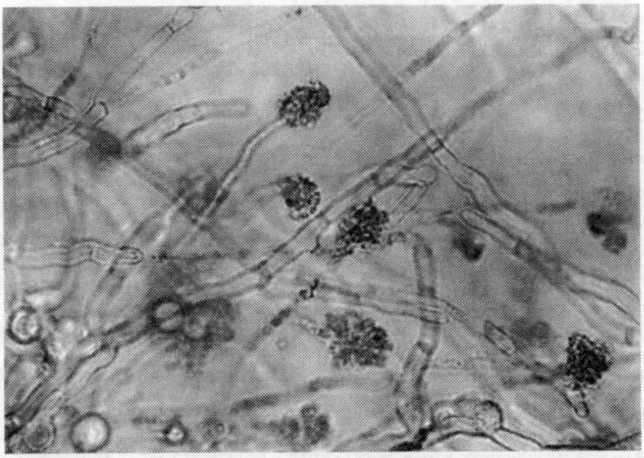

図1　紅麹菌の顕微鏡写真[3)]

図2　豆腐ようと泡盛[2)]

かえの料理人たちによって作り上げられたものである。彼らは，沖縄特産の泡盛と紅麹を使用することで減塩に成功するとともに沖縄の気候，風土，食習慣や嗜好に合わせてマイルドな風味に改良する中でエレガントな食品に仕立て上げ“豆腐よう”[2, 7)]と命名したのである。豆腐ようは高級グルメ食品として当時の王族や貴族の間でのみ珍重・賞味され，庶民にはほとんど知られていなかった。その後，この食品は琉球王朝と関係の深い地域（首里や那覇など）や特定の家庭でのみ代々「秘伝」として継承されてきたが，現在では，市販されるようになり比較的容易に入手できるようになった。この豆腐ようの製造に，紅麹の各種酵素の働きが利用されているのである。

本節においては，豆腐ようの熟成とそれにかかわる紅麹菌の産生するプロテアーゼを中心に解説したい。

3.2　豆腐ようの製法

古老の話によれば，豆腐ようづくりはなかなか難しいものとされている。その豆腐ようを作る方法は概ね次の通りである。

豆腐ようは通常，気温の低い冬につくる。まず，きめが細かくて固めの豆腐を特別に注文し，それを約3cm角に切り揃える。これを目の粗いざるに広げて室温で陰干しする。清潔な箸で2時間おきに裏返して均一に乾燥させる。2～3日経過すると表面は褐色となりネトが生じる。この乾燥豆腐の表面を泡盛でよく洗った後，次の漬け込みに用いる。一方，漬け込みに用いられるモロミは米麹（紅麹，黄麹）とアルコール濃度が40％以上の泡盛を同量加え，麹が十分に軟らかくなった後すり鉢ですりつぶし，食塩で味を整えて壺に入れられる。このようにして得られたモロミに先ほどの乾燥豆腐を漬け込み密栓する。漬け込み後4～5ヶ月頃が食べ頃といわれる。豆腐ようづくりの主な特徴は，モロミに泡盛と米麹（紅麹，黄麹）を使用することおよび製品の熟成が高濃度のアルコール（モロミの最終アルコール濃度，約20％）存在下で行われることである。

豆腐ようづくりにおいて，原料の調製法と熟成条件は製品の品質に直接影響を与えるので重要である。筆者らはこれまでに酵素活性や色素生産性の高い紅麹の製麹法[8]，適切な物性を有する原料豆腐の調製法[9, 10]を確立した。また，熟成条件などについても種々検討を行ってきた。

3.3　豆腐ようの熟成

筆者らは，紅麹[11]，黄麹[12]および両者の混合麹[13]を用いて豆腐ようの製造を行い，その熟成機構や食品科学的特性[14]などについての比較検討を行っている。ここでは，紅麹[11]を用いた豆腐ようの熟成について述べる。

豆腐ようの熟成過程で，最も特徴的な成分変化が見られるのは，タンパク質である。すなわち，豆腐ようのタンパク質量は熟成期間の経過に伴い減少する。熟成過程における豆腐よう水不溶性画分のタンパク質分解の様子をSDS-ポリアクリルアミドゲル電気泳動（SDS-PAGE）法で調べた結果を，図3に示した。熟成0日においては，大豆タンパク質の主要成分であるβ-コングリシニンのα'-，α-，およびβ-サブユニット，グリシニンの酸性および塩基性サブユニットの他に10本のポリペプチドバンドが検出されたが，熟成の進行にともない大部分のバンドが消失した。熟成3ヶ月の試料では，グリシニンの塩基性サブユニット，分子質量55および11～15kDa

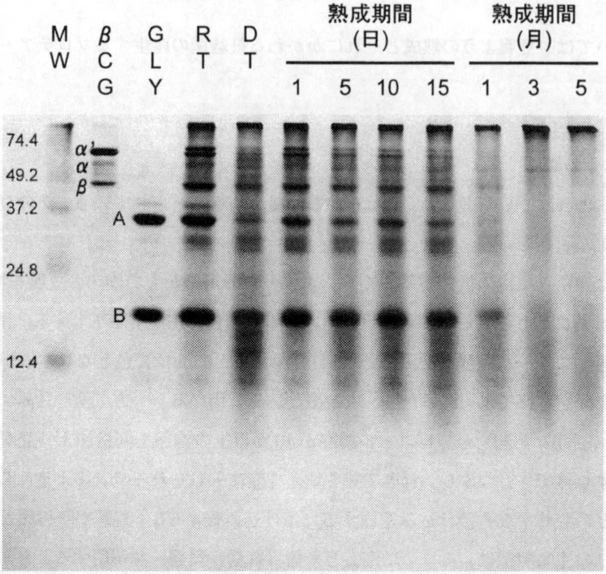

図3　豆腐よう水不溶性画分の熟成過程におけるSDS-ゲル電気泳動パターン[11)]
MW：標準タンパク質（数値は分子質量kDa），β-CG：β-コングリシニン，GLY：グリシニン，RT：生豆腐，DT：乾燥豆腐，α'，α，β：β-コングリシニンのα'-，α-およびβ-サブユニット，A，B：グリシニンの酸性および塩基性サブユニット

のポリペプチドバンドの存在が確認された。これらのポリペプチドが豆腐ようのボディー構成成分であり，特に塩基性サブユニットは豆腐ようのテクスチャー形成に寄与していると考えられる。

同様に，熟成過程における水溶性画分のタンパク質分解の様子をSDS-PAGE法で調べた結果，熟成0日目では多数のバンドが検出されたが，熟成1ヶ月までに大部分のポリペプチドバンドが消失し，3ヶ月以降ではほとんど残存しないことがわかった（図4）。これらの事実から，豆腐ようの水溶性タンパク質は熟成過程で低分子化し，ペプチドやアミノ酸に変化したものと考えられる。

次に，熟成過程における窒素成分の変化を調べた。水溶性窒素量と総窒素量の比で表される数値は味噌やチーズの熟成を知る上で重要な指標とされ，タンパク質の水溶化率とも呼ばれている。一般に，大豆発酵食品のタンパク質水溶化率は白味噌で39％[15)]，赤味噌で61％[15)]，豆味噌で66％[15)]，納豆で55％[16)]，テンペで19％[17)]であることが知られている。豆腐ようのタンパク質

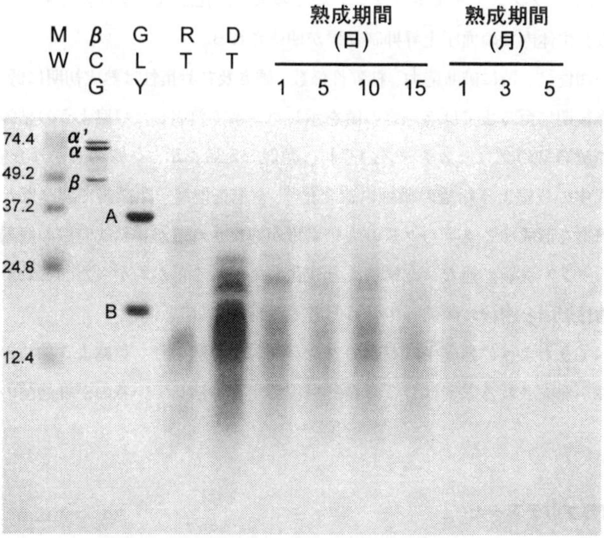

図4　豆腐よう水溶性画分のSDS-ゲル電気泳動パターン[11)]

MW：標準タンパク質（数値は分子質量kDa），β-CG：β-コングリシニン，GLY：グリシニン，RT：生豆腐，DT：乾燥豆腐，α'，α，β：β-コングリシニンのα'-，α-およびβ-サブユニット，A，B：グリシニンの酸性および塩基性サブユニット

水溶化率は熟成3ヶ月で36％の値を示し，テンペのそれよりも高く，白味噌と類似の値を示した。また，非タンパク態窒素量の重要な指標として，4％トリクロロ酢酸（TCA）可溶性窒素量の総窒素量に対する割合で表した数値が用いられる。豆腐ようの総窒素量に対するTCA可溶性窒素量の割合は，熟成時間の経過に伴い増大し，熟成3ヶ月で35％の値を示した。以上の事実から，熟成3ヶ月で，ほとんどの水溶性窒素成分が非タンパク態窒素成分（ペプチドやアミノ酸）に変換されていることがわかった。

また，全遊離アミノ酸量は熟成時間の経過にともない増大した。熟成3ヶ月における豆腐ようの遊離アミノ酸量は，グルタミン酸が最も多く，続いてアラニン，アスパラギン酸，グリシンの順であった。これらのアミノ酸は一般に呈味性アミノ酸として知られているものであり，豆腐ようの呈味性にこれらのアミノ酸が中心的な役割を担っていると考えられる。

また，熟成過程で生成したペプチドの中で，ジペプチド（Trp-Leu）やトリペプチド（Ile-Phe-Leu）は血圧上昇に重要な働きをするアンギオテンシンⅠ変換酵素（Angiotensin I-converting enzyme；ACE）に対して強い阻害活性[18)]を有していた。これらのペプチドによる

ACE阻害活性はペプシンやキモトリプシンなどの人工消化試験による影響をほとんど受けなかったことから，生体内での血圧上昇抑制効果が期待される。

豆腐ようの物性[19]，特に破断応力，粘弾性係数，硬さ及び凝集性は熟成初期に低下したものの，熟成中期以降後期に至るまでほぼ一定の値を示した。よく熟成した豆腐ようの粘弾性係数はクリームチーズや軟質型のプロセスチーズのそれに類似した値を示し，なめらかな食感が楽しめる。そして，熟成中の豆腐よう組織の微細構造変化[19]を走査型電子顕微鏡で調べたところ，熟成初期には網目構造を形成するタンパク質の太い繊維が観察されるが，熟成時間の経過に伴いそれは小さな粒状のタンパク質が連なった構造へと変化していることがわかった。これらの現象は豆腐よう独特の物性形成と密接に関係していると考えられる。

以上，述べてきたように熟成中に豆腐のタンパク質が分解され，豆腐よう独特の物性，呈味性並びに機能性が形成される。実は，この発酵過程で主役を演じているのが紅麹菌のプロテアーゼである。

3.4 紅麹菌のプロテアーゼ

紅麹菌の産生する酵素に関する知見はきわめて少ない。筆者らは“豆腐よう”の熟成機構，呈味形成，機能性を明らかにするために紅麹菌（*Monascus*属カビ）の産生する酵素の特性について調べている。プロテアーゼはタンパク質およびペプチド鎖におけるペプチド結合の加水分解反応を触媒する酵素で，エンドペプチダーゼ（プロティナーゼ）とエキソペプチダーゼ（ペプチダーゼ）に大別される。本項においては，紅麹菌の産生するプロティナーゼとペプチダーゼについて紹介する。

3.4.1 アスパラギン酸プロティナーゼ

プロティナーゼは活性中心の触媒残基の種類によりセリンプロティナーゼ，システインプロティナーゼ，アスパラギン酸プロティナーゼ，メタロプロティナーゼに分類される。紅麹菌の産生するプロティナーゼがどの分類に属するのか興味ある課題である。

(1) アスパラギン酸プロティナーゼの精製と諸性質

筆者ら[20]は，紅麹からプロティナーゼを抽出し，硫酸アンモニウム分画，イオン交換クロマトグラフィー，ゲルクロマトグラフィーを組み合わせて本酵素の精製を行った。その結果，電気泳動的にも超遠心分析的にも均一な精製酵素標品を得ることが出来た。精製酵素の分子量はゲル濾過法で40,000，超遠心分析法で43,000，SDSポリアクリルアミドゲル電気泳動法で40,500とそれぞれ算出された。これらの結果から，本酵素タンパク質は分子量が約40,000の単量体であることがわかった。本酵素の反応最適pHは3.0で，反応最適温度は55℃であった。本酵素のミルクカゼインに対する分解活性は微量のペプスタチンで阻害され，その阻害様式は拮抗阻害

(Ki＝26nM）であった。しかしながら，本酵素は大豆トリプシンインヒビター，トシルフェニルアラニンクロロメチルケトン（TPCK），p-クロロマーキュリー安息香酸（PCMB），モノヨード酢酸，エチレンジアミンテトラ酢酸（EDTA）などの阻害剤あるいはHg^{2+}，Ca^{2+}，Mg^{2+}，Mn^{2+}，Zn^{2+}，Co^{2+}，Cu^{2+}イオンなどによりほとんど影響を受けなかった。これらのことから本酵素は活性中心の触媒部位にアスパラギン酸残基を有するいわゆるアスパラギン酸プロティナーゼであると強く示唆された。また，プロテインシーケンサー（エドマン法）を用いて調べた本酵素タンパク質のアミノ末端アミノ酸はアラニンで，20個のアミノ酸配列が決定出来た[21]。得られたアミノ酸配列の情報をもとにSWISS PROTのデータベースから本酵素タンパク質のホモロジー検索を行った結果，*Aspergillus awamori*や*Aspergillus fumigatus*などのアスペルジロペプシンとの相同性が高いことがわかった。アスペルジロペプシンは*Aspergillus*属菌株の産生するペプシン様の酸性プロティナーゼ，アスパラギン酸プロティナーゼである。これらの事実から，本酵素はアスパラギン酸プロティナーゼと考えられる。

(2) 紅麹菌アスパラギン酸プロティナーゼによる大豆タンパク質の分解と機能性ペプチドの生成

①　本酵素による大豆タンパク質の分解

前項で述べたように，豆腐ようの熟成は泡盛存在下で行われる。そこで，本酵素による大豆タンパク質分解活性におよぼすエチルアルコール濃度の影響[22]について調べたところ，本酵素活性は反応液中のエチルアルコール濃度が高いほど低い値を示した。本酵素による分離大豆タンパク質の加水分解程度を知るために反応液にエチルアルコールを0，10および20％を含む系で酵

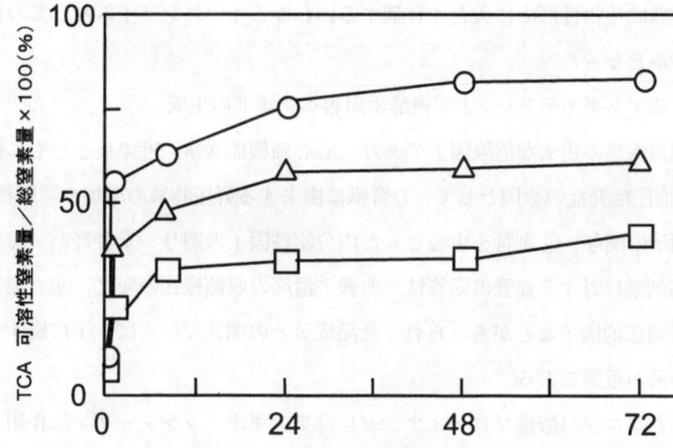

図5　プロティナーゼ反応中大豆タンパク質由来TCA可溶性窒素量の総窒素量に対する割合の変化[22]
○：0％エチルアルコール，△：10％エチルアルコール，□：20％エチルアルコール

素反応を行い，TCA可溶性窒素量の総窒素量に対する割合の変化を調べた（図5）。いずれの系においても，TCA可溶性窒素成分すなわちペプチドやアミノ酸などの低分子化合物の生成量は酵素反応時間の経過にともない増大するが，エチルアルコール濃度が高いほど低くなる。これにより，本酵素による大豆タンパク質の加水分解反応がエチルアルコール濃度の影響を受けていることが確認された。

次に，分離大豆タンパク質に本酵素を20時間作用させ，その分解の様子をSDS-PAGE法により観察した[22]。図には示していないが，エチルアルコール無添加区においては，大豆グロブリンの主要な構成成分であるβ-コングリシニンのα'-，α-およびβ-サブユニットが反応時間の比較的早い時期に，続いてグリシニンの酸性サブユニットが完全に分解を受けた。しかしながら，グリシニンの塩基性サブユニットの分解性は低く，それに位置するポリペプチドバンドの存在が認められた。また，分子質量が10kDa前後である数種のポリペプチドバンドが生成した。エチルアルコール10％添加区においてもほぼ同様の分解パターンを示したが，それらサブニットの分解はエチルアルコール無添加区のそれに比べて時間を要した。反応20時間後の塩基性サブユニットはエチルアルコール無添加区のそれに比べて明確なポリペプチドバンドが確認された。

一方，前項で述べたように，豆腐よう熟成過程における水不溶性画分の電気泳動パターンは，β-コングリシニンの各サブユニットやグリシニンの酸性サブユニットは分解を受けるが塩基性サブユニットは分解を受け難いこと，分子質量10kDa前後のポリペプチドが生成されることなどが確かめられており，精製酵素を用いた実験結果とよく一致した。これらの事実から紅麹菌プロティナーゼはモロミ中の泡盛（エチルアルコール）存在下で大豆タンパク質を限定的に加水分解し，豆腐ようの熟成や物性形成に大きく貢献するいわゆるキーエンザイムとしての役割を担っていることが明らかとなった。

② 本酵素によるアンギオテンシンI変換酵素阻害ペプチドの生成

高血圧は，循環器疾患の重大な危険因子であり，脳心肺機能異常，感染症とともに罹病率の高い疾患である。高血圧症発症の原因として，ⓘ腎臓に由来する昇圧物質の増加や降圧物質の減少，すなわち，腎性因子の関与，ⓘⓘ副腎を中心とした内分泌性因子の関与，ⓘⓘⓘ神経系，特に交感神経系の関与，ⓘⓥ収縮刺激に対する血管の応答性や血管平滑筋の収縮様式の変化，ⓥ食塩，特にナトリウムの関与，ⓥⓘ遺伝的因子などがあげられ，食品成分との関連でいえば，ⓘに属するレニン－アンギオテンシン系が重要である。

腎臓で分泌されたレニン（酸性プロティナーゼ）はアンギオテンシノーゲンに作用してアンギオテンシンI（10個のアミノ酸から成るペプチド）を生成する。このものはアンギオテンシンI変換酵素（ACE）の作用を受けてアンギオテンシンII（8個のアミノ酸から成るペプチド）となる。アンギオテンシンIIはいわゆる昇圧ホルモンである。ACEは，生体内で昇圧系の昂進と降圧系の抑制を同時に引き起こす，血圧上昇のキーエンザイムとしての役割を演じている。このACEの活性を阻害することが出来れば，アンギオテンシンIIの生成が抑制され，その結果として血圧上昇が抑制されることになる。

近年，血圧上昇抑制の立場から各種食品におけるACE阻害能に関する研究の成果が蓄積されつつある。岡本らの研究[23]によれば，醤油，魚醤，納豆などの発酵食品に高いACE阻害活性が見られた。前項で述べたように，豆腐ようの抽出液にもACE阻害活性がみられ，その阻害物質はアミノ残基数が2～3のペプチドであった。

セリンプロティナーゼによる食品タンパク質の加水分解物中にACE阻害活性[24]を示す物質がある。そこからACE阻害活性を有するペプチドが単離・精製され，特定保健用食品としてすでに認定されているものもある。筆者らは，紅麹菌のアスパラギン酸プロティナーゼ[25]による大豆タンパク質加水分解物中にACE阻害活性の高いペプチドを得ることが出来た。これらのペプチドはアミノ酸残基数が2～9程度のもので，そのうちの一つは豆腐ように見出されたものと同一のTrp-Leuであることがわかった。本酵素は豆腐よう熟成過程でACE阻害ペプチドを生成するばかりではなく，食品タンパク質から種々の機能性ペプチドを創製することが可能であり，健康食品分野での応用・展開が期待される。

3.4.2　セリンカルボキシペプチダーゼ

カルボキシペプチダーゼはタンパク質やペプチドのカルボキシル末端のペプチド結合を加水分解してアミノ酸を遊離する反応を触媒する酵素群である。カルボキシペプチダーゼを大別すると次の3群に分けられる。第1群はキレート試薬であるEDTAにより失活するメタルカルボキシペプチダーゼで，触媒活性の発現に金属が必須である。第2群は有機リン酸化合物であるジイソプロピルフルオロリン酸（DFP）により失活するセリンカルボキシペプチダーゼ，第3群の酵素としてはEDTAやSH化合物で活性化するシステインカルボキシペプチダーゼがある。

Aspergillus saitoi[26]，*A. oryzae*[27]，*A. niger*[28]，*Penicillium janthinellum*[29]などカビが産生するカルボキシペプチダーゼに関する研究は多く，その中でもセリンカルボキシペプチダーゼに属するものが多い。しかし，*Monascus*属カビにおけるカルボキシペプチダーゼに関する報告はほとんど見られない。筆者ら[30]は，*Monascus purpureus*の培養ろ液に本酵素活性が高いことを見出し，大豆タンパク質を窒素源として振とう培養を行うことにより，本酵素の高い生産性を示すことを明らかにした。また，本菌の培養ろ液を粗酵素液として用い，各種カラムクロマトグラフィーを組み合わせて電気泳動的に均一な精製酵素標品を得た。精製酵素タンパク質は分子量132,000で分子量の異なる2個のサブユニット（*Mr.* 64,000と67,000）から構成されていることがわかった。従来知られているカビの酵素がホモダイマーであるのに対して本酵素はヘテロダイマーである点で大きく相違している。本酵素は等電点が3.67で，17％の糖を含む酸性糖タンパ

ク質であった。本酵素は各種阻害剤の実験結果からキモトリプシン様セリンカルボキシペプチダーゼと考えられる。本酵素の*N*-アシルペプチドに対する加水分解反応は，カルボキシル末端に隣接したアミノ酸に影響され，グルタミン酸やチロシンの場合には本酵素の反応性が高く，特にカルボベンゾキシ-L-チロシル-L-グルタミン酸（Z-Tyr-Glu）に最もよく作用し，グルタミン酸を効率よく遊離した。

前項で述べたように，豆腐ようの遊離アミノ酸にはグルタミン酸が最も多く存在しており，それは本発酵食品の呈味の特徴づけに大きくかかわっている。本酵素は豆腐ようの熟成中に大豆タンパク質やその加水分解物であるペプチドに作用し，旨味アミノ酸であるグルタミン酸を生成するとともに苦味ペプチドの除去にも関与するなど，豆腐よう独特の呈味形成に貢献していると考えられる。なお，豆腐ようの呈味生成機構を明らかにするためにはプロテアーゼの他にも紅麹菌の産生するグルタミナーゼやアミラーゼなどの酵素化学的特性を検討する必要があり，筆者ら[31]はグルコアミラーゼの性質についても明らかにした。

紅麹菌の産生するカルボキシペプチダーゼの酵素化学的特性，特に基質特異性を利用することで食品タンパク質から調味料の生産あるいは食品中ペプチド由来苦味成分の除去などその応用・展開が期待される。

以上，沖縄の伝統的大豆発酵食品“豆腐よう”の熟成とそれにかかわる紅麹菌の産生するプロテアーゼについて概観した。発酵現象を注意深く観察することで，食品分野における酵素利用の新しいヒントが生まれれば，筆者の望外な幸せである。

文　献

1） 蘇遠志, 醸協誌, **33** (1), 28 (1975)
2） 安田正昭, 醸協誌, **78** (11), 839, **78** (12), 912 (1983)
3） 安田正昭, バイオサイエンスとインダストリー, **59** (8), 513 (2001)
4） 蘇遠志, 発酵と工業, **37** (2), 102 (1979)
5） 渡辺篤二ほか, 大豆発酵食品, 光琳, p.196 (1980)
6） 安田正昭, 日食工誌, **37** (5), 403 (1990)
7） 安田正昭, 民俗のこころを探る, (原泰根編集), 初芝文庫, p.295 (1994)
8） 安田正昭ほか, 日食工誌, **30** (2), 63 (1983)
9） 安田正昭ほか, 日食工誌, **31** (1), 19 (1984)
10） 安田正昭ほか, 日食工誌, **39** (10), 870 (1992)
11） 安田正昭ほか, 日食工誌, **40** (5), 331 (1993)

12）安田正昭ほか, 日食工誌, **41** (3), 184 (1994)
13）安田正昭ほか, 食科工, **42** (1), 38 (1995)
14）安田正昭, 大豆タンパク質の加工特性と生理機能,（日本栄養・食糧学会監修, 菅野・尚編集）, 建帛社, p.65 (1999)
15）日本醸造協会編集：新版醸造成分一覧, p.737 (1987)
16）太田輝夫ほか, 食糧研究所報告, **18**, 46, 53 (1964)
17）松本伊左尾ほか, 日食工誌, **37** (2), 130 (1990)
18）M. Kuba *et al*., *Biosci. Biotechnol. Biochem*., **67** (6), 1278 (2003)
19）安田正昭ほか, 食科工, **43** (3), 322 (1996)
20）M. Yasuda *et al*., *Agric. Biol. Chem*., **48** (6), 1637 (1984)
21）安田正昭：食品酵素化学研究会第1回学術講演会（京都）講演要旨集, p.9 (2001)
22）M. Yasuda *et al*., *Food Sci. Technol. Int. Tokyo*, **41** (1), 6 (1998)
23）岡本章子ほか, 食品工業, 70 (1997, 4.30)
24）T. Matsui *et al*., *Biosci. Biotechnol. Biochem*., **57** (6), 922 (1993)
25）久場恵美ほか, 日本農芸化学会2004年度大会（広島）講演要旨集, p.226 (2004)
26）E. Ichishima, *Biochem. Biophys. Acta*, **258**, 274 (1972)
27）T. Nakadai *et al*., *Agric. Biol. Chem*., **36** (8), 1343 (1972)
28）I. Kumagai *et al*., *Biochem. Biophys. Acta*, **659** (2), 334 (1981)
29）T. Hoffman, "Methods in Enzymology", (edited by L. Lorands), Vol. 45, p.587, Academic Press, New York (1976)
30）F. Liu *et al*., *J. Ind. Microbiol. Biotechnol*., **31** (1), 23 (2004)
31）M. Yasuda *et al*., *Agric. Biol. Chem*., **53** (1), 247 (1989)

4　植物に含まれるシステイン・ペプチダーゼの利用

森本康一*

4.1　はじめに

食品科学に利用されている酵素は，細菌やカビ由来のアミラーゼ，ペプチダーゼ，リパーゼなどが多く，植物由来の酵素の種類は以外と少ない。植物も多種多様な酵素をもつが，生産コストが微生物に比べて高いことが利用されにくい大きな理由であろう。数少ない食品用酵素のなかで多用されるのは，モルトや大豆から抽出されるアミラーゼである。そのほかには食品用ペプチダーゼとして，システイン・ペプチダーゼに分類されるパパインとブロメラインがよく知られる。これらは，それぞれパパイヤとパイナップルから抽出され，市販されている比較的入手しやすいペプチダーゼである。特にパパインは，システイン・ペプチダーゼの典型的酵素として古くから研究され，立体構造や反応機構などが詳しく報告されている。また，パパインの基質特異性は他のペプチダーゼに比べて低いことから，洗顔成分として化粧品あるいはタンパク質分解酵素として医薬品への応用も試みられている。最近では，アレルゲンとして報告されるシステイン・ペプチダーゼもあり，免疫学的にも興味深いのではないだろうか。

このような植物由来のシステイン・ペプチダーゼの酵素化学的な特徴を要約することも，食品へのさらなる展開を考えると重要であろう。ここでは，一般的な植物由来のシステイン・ペプチダーゼの分類，構造，特徴，性質，反応などと，当研究室の研究対象であるキウイフルーツ果実に含まれる「アクチニダイン」について言及したい。

4.2　システイン・ペプチダーゼについて

システイン・ペプチダーゼは，活性中心にシステイン（Cys）とヒスチジン（His）が必須である一群のペプチダーゼ［EC 3.4.22］の総称である。その反応機構はセリン・ペプチダーゼとよく類似することが知られ，求核性アミノ酸（Cys）とプロトンドナーとなるアミノ酸（His）が触媒の中心的な役割（catalytic dyad）を演じる[1)]。基質特異性はセリン・ペプチダーゼと比べて低く，活性pHは中性から弱アルカリ性である類が多い。システイン・ペプチダーゼは，パパインなどの植物種や動物由来のカテプシンなどが属するFamily C1，カルパインなどが属するFamily C2，ステレプトパインが属するFamily C10，ユビキチンC末端加水分解酵素が属するFamily C12，それ以外のFamilyに分類される[2)]。FamilyC1，C2，C10，C12，C19は，その共通性から一つの*Clan CA*として大分類される。Family C1のサブファミリーは，カテプシン型酵素とパパイン型酵素に分けられる。パパイヤ（*Carica papaya*）由来のpapain（パパイン，

*　Koichi　Morimoto　近畿大学　生物理工学部　生物工学科　講師

[EC3.4.22.2]), chymopapain ([EC3.4.22.6]), carciain ([EC3.4.22.30]), glycyl endopeptidase ([EC3.4.22.25]), イチジク (*Ficus glabrata*) 由来のficain (フィカイン, [EC3.4.22.3]), キウイフルーツ (*Actinidia chinensis*) 由来のactinidain (アクチニダイン, [EC3.4.22.14]), パイナップル (*Ananas comosus*) 由来のstem bromelain (茎ブロメライン, [EC3.4.22.32]) とfruit bromelain (果実ブロメライン, [EC3.4.22.33]) などは, すべてパパイン型酵素である。ここでは, パパインについて解説する。

パパイン (SwissProt：P00784) はパパイヤの乳液から抽出され, ほとんどが活性型として精製される。23.4kDaの糖鎖を含まない212アミノ酸残基からなるその一次構造は, ほかのFamily C1のパパイン型酵素と相同性が高い。また, 結晶中の立体構造がProtein Data Bankに多数登録されている (1PE6, 1PPNなど)。パパインを含むFamily C1のほとんどが前駆体として生合成され, N末端側のプロペプチドは活性部位を被うような形で触媒作用を調節する。この不活性型酵素のプロペプチド領域はプロセッシングされ, 活性型酵素に変換される。また, パパイン型酵素のプロペプチド領域にはERFNINモチーフの存在が指摘されている。

パパインのS2サイトの底辺部にはSer-205が位置して, 大きな疎水性アミノ酸との親和性が高い。アクチニダインではMet-211が底辺部に位置して, 基質との親和性に変化が生じる。

4.3　システイン・ペプチダーゼの触媒反応機構

システイン・ペプチダーゼの触媒機構のモデルとして, パパインがよく研究され, 多くの知見が得られている[1)]。その反応機構は, 求核性のCys-25のチオレート・アニオンとプロトン化したHis-159のイミダゾール環のイオン対から始まる (図1)。簡単に説明すると, ①チオレート・アニオンの基質のカルボニル炭素への求核攻撃, ②アシル化酵素の形成, ③第一の生産物であるアミン化合物の解放, ④水分子のアシル化酵素のカルボニル炭素への求核攻撃, ⑤脱アシル化による遊離酵素の再生, で一巡する。この触媒反応の効率を高めるため, パパインではAsn-175がHis-159のイミダゾール環の基質への配向を最適にするために作用し, Gln-19がオキソ・アニオンホールを形成するとされる。ほかのシステイン・ペプチダーゼもこの触媒反応機構に準ずると考えられる。ほとんどのシステイン・ペプチダーゼの活性pHは中性域にあるが, アクチニダインの活性pHは弱酸性域にある。

4.4　天然に存在する阻害物質

Barrettは, 卵白から単離されたポリペプチドからなるシステイン・ペプチダーゼ阻害物質 (シスタチン) を報告した[3)]。その後, 進化的に類似な阻害物質がほ乳類の組織にも多数発見され, シスタチン・ファミリーとして広く認められている。植物由来のシスタチンは, コメ種子や

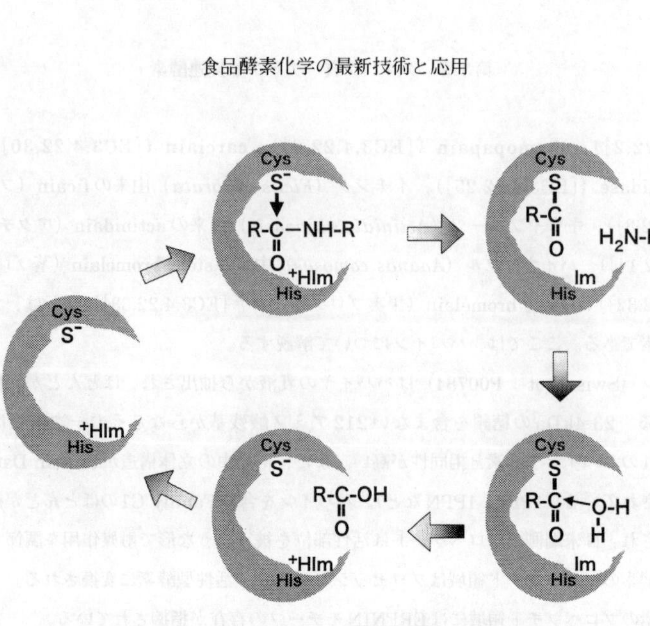

図1　システイン・ペプチダーゼの触媒機構

パイナップル茎などに見つかっている。最近，シロイナズナやジャガイモなどにも類似の阻害物質が見つかった。

4.5　反応機構の解析に用いられる合成基質と阻害物質

システイン・ペプチダーゼの合成基質として，benzoyl-Arg-*p*-nitroanilide，N^{α}-benzyloxycarbonyl-Lys *p*-nitrophenyl ester（Z-Lys pNE），Arg 4-methylcoumarin-7-amide，benzyloxycarbonyl-Phe-Arg 4-methylcoumarin-7-amide，benzyloxycarbonyl-Arg-Arg 4-methylcoumarin-7-amideなどが市販されており，それぞれのK_mおよびk_{cat}が測定されている。阻害物質として，触媒中心のCysのチオール基を不活性化するヨード酢酸，*N*-エチルマレイミド，Hg^{2+}，Cu^{2+}などとペプチド性のE-64（(L-3-*trans*-caboxyoxirane-2-carbonyl)-L-Leucyl-agmatine)，leupeptin，antipain，chymostatinなどが利用される。活性化物質として，ジチオスレイトールあるいはメルカプトエタノールなどの還元剤とEDTAなどが用いられる。

4.6　生理的意義

パパインやフィカインは未熟果の乳液に含まれ，成熟果実にはほとんど含まれない。一方，果実ブロメラインとアクチニダインは成熟果実にも含まれる。植物由来システイン・ペプチダーゼの存在部位の異なる理由やその生理的意義は明らかではない。しかし植物組織に高濃度に存在することから，細菌，カビ，節足動物などの外敵から防御するためと考えられる。そのほかの働きとして，コメやマメ，シロイナズナやタンポポなどのシステイン・ペプチダーゼは，発芽や枯死などの過程で活性化されて植物生理作用を及ぼすとされる。しかしながら，システイン・ペプチダーゼがある特定の植物のみに存在する理由は依然不明であり，そのほかの未知の働きがあるのかもしれない。

4.7　アレルゲンとしてのシステイン・ペプチダーゼ

生活の急激な近代化により，数多くのアレルギー反応を引き起こす物質が同定されている。例えば，空気中を浮遊している花粉，動物の毛，ハウスダストや食物の卵，牛乳，小麦などである。興味あることに，システイン・ペプチダーゼがアレルゲンとなる症例があるので紹介する。

それは，コナヒョウヒダニ（*Dermatophagoides farinae*）の消化管にあるDer p1 proteinaseで，Family C1に分類されるシステイン・ペプチダーゼである（SwissProt，P16311）。Der p1 proteinaseはアトピー性疾患の主要アレルゲン[4)]として知られ，ハウスダストにアレルギー反応を起こす患者の大半がアレルゲン判定試験で陽性となるらしい。アレルギー症状は吸引したDer p1 proteinaseが体内のセリン・ペプチダーゼ阻害物質と結合したり，種々の免疫細胞を活性化することにより引き起こされる。また，Der p1 proteinaseのペプチダーゼ活性の有無がアレルギー症状に大きく影響する。

植物由来のアレルゲンとしてプロフィリン・タンパク質が有名であるが，システイン・ペプチダーゼがアレルゲンとして関与する場合がある。報告されているものは，大豆のGly m Bd 30k（SwissProt，P22895）とキウイフルーツのAct c1アレルゲンである。Gly m Bd 30kは，oil-body-associated proteinとも呼ばれる糖タンパク質である。その後，Act c1はシステイン・ペプチダーゼのアクチニダイン（SwissProt，P00785）と同一であることが示された。ダニ・アレルゲンのDer p1 proteinaseとアクチニダインとの一次構造配列の相同性は40％と高いことが示され，その作用機序の類似性が示唆される[5)]。

4.8　キウイフルーツに含まれるシステイン・プロテアーゼの特徴

現在，キウイフルーツは世界中で広く栽培され，なかでもヘイワード種（*Actinidia deliciosa*）は一番多く生産される。北半球では5月中旬に開花して着果し，夏期を樹上で過ごして11月頃に収穫される。その成熟果実の成分の一つが23.5kDaのアクチニダインであり，全タンパク質含量の30－60％に達する。筆者らの研究室で，キウイフルーツの生長期とアクチニダイン含量の関係を生長曲線（図2）と酵素活性測定（図3）にて調べた結果，アクチニダインはキウイフル

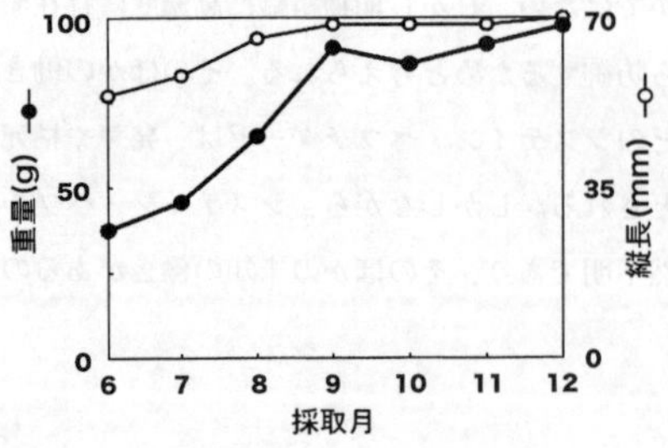

図2　キウイフルーツの生長曲線

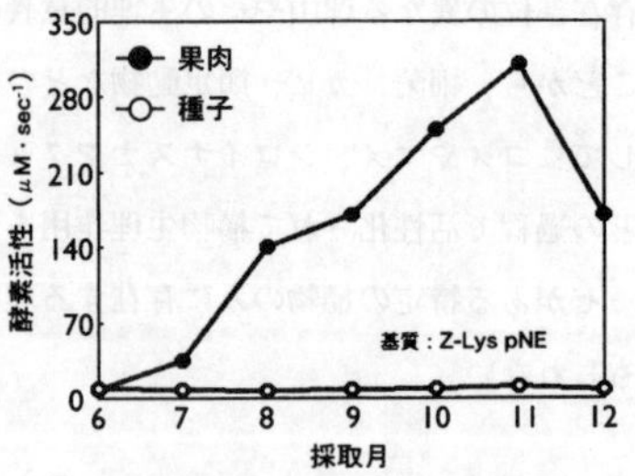

図3　キウイフルーツ果肉と種子の生長期ごとのエステラーゼ活性

ーツの成熟期に多量に生合成されることが明らかとなった。さらに，キウイフルーツ1個当たりの酵素活性も成熟期に増加することが分かった。このようにアクチニダインは，パパインの生長過程に伴う発現時期と異なることが確認された。また，アクチニダインには複数のアイソザイムが報告され，その酵素化学的な性質が解析されている。キウイフルーツ果汁のpHは6月から11月までほぼ3.2で変化なく，果汁の酸性pHがタンパク質分解活性を低下させているのかもしれない。最近，キウイフルーツの種子と皮にシスタチンが発見され，さらに複雑で巧妙な酵素活性の調節機構の存在が示唆されている[6]。

筆者らは，11月以降に採取したキウイフルーツからアクチニダインを精製し，合成基質Z-Lys pNEを用いて定常状態と前定常状態の反応機構を調べ，以下の興味ある知見を得た[7]。Z-Lys pNEのエステル結合が切断されると*p*-nitrophenolが生じることから，比色測定にて反応速度を解析することができる。エステル分解の反応速度をストップドフロー法により測定した結果，アクチニダインのアシル化に伴うバーストを観測することに成功した。その結果，少なくとも三段階の酵素反応（E＋S⇌E・S→ES'＋P1→E＋P2）によりエステル結合が切断されることが示された。アクチニダインの二つのアイソザイムの律速段階は脱アシル化反応で，アイソザイムのk_{+2}/K_m^{acyl}は2倍ほど差があった。この差の生理学的な意味は分からないが，アクチニダインの天然の変異酵素（アイソザイム）の速度論パラメーターを求めた意義は大きい。

4.9　アクチニダインのタンパク質工学

アクチニダインのcDNA（1,145bp）は，1988年にPraekeltらにより報告された[8]。その塩基配列から，N末端側（125aa）とC末端側（34aa）に前駆体領域が存在することが明らかになった（図4）。アクチニダインのcDNAをタバコに移入して発現させた結果，前駆体領域が活性化に必要であることが報告された[9]。しかし，組換えアクチニダインの酵素化学的な知見は得られ

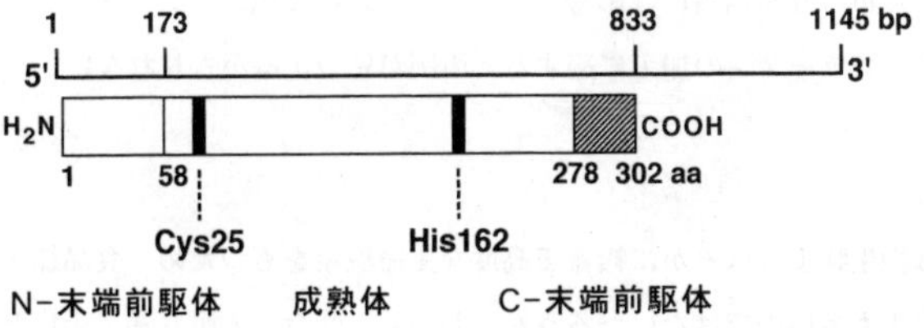

図4　アクチニダインのcDNAと翻訳アミノ酸配列の模式図

ていない。

筆者らは，アクチニダインのmRNAをキウイフルーツ果実から常法により調製し，それを鋳型として完全長のcDNAをクローニングすることに成功した。当研究室で樹立したcDNAの塩基配列は，すでに報告された配列と99％一致した。このcDNAを基に遺伝子工学的手法により，アクチニダインの前駆体（345aa）および成熟体（220aa）を組換え大腸菌で発現することを試みているが，これまでのところ天然の立体構造まで巻き戻っていない（未発表）。

アクチニダインの立体構造は，1980年にBakerとDodson[10]がX線結晶構造解析により報告し，立体構造がPDBに登録された（PDB ID：2ACT）。その立体構造は3本のジスルフィド結合により安定化され，L-とR-の二つのドメインから構成される。L-ドメインは3本のα-ヘリックスから，R-ドメインは逆平行β-シートバレル構造からなる。活性中心は，この二つのドメイン間に挟まれるように位置する。つまり，R-ドメイン側のCys-25と，L-ドメイン側のHis-162が対極する。

4.10　アクチニダインの酵素工学的な応用

これまで述べてきたように，アクチニダインは弱酸性pH域に活性をもつ特徴がある。しかもペプシン（[EC3.4.23.1]）などの酸性ペプチダーゼ（aspartic peptidase）と異なる基質特異性が示唆され，酸性pHでのアクチニダインの利用が興味深いと考えた。筆者らの研究室で行った研究の一例として，酸可溶性コラーゲンをアクチニダインにより限定加水分解した結果を紹介する[11]。動物の皮などから酢酸で可溶化したコラーゲンは，ペプシンでテロペプチド領域を加水分解して溶解度を向上させ，生体材料として使われている。アクチニダインで酸可溶性コラーゲンを酸性pH条件下で加水分解すると，ペプシンと異なる部位で切断されて，コラーゲン構成成分の間の架橋結合は消失することが示された。興味あることに，このコラーゲン分子は分子内架橋結合がないにも関わらず三重らせん構造を保持することが明らかとなった。つまり，アクチニダインはペプシンが切断するコラーゲン分子のテロペプチド領域よりもさらに内側のペプチド結合を切断するが，三重らせん構造には影響しないらしい。植物由来のアクチニダインが動物由来のペプシンよりも，コラーゲンの加工に適する応用例が見つかるかもしれない。

4.11　おわりに

植物や動物は微生物よりはるかに複雑で高度な生命現象をもつため，食品加工などに利用したいと切望する酵素も多いのではないだろうか。しかし，昨今，人獣共通感染症となりうるウイルスやウシ海綿状脳症（BSE）の異常プリオンなどのヒトへの感染の危険性が高まり，動物由来の酵素製品の安全性が強く問われる時代となった。一方，植物のゲノム解析やプロテオーム解析などの基礎・応用研究が進むにつれて，巧緻な機能をもつ酵素が特定されるだろう。また，植物由来酵素の遺伝子を分子生物学的手法により操作し，魅力的な酵素を安全にかつ安価に製造できる技術も近い将来に確立されるであろう。微生物には真似のできないユニークで高い活性をもつ植物酵素の登場が期待される。

文　献

1）K. Brocklehurst *et al*., “Comprehensive Biological Catalysis A Mechanistic Reference”, **1**, p. 381, Academic Press, London (1998)
2）A. J. Barrett *et al*., “Handbook of Proteolytic Enzymes”, p. 543, Academic Press, London (1998)
3）A. J. Barrett *et al*., “Proteinase Inhibitors”, p. 515, Elsevier, Amsterdam (1986)
4）E. R. Tovey *et al*., *Nature* **289**, 592 (1981)
5）C. M. Topham *et al*., *Protein Engng* **7**, 869 (1994)
6）M. Rassam & W. A. Laing, *Phytochemistry* **65**, 19 (2004)
7）K. Morimoto *et al*., *Mem. School. B. O. S. T. Kinki Univ*. **10**, 29 (2002)
8）U. M. Praekelt *et al*., *Plant Mol. Biol*. **10**, 193 (1988)
9）W. Paul *et al*., *Plant Physiol*. **108**, 261 (1995)
10）E. N. Baker & E. J. Dodson, *Acta Crystallogr. A* **36**, 559 (1980)
11）K. Morimoto *et al*., *Biosci. Biotech. Biochem*. in press (2004)

5　トランスグルタミナーゼとプロテイングルタミナーゼ

山口庄太郎*

5.1　蛋白質加工用酵素について

食品用酵素市場において，蛋白質加工・修飾分野は，今後の成長が見込まれる領域である。蛋白質の酵素的修飾は，副反応を伴わない，温和な条件で行えるなどの点から，物理化学的処理に比べ大きな優位性を有している。この分野においては，近年までもっぱらプロテアーゼが用いられてきた。プロテアーゼは，近年注目を浴びている機能性ペプチドの製造用やアミノ酸系味液製造用のほかに，従来よりペプチド結合の限定分解による蛋白質の溶解性，乳化特性，泡沫特性，凝固性などの機能性の向上にも用いられている。人類の酵素利用の歴史で最も古いと考えられるものの一つであるチーズ製造におけるキモシン（レンネット）の利用も，カゼインの限定分解による凝固性付与であり，その例と言える。

一方，プロテアーゼ以外の蛋白質修飾酵素として，蛋白質を架橋重合するトランスグルタミナーゼが注目を浴びていた[1~4)]が，1989年本酵素が微生物から初めて見出され[5)]工業化が実現した。本酵素は，それまで分解反応が主体であった食品用酵素市場に大きなインパクトを与えた。上市から10年足らずで食品蛋白質工業で大きな市場を形成し，現在も成長し続けている。また最近，新たな蛋白質修飾酵素として，蛋白質中のアミド基を脱アミド化する酵素，プロテイングルタミナーゼが筆者らにより同じく微生物より見出され実用化が期待されている。

本稿では，この2つの新しい蛋白質修飾酵素について，トランスグルタミナーゼについては最近報告された高次構造と機能の関係を中心に紹介すると共に，プロテイングルタミナーゼについては，その性質と食品への応用性について解説する。

5.2　蛋白質架橋酵素・トランスグルタミナーゼ

5.2.1　反　応

トランスグルタミナーゼは，図1に示す3つの反応を触媒する。基本的には，蛋白質及びペプチド中のグルタミン残基のγ-カルボキシアミド基と一級アミンとの間のアシル転移反応を触媒する酵素である（図1のA）が，アシル受容体として蛋白質中のリジン残基のε-アミノ基が作用すると，蛋白質架橋重合反応となる（図1のB）。また，一級アミンが存在しない場合には，水がアシル受容体として機能し，グルタミン残基をグルタミン酸残基に変換する脱アミド化反応を触媒する（図1のC）。いずれの反応でも1モルのアンモニアが遊離する。食品への応用の際には，ほとんどBの架橋重合反応が，蛋白質のゲル化に利用されている。

---

*　Shotaro Yamaguchi　天野エンザイム㈱　岐阜研究所　食品事業部　主任研究員

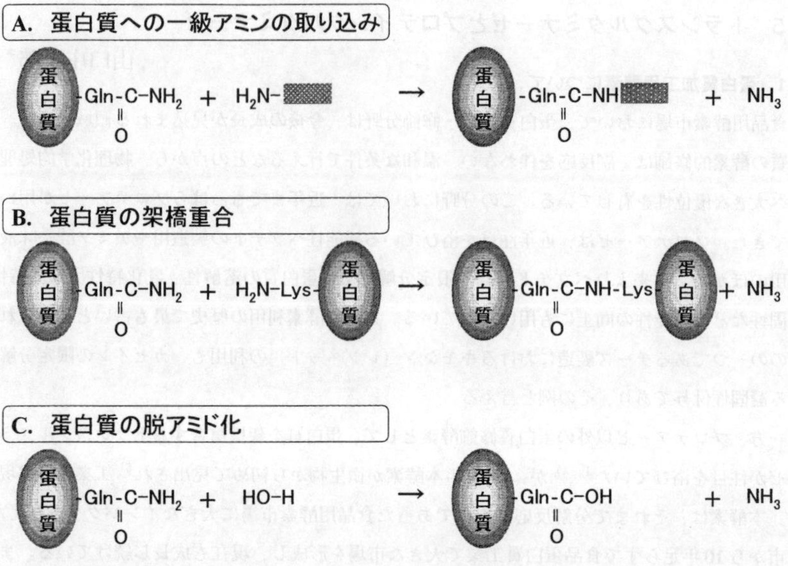

図1　トランスグルタミナーゼの反応

5.2.2 放線菌由来のトランスグルタミナーゼ

本酵素は，人，哺乳動物から植物，粘菌，バクテリアまで自然界に広く存在する。遺伝子レベルでは，動物酵素のアミノ酸配列のホモログが古細菌から見出され，スーパーファミリーを形成している[6]。生体内では，数種類のアイソザイムが存在し，血液凝固，皮膚の硬質化，創傷治癒，骨形成に関与していると言われ，魚類では蒲鉾の坐り（ゲル化）と関係があると言われている。

一方，食品工業用酵素としては，もっぱら放線菌由来の酵素が利用されている。その第一の理由は，本酵素が他のトランスグルタミナーゼと異なり反応にCaイオンを必要としない点である。複合系である食品中での反応においてはこの性質が大きな利点となる。この酵素は，天野エンザイムと味の素との共同研究において，土壌から分離された放線菌*Streptoverticillium mobaraense* S-8112が分泌する酵素として世界で最初に発見された微生物トランスグルタミナーゼである。一般的性質を表1に示す。本酵素は，406アミノ酸からなるプレプロ体として合成され，331アミノ酸からなる成熟体にプロセッシングされる[7,8]。プロ体は不活性型である[9]。分子量約38kDaの一量体酵素であり，哺乳動物起源のトランスグルタミナーゼの半分程度の大きさである。アミノ酸配列を図2に示す。

表1　放線菌トランスグルタミナーゼの一般的性質

分子量	：38kDa（SDS-PAGE） 37842（アミノ酸配列）
等電点	：8.9
カルシウム依存性	：なし
阻害剤	：SH阻害剤
至適温度	：45～55℃
温度安定性	：40℃まで
至適pH	：中性
pH安定性	：5.0～9.0

```
MRYTPEALVF ATMSAVVAPP DSCRRPARPP PTMARGKRRS -36
PTPKPTASRR MTSRHQRAQR SAPAASSAGP SFRAPDSDDR   5
VTPPAEPLDR MPDPYRPSYG RAETVVNNYI RKWQQVYSHR  45
DGRKQQMTEE QREWLSYGCV GVTWVNSGQY PTNRLAFASF  85
DEDRFKNELK NGRPRSGETR AEFEGRVAKE SFDEEKGFQR 125
AREVASVMNR ALENAHDESA YLDNLKKELA NGNDALRNED 165
ARSPFYSALR NTPSFKERNG GNHDQSRMKA VIYSKHFWSG 205
QDRSSSADKR KYGDPDAFRP APGTGLVDMS RDRNIPRSPT 245
SPGEGFVNFD YGWFGAQTEA DADKTVWTHG NHYHAPNGSL 285
GAMHVYESKF RNWSEGYSDF DRGAVVITFI PKSWNTAPDK 325
VKQGWP
```

図2　放線菌トランスグルタミナーゼの一次構造
実線：プレプロ領域
残り：成熟蛋白質
□　：活性中心アミノ酸（Cys64，Asp255，His274）を示す。

5.2.3　食品加工への応用

本酵素の食品加工への応用研究が精力的に行われた結果，蛋白質のゲル形成性の付与と向上，未加熱でのゲル化・接着，新規なゲル構造の創生などに応用可能であることが判明し，これらの性質を利用して，蒲鉾，ハム・ソーセージ，麺類，豆腐，パンなど様々な用途が開発された（表2）。また，それぞれの食品に応じて相応しい副剤を配合した，様々なトランスグルタミナーゼ製剤（商品名：アクティバ・シリーズ）が味の素から商品化されている。用途開発や製剤開発については，多くの総説が出ているのでそれらを参照されたい[10～12]。

表2　トランスグルタミナーゼの食品への応用

分野	食品	機能
水産加工品	蒲鉾	しなやかさ付与
	カニ蒲鉾	坐り促進
	フィッシュボール　など	物性改良添加剤の代替
畜肉製品	ハム	食感改良
	ソーセージ	結着性・保水性向上
	成型肉　など	製品の定型化・接着
麺類	中華麺	ゆで延び防止
	パスタ	酸/レトルト耐性
	うどん・そば　など	冷凍耐性
乳製品	ヨーグルト	離水防止
	チーズ	収率向上
	アイスクリーム　など	粘性付与・食感改良
その他	パンなど小麦粉製品	生地改良
	豆腐など大豆製品	食感改良・レトルト耐性

5.2.4　構造と機能相関

最近，この放線菌由来のトランスグルタミナーゼの高次構造が解明された[13)]。この他に哺乳動物の酵素2種および魚の酵素の高次構造が解明されており[14～16)]，これら3種は類似の構造をとっていることが判明していた。Ca依存性の違いや一次構造上の相同性がほとんど見られていなかったことより推定されてはいたが，両者は活性中心がシステインであること以外はかなり異なった構造をしていることが判明し，反応機構も異なっていると推定されている。

放線菌の酵素は，1つのドメインからなるコンパクトなディスク形をしている（図3)。4つのドメインを有する動物・魚の酵素と比べるとシンプルである（図4)。1つの比較的大きなクレフトが存在し，その底にあたる箇所に活性中心Cys64が存在する。N末端はこのクレフトの入り口に存在するため，おそらく前駆体ではこの活性部位クレフトがプロ配列により覆われることにより不活性型となっていると推定される。このクレフトの片方の壁（図3の向かって右側）がフレキシブルであることやCys64が十分に露出していることが，本酵素の反応性が高いこと，基質特異性が広いことと関連していると考えられている。動物・魚の酵素の活性中心Cysは埋め込まれていて，活性発現のため露出するには構造変化が必要と考えられるのとは対照的である。

また，両者の大きな違いはCysを中心とする活性部位を構成するアミノ酸の立体配置である。動物・魚の酵素の活性部位は，パパインなどのシステインプロテアーゼに類似のCys-His-Asp（触媒トライアードと呼ばれる）と考えられている。放線菌酵素の場合，活性中心のCys64の近傍にHis274とAsp255が存在し，その近傍の二次構造配置も魚の酵素のそれとよく一致しているにもかかわらず，奇妙なことにこのHis274は，魚の酵素のAspの位置に，Asp255はHisの位置に立体的配置がよく重なる。即ちHisとAspの位置が入れ替わっている。動物・魚の酵素の触

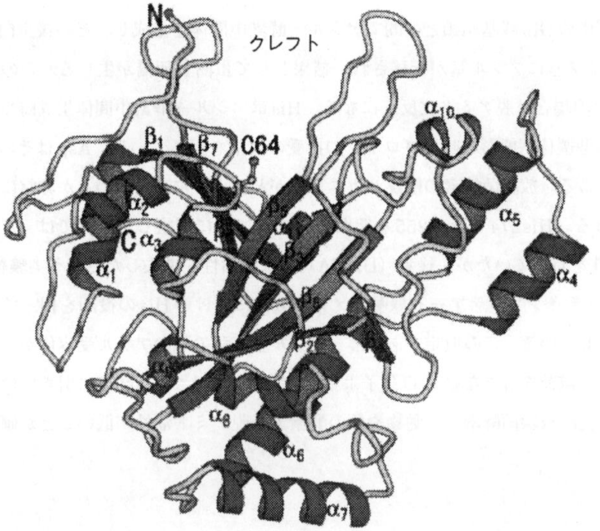

図3　放線菌トランスグルタミナーゼの高次構造
文献13より修正して引用。C64：活性中心システイン，N：N末端，C：C末端。

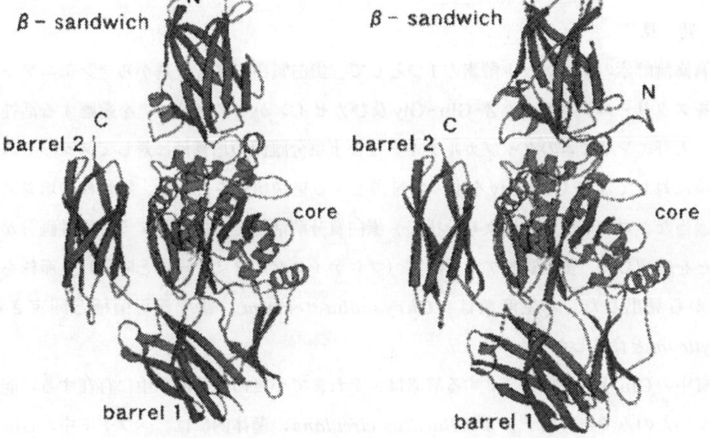

図4　モルモット肝（右）及び魚（左）由来トランスグルタミナーゼの高次構造
文献16より修正して引用。β-sandowich，core，barrel 1及びbarrel 2は4つのドメインを表す。N：N末端，C：C末端。

媒メカニズムは，システインプロテアーゼ類似と考えられている。即ち，活性中心CysのSH基と基質蛋白質中のGln残基側鎖との間でアシル一酵素中間体を生成し，その後蛋白質中のLys残基側鎖ε-アミノ基にアシル基が転移され，結果として蛋白質架橋が生じる。この場合にアシル受容体がH_2Oの場合は脱アミド化反応になる。Hisはアシル一酵素中間体生成時やアシル基転移の際の四面体型遷移状態形成時にプロトンの授受の役割を担っている。AspはそのHisの役割のサポート役である。放線菌酵素の触媒メカニズムがどのようになっているか非常に興味がもたれるところである。His274とAsp255をそれぞれアラニンに置換した酵素では，前者（H274A）は50％の活性を有していたが，後者（D255A）はほぼ活性を消失したという実験結果などから，Asp255がシステインプロテアーゼ様触媒メカニズムにおけるHisの役割を担っているのではないかと推定されている。この仮定であれば，アシル基転移の際のアシル受容体が，正電荷をもつアミノ基の方が電荷をもたないH_2O分子よりも，負電荷をもつAsp255に引き付けられやすいと考えられる。実際放線菌酵素は，動物や魚の酵素より脱アミド活性が低いことが確かめられている[17]。

5.3　蛋白質脱アミド酵素・プロテイングルタミナーゼ

筆者らは，蛋白質加工用酵素分野で社会に貢献できる新たな酵素の提供を目指し，一連の蛋白質修飾酵素のスクリーニングを行った結果，蛋白質中のGln残基を脱アミド化する新規な酵素を見出した。

5.3.1　発　見[18]

蛋白質修飾酵素のターゲット酵素の1つとして，蛋白質中のアミド基からアンモニアを遊離する酵素をスクリーニングした。Z-Gln-Gly及びカゼインからアンモニアを遊離する活性を指標にして，天野エンザイムのタイプカルチャー及び土壌分離菌の培養液に対してスクリーニングした。土壌に対してはZ-Gln-Glyを唯一のN源とする集積培養を行った。陽性株の培養液中の蛋白質を適当なクロマトグラフにより分析し，蛋白質分解活性と蛋白質脱アミド活性画分が分離されることを確認して，蛋白質脱アミド酵素（プロテイングルタミナーゼと呼称）生産株を土壌由来菌株から見出した。本生産菌は，*Chryseobacterium*に属する新菌種と同定され，*C. proteolyticum*と命名した[18]。

蛋白質中のGln残基を脱アミドする酵素は，それまで小麦の発芽種子中に存在する可能性が指摘されていたのみであった[19]。また*Bacillus circulans*の菌体内には，ペプチド中のGln残基に作用する酵素（ペプチドグルタミナーゼ）は報告されていた[20]が，この酵素は分子量5000以下の低分子ペプチドにしか作用せず[21]，高分子蛋白質に作用するものは知られていなかった。本酵素は以下に記述する様に，高分子蛋白質に作用する世界で初めての微生物由来蛋白質脱アミド酵素である。

5.3.2 プロテイングルタミナーゼの性質[22)]

本酵素は，蛋白質中のグルタミン残基を脱アミド化して，グルタミン酸残基に変換する。

Protein-bound Gln ＋ H_2O ⟶ Protein-bound Glu ＋ NH_3

短鎖ペプチドより，蛋白質や長鎖ペプチドに良く作用する（表3）。蛋白質の中では，カゼイン，小麦グルテンが良い基質であり，血清アルブミン，オバルブミンなどには反応性が低い（表4）。蛋白質中のアスパラギン残基や他のアミド化合物には作用しない。トランスグルタミナーゼは一級アミン非存在下では脱アミド活性を示すが，本酵素では蛋白質の高分子化（架橋）は観察されていない。また，カゼインへのモノダンシルカダベリンの取り込み作用についても調べられたが，行われた条件下ではそのような活性は検出されていない。

本酵素の一般的な性質を表5に示す。本酵素は，分子量20kDa，等電点10の単量体の酵素であり，遺伝子クローニングの結果，本酵素は305アミノ酸からなるプレプロ体として合成され，

表3　プロテイングルタミナーゼの蛋白質，ペプチドに対する速度定数

Substrate	*K*m (mM)	*k*cat (min^{-1})	*k*cat/*K*m ($min^{-1}\cdot mM^{-1}$)
カゼイン	0.36	323.8	903.7
インシュリンB鎖，酸化型	0.78	974.5	1250.4
Cbz-Gln-Gly	1.58	525.9	333.6
Cbz-Gln-*O*-methyl	1.47	342.8	232.8
Gly-Gln-Gly	41.01	410.8	10.0
Phe-Gln-Gly-Pro	16.25	129.5	8.0
Gly-Gln-Pro-Arg	6.36	14.6	2.3
Cbz-Gln	14.50	120.7	8.5
Gly-Gln	155.20	275.0	1.8

表4　プロテイングルタミナーゼの各種蛋白質に対する反応性

蛋白質	比活性 (μ mole·min^{-1}·mg^{-1}±SD[a)])	蛋白質	比活性 (μ mole·min^{-1}·mg^{-1}±SD[a)])
α-カゼイン	19.12 ±0.51	トウモロコシゼイン	0.655±0.176
β-カゼイン	18.11 ±0.15	α-キモトリプシノーゲンA	0.650±0.118
小麦グルテン[b)]	7.200±0.333	アクチン	0.450±0.022
小麦グリアジン[b)]	5.473±0.017	アプロチニン	0.224±0.064
リボヌクレアーゼA	2.912±0.367	ニワトリ筋肉粉末	0.210±0.034
分離大豆蛋白質	1.170±0.064	コラーゲン（牛Type I）[b)]	0.177±0.017
α-ラクトアルブミン	0.836±0.009	ミオグロビン	0.014±0.001
β-ラクトグロブリン	0.728±0.001	血清アルブミン	0.009±0.001
ゼラチン（牛Type B）	0.696±0.100	卵白オボアルブミン	0.005±0.002

[a] 3回の測定の平均値と標準偏差を示す。[b] 反応開始時はサスペンジョン状態。

185アミノ酸からなる成熟体として分泌されると推定された。一次構造を図5に示す。アミノ酸配列上，既知のデータベース中にホモロジーのあるものは見出されなかった。また，各種薬剤による阻害実験の結果，本酵素の活性中心にはSH基が関与していると推定されるが，11残基存在するシステインのうち，どの残基がそれに相当するのかは特定されていない。

5.3.3 食品蛋白質への作用と効果

一般に，脱アミド化された蛋白質は，生じたカルボキシル基の増加により等電点が低下し，より酸性域での溶解性が向上する。これは，弱酸性域で不溶性である多くの食品蛋白質の，食品中（多くが弱酸性域）での溶解性を向上させることを意味し，用途拡大が期待できる。また，生じたカルボキシル基同士の分子内静電反撥力のため，蛋白質の高次構造がほぐれ，その結果分子内に埋もれていた疎水性領域が分子表面へ暴露されると考えられる（図6）。これによって，その蛋白質に優れた乳化剤，起泡剤としての機能性が付与される。

表5　プロテイングルタミナーゼの一般的性質

分子量	：20kDa（SDS-PAGE）
	19861.7（アミノ酸配列）
等電点	：10.0
阻害剤	：Ag^{+}，Zn^{2+}，Cu^{2+}，ヨードアセトアミド
至適温度	：60℃
温度安定性	：50℃まで
至適温度	：5.0～6.0
pH安定性	：5.0～9.0

MKNLFLSMMAFVTVLTFNSCADSNGNQEINGKEKLSVNDSKLKDFGKTVP -86

VGIDEENGMIKVSFMLTAQFYEIKPTKENEQYIGMLRQAVKNESPVHIFL -36

KPNSNEIGKVESASPEDVRYFKTILTKEVKGQTNKLASVIPDVATLNSLF 15

NQIKNQSCGTSTASSPCITFRYPVDGCYARAHKMRQILMNNGYDCEKQFV 65

YGNLKASTGTCCVAWSYHVAILVSYKNASGVTEKRIIDPSLFSSGPVTDT 115

AWRNACVNTSCGSASVSSYANTAGNVYYRSPSNSYLYDNNLINTNCVLTK 165

FSLLSGCSPSPAPDVSSCGF 185

図5　プロテイングルタミナーゼの一次構造
実線：推定シグナルペプチド
破線：推定プロ領域
太字：成熟蛋白質

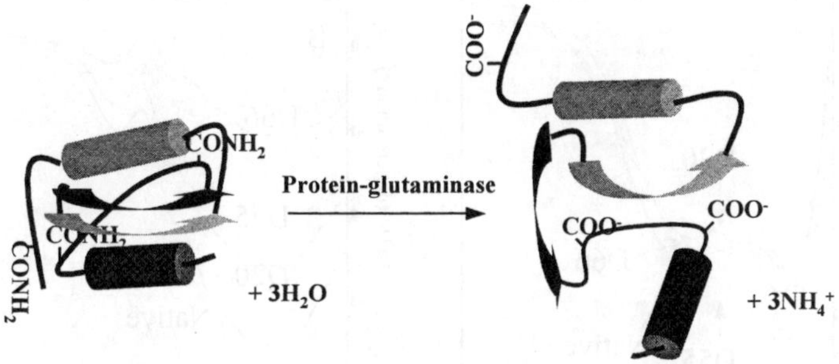

図6　プロテイングルタミナーゼの蛋白質に対する作用

食品素材として用いられている種々の蛋白質に対して本酵素を作用させてみた。カゼイン及び小麦グルテンは，すみやかに脱アミド化され，脱アミド化率（総アミド含量に対する遊離アンモニア量から求めた）は，カゼインで60％，グルテンで92％に達した。これは，蛋白質中のグルタミンのそれぞれ95，97％が脱アミドされた計算になる。脱アミド化蛋白質は，予想されたようにその等電点が酸性側にシフトしていた。従ってカゼインの場合，pH5付近の溶解性が著しく向上した。また，グルテンは通常のpHでは不溶性の蛋白質であるが，脱アミド化することにより溶解性が向上し，その程度は脱アミド化率が高いほど高くなった。カゼインのカルシウム存在下での溶解性も向上した。また，乳化特性，泡沫特性などの機能性も一般に向上した。

以下に2種の乳清蛋白質に対する作用，効果を紹介する。

(1)　α-ラクトアルブミン[23)]

未変性のα-ラクトアルブミン（α-LA）に本酵素を作用させた場合，4時間で全体のグルタミン残基の20％，24時間で50％が脱アミド化されたのに対し，モルテングルビュール（MG，二次構造は保持されているが三次構造がほぐれた状態）状態のα-LAは，速やかに脱アミド化され4時間で60％以上のグルタミン残基が脱アミド化された。脱アミド化α-LAのCDスペクトル解析の結果，α-LAは，脱アミド化されることによって，その二次構造は変化を受けないものの，その三次構造は大きく変化することが明らかとなった（図7）。また，MG状態から脱アミド化され，脱アミド化率がMaxに達した蛋白質（グルテミン残基の脱アミド化率66％）のアミノ酸配列解析の結果，全6つのグルタミン残基のうち，Gln39，43，54，65の4残基が脱アミド化されており，Gln2，117は脱アミド化を受けていなかった。このような特異性の原因の一つとして，高次構造との関連が考えられた。即ち，脱アミド化された4残基は，MG状態において大きくほぐれるとされているβ-シート中に存在し，脱アミド化されなかった2残基はMG状態でもネイ

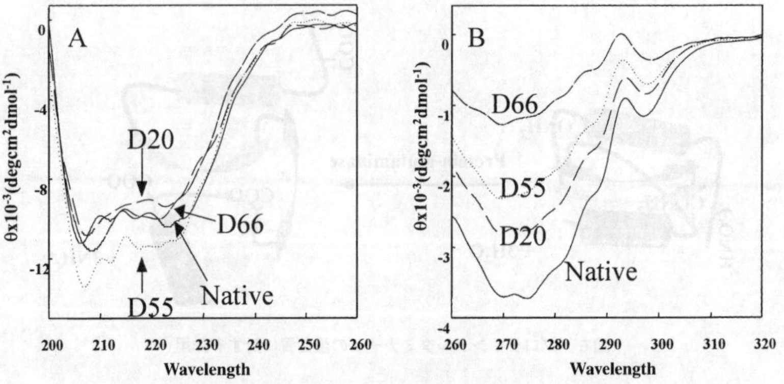

図7　脱アミド化α-ラクトアルブミンの円二色性スペクトル
Aは遠紫外領域を，Bは近紫外領域の結果を示す。
D20：脱アミド化率20％；D55：脱アミド化率55％；
D66：脱アミド化率66％

ティブ様の三次構造を保っているα-ヘリックス中に存在していた。

(2)　β-ラクトグロブリン[24)]

β-ラクトグロブリン（β-LG）に対する反応は着実に進行し，8，24，48時間後には全グルタミン量のそれぞれ約20，50，90％が脱アミド化を受けていた。脱アミド化β-LGも，CDスペクトル測定の結果，2次構造は大きくは変わらなかったものの3次構造が崩れていることが示唆された。また，蛍光スペクトル測定の結果，トリプトファン残基の側鎖の芳香環が疎水性領域から溶媒中へ露出しており，その程度は脱アミド化率が高くなるに従って大きくなっていた。

蛍光プローブを用いた表面疎水性分析の結果からも，脱アミド化により表面疎水性が上昇していることが示唆された。また，空気－水界面の表面圧測定の結果，pH7において表面圧が上昇していた。これらの結果より，脱アミド化により乳化特性，泡沫特性の向上が期待できる。また，β-LGはミルク中のビタミンAを無事に消化管に届けるためのレチノール結合蛋白質として生理的役割を果たしていると考えられているが，脱アミド化によりpH3と9においてレチノールとの親和性が上昇することが判明した（表6）。さらに，β-LGはミルク中の主要アレルゲンの一つと言われており，その一因としてこの蛋白質が胃の中でペプシンによる分解を受けにくいことが指摘されている。脱アミド化β-LGは，熱変性を受けやすくなっていることが判明し，実際ペプシンによる分解も受けやすくなっており，低アレルゲン化の可能性が期待される。

5.3.4　食品工業への応用の可能性

食品工業において，蛋白質の脱アミド化はその機能性を向上させる方法として期待され，種々の物理化学的方法により，あるいはペプチドグルタミナーゼ，トランスグルタミナーゼやプロテアーゼを用いた酵素法により試みられてきたが，副反応の問題や高分子蛋白質には適用できなかった。本酵素によって，副反応の伴わない蛋白質の酵素的脱アミド化法が期待される。表7に，本酵素の期待される用途，応用を挙げる。この中で，本稿の前半で紹介した放線菌トランスグルタミナーゼとの反応性の比較とそれを利用した応用の可能性について以下に述べる。

5.3.5　プロテイングルタミナーゼによるトランスグルタミナーゼ反応の制御

両酵素共その基質蛋白質中のターゲットは，同じGln残基である。両酵素について，カゼイン中のGln残基に対する反応性を比較した（表8）。ここでは，カゼイン中に複数存在するGln残基をトータルとして見ている。結果，*K*m値，*k*cat値いずれからみてもプロテイングルタミナーゼの方が反応性が高いことが示唆された。即ち，プロテイングルタミナーゼの*K*m，*k*cat値は0.61

表6　脱アミド化によるβ-ラクトグロブリンのレチノールに対する結合サイト数（n）と解離定数（Kd）の変化

		pH		
		3	7	9
ネイティブ	n	0.26	0.38	1.43
	Kd(10^{-7}M)	3.92	2.77	2.36
脱アミド化	n	0.35	0.31	1.16
（80％）	Kd(10^{-7}M)	0.40	2.50	0.29

表7　現在考えられるプロテイングルタミナーゼの食品工業への応用

- 食品蛋白質の機能性改善（溶解性，乳化特性，泡沫特性，ゲル特性）
- ドウの物性改善（伸展性の向上）
- オフフレーバーのマスキング
- カルシウム/蛋白質溶液の溶解性向上
- 蛋白質の抽出効率の向上
- プロテアーゼによる分解率の向上，調味液の製造
- アレルゲン性の低下
- トランスグルタミナーゼ反応の制御
- 蛋白質中のグルタミン残基の定量

表8　プロテイングルタミナーゼと放線菌トランスグルタミナーゼのカゼインに対する反応性

酵素	基質	*K*m ($mg \cdot ml^{-1}$)	*k*cat (min^{-1})	*k*cat/*K*m ($ml \cdot mg^{-1} \cdot min^{-1}$)	比較
プロテイングルタミナーゼ	カゼイン[a]	0.61	327.72	537.25	39.7
放線菌トランスグルタミナーゼ	カゼイン[b]	4.00	54.11	13.53	1

[a]アンモニア遊離活性，[b]アミン大過剰存在下でのアンモニア遊離活性

及び327.72であるのに対し，放線菌トランスグルタミナーゼのGln残基に対するそれらは，それぞれ4.00，54.11であった。従って，基質との親和性及び触媒活性いずれも前者の方が高く，触媒効率（*k*cat/*K*m値）でみると前者が後者の40倍であった。この結果から，両者が共存した場合，プロテイングルタミナーゼの反応の方が優先して起こり，脱アミド化されたGln残基はもはやトランスグルタミナーゼの基質にならず，架橋反応は進行しないと考えられる。これを確かめるため，トランスグルタミナーゼによるカゼインの架橋高分子化反応の途中にプロテイングルタミナーゼを添加してみたところ，予想通りカゼインの高分子化は添加と同時にストップした（図8のB）。また，予めプロテイングルタミナーゼにより十分脱アミド化を施したカゼインは，もはやトランスグルタミナーゼの基質にならない，即ち架橋高分子化されないことも確認された（図8のC）。このことは，蛋白質中の個々のGln残基に対する基質特異性も，プロテイングルタミナーゼの方が広いことを意味する。5.3.3項の（1）で述べたように，本酵素はα-ラクトアルブミンの6つのGln残基のうち4つを脱アミド化した。一方，放線菌トランスグルタミナーゼは，その4つのうちの一つであるGln54のみに作用することが報告されており[25]，この結果と一致す

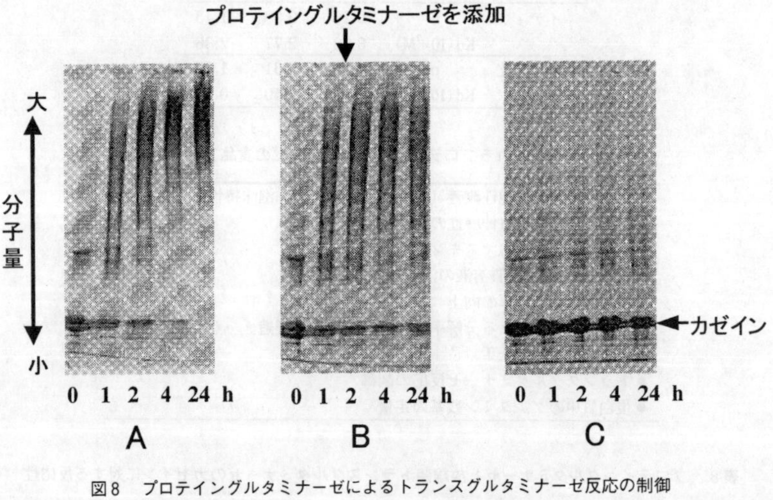

図8　プロテイングルタミナーゼによるトランスグルタミナーゼ反応の制御
以下の反応の1，2，4，24時間後の反応産物をSDS-ポリアクリルアミド電気泳動に供した。
A．カゼインにトランスグルタミナーゼを作用させた
B．Aにおいて，1時間後にプロテイングルタミナーゼを添加した
C．プロテイングルタミナーゼにより脱アミド化したカゼインにトランスグルタミナーゼを作用させた

る。この性質は，食品への応用において，本酵素によりトランスグルタミナーゼの反応を制御して，望ましい物性のゲルを形成させることが出来る可能性を示唆する。

5.4　おわりに

食品用酵素として産業に利用されている蛋白質関連酵素としては，周知の通り古くから利用されてきたプロテアーゼやペプチダーゼが基礎，応用両面から深く研究されている。ただし，これらはいずれも蛋白質の主鎖のペプチド結合に作用する酵素であった。しかしながら，本稿で紹介したトランスグルタミナーゼやプロテイングルタミナーゼの例のように，蛋白質の側鎖の官能基に作用する酵素についても研究が大きく進展しつつある。蛋白質の側鎖には，ほかにも水酸基やSH基など数多くあり，また糖鎖付加や燐酸化などの修飾も多数ある。これらに関与する酵素についても，産業的有用性が見出され，応用研究，基礎研究が進展することを期待したい。

文　　献

1）R.E. フィーニー, J.R. ウィテーカー編,「食品・医薬分野における蛋白質テーラリング」, 学会出版センター, pp.1-30 (1988

2）K. Ikura, T. Kometani, M. Yoshikawa, R. Sasaki, and H. Chiba, *Agric. Biol. Chem.*, **44** (7) 1567-1573 (1980)

3）M. Motoki and Nio, *J. Food Sci.*, **48**, 561-566 (1983)

4）L. Kurth and J. Rohers, *J. Food Sci.*, **49**, 573-576 (1984)

5）H. Ando, M. Adachi, K. Umeda, A. Matsuura, M. Nonaka, R. Uchio, H. Tanaka, and M. Motoki, *Agric. Biol. Chem.*, **53**, 2613-2617 (1989)

6）K.S. Makarova, L. Aravind, and E.V. Koonin, *Protein Sci.*, **8**, 1714-1719 (1999)

7）T. Kanaji, H. Ozeki, T. Takao, H. Kawajiri, H. Ide, M. Motoki, and Y. Shimonishi, *J. Biol. Chem.*, **268**, 11565-11572 (1993)

8）K. Washizu, K. Ando, S. Koikeda, S. Hirose, A. Matsuura, H. Takagi, M. Motoki, and K. Takeuchi, *Biosci. Biotech. Biochem.*, **58**, 82-87 (1994)

9）R. Pasternack, S. Dorsch, J.T. Otterbach, I.R. Robenek, S. Wolf, and H-L. Fuchsbauer, *Eur. J. Biochem.*, **257**, 570-576 (1998)

10）M. Motoki and K. Seguro, *Trends in Food Sci. Technol.*, **9**, 204-210 (1998)

11）田中晴生, 本木正雄,「産業用酵素の技術と市場」, シーエムシー出版, pp.101-108 (1999)

12）中越裕之, 月刊フードケミカル, 9月号, pp.85-88 (2003)

13）T. Kashiwagi, K. Yokoyama, K. Ishikawa, K. Ono, D. Ejima, H. Matsui, and E. Suzuki, *J. Biol. Chem.*, **277**, 44252-44260 (2002)

14）V.C. Yee, L.C. Pedersen, I.L. Trong, P.D. Bishop, R.E. Stenkamp, and D.C. Teller, *Proc.*

Natl. Acad. Sci. USA, **91**, 7296-7300 (1994)
15) B. Ahvazi, H.C. Kim, S.-H. Kee, Z. Nemes, and P. M. Steinert, *EMBO J.*, **21**, 2055-2067 (2002)
16) K. Noguchi, K. Ishikawa, K. Yokoyama, T. Ohtsuka, N. Nio, and E. Suzuki, *J. Biol. Chem.*, **276**, 12055-12059 (2001)
17) T. Ohtsuka, Y. Umezawa, N. Nio, and Kubota, *J. Food. Sci.*, **66**, 25-29 (2001)
18) S. Yamaguchi, and M. Yokoe, *Appl. Environ. Microbiol.* **66**, 3337-3343 (2000)
19) I.A. Vaintraub, L.V. Kotova, and R. Shaha, *FEBS Lett.* **302**, 169-171 (1992)
20) M. Kikuchi, H. Hayashida, E. Nakano, and K. Sakaguchi, *Biochemistry* **10**, 1222-1229 (1971)
21) B.P. Gill, A.J. O'Shaughnessey, P. Henderson, and D. R. Headon, *Ir. J. Food Sci. Technol.* **9**, 33-41 (1985)
22) S. Yamaguchi, D. J. Jeenes, and D. B. Archer, *Eur. J. Biochem.* **268**, 1410-1421 (2001)
23) Y. S. Gu, Y. Matsumura, S. Yamaguchi, and T. Mori, *J. Agric. Food Chem.* **49**, 5999-6005 (2001)
24) 具延淑, 松村康生, 山口庄太郎, 森友彦, 日本農芸化学会2002年度大会講演要旨集, p.112
25) Y. Matsumura, Y. Chanyongvorakul, Y. Kumazawa, T. Ohtsuka, and T. Mori, *Biochim. Biophys. Acta*, **1292**, 69-76 (1996)

6　食品加工に関する最近の酵素の応用例—プロテアーゼを中心に—

吉川和宏*

6.1　食品加工における酵素の利用，特に調味料製造について

経済産業省「工業統計表（産業編）」によると2001年の調味料製造業の製品出荷額は1.8兆円強であるが，そのうち天然系調味料の売上げは約1000億円を占めると言われる[1, 2)]（一般には「天然調味料」と呼ばれているが，加工食品には「天然」の用語を使用しないよう経済産業省の指導がある。本稿では「天然系調味料」と記す）。天然系調味料は製法により溶剤を用いる抽出型と高圧・酸あるいは酵素反応により呈味成分を作り出す分解型とに分類される。分解型調味料は，①動植物タンパク質を酸加水分解したHAP（加水分解動物タンパク質），HVP（加水分解植物タンパク質），②原料自身の酵素反応を利用する自己消化タイプ，③産業用酵素を用いるものに細分され[2, 3)]，以前より呈味性の向上や収率の改善を目的として酵素が利用されていた。特に分解型エキスの製造工程においてプロテアーゼが多用されている。エキス製造に用いる原料タンパク質は，そのままでは食用に適さない例えば動物解体残渣・煮汁などが多用される。廃棄物としての処理コスト発生を抑制し，エキス原料とすることで逆に収益源とするためである。近年一般消費者のトレーサビリティ（製品がどんな原料を用いているか，その原料はいつどこから仕入れたどのような素性のものか，などの情報が明らかになっているかどうか）への関心が高まってきた。特にBSE（牛海綿状脳症），残留農薬などの問題以降，安心・安全な原料への要求はエキス原料に対しても厳しく向けられており，メーカー各社は原料情報の正確な開示体制を整備するようになった。

エキス原料は水溶性の低分子ペプチドやアミノ酸などのエキス成分も含んでいるが，不溶性タンパク質や脂質・糖質と結合しているため不溶性になっている複合タンパク質なども多く，これらを可溶化することで最終製品の呈味力や収率を大幅に向上させることができる。そのために化学的には高温・高圧条件，あるいは酸，アルカリなどを用いる方法があるが，酵素法は比較的穏和な反応条件で行われることが特徴となっている。

酵素を用いる場合には主にエンド型とよばれるタイプ[4)]を用いることによりタンパク質の可溶性を向上できる。エンド型プロテアーゼはタンパク質をある程度低分子化して大部分はオリゴペプチドとなり，わずかに遊離アミノ酸も生じる。オリゴペプチドはもとの高分子タンパク質に比較すると呈味性は増すが，苦味を感じることが多い。苦味は不快な成分として人間は敏感に感じることから低減する必要があるが，苦味成分だけを選択的にかつ安価に取り除くことは不可能である。むしろ取り除くのではなく遊離アミノ酸にまで分解を進めることができれば苦味成分の除

*　Kazuhiro　Yoshikawa　日本水産㈱　中央研究所　研究員

去と同時に新たに呈味成分の増加も期待できる。この目的のために有効なのがエキソ型と呼ばれるプロテアーゼである。

このようにエキス製造工程に用いられるプロテアーゼとしてその性質により2種類に大別ができる。実際の製造にはこれらを順次用いることもあるが，原料に対し2種類を同時に添加，作用させることが一般的である。また原料によっては細胞壁多糖の分解酵素などと併用することもある。酵素を用いた調味料製造フローの一例を図1に示した。未加熱原料を用いる場合には原料自身のもつ酵素活性（自己消化）を利用してコスト抑制のほか原料独特の風味をもつ調味料が製造可能になる。他方で酵素製剤を効率よく用いることで呈味力の増進が期待できる。

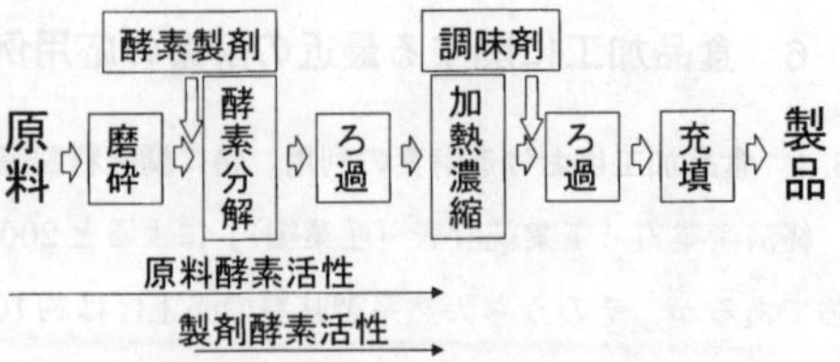

図1　酵素を用いた調味料製造工程の一例

エキス製造例として自己消化活性の顕著なナンキョクオキアミを原料に用いた試作試験を挙げる。漁獲後直ちに冷凍したナンキョクオキアミ1kgを磨砕し，反応釜中50℃で1時間攪拌した。このとき市販エンド型プロテアーゼ（サチライシン）製剤を5g添加した。反応後80℃，20分処理で酵素を失活させた。ろ液の凍結乾燥品につき全アミノ酸，遊離アミノ酸を測定した（表1）。両者の比は分解の程度を反映する。酵素を用いないでも自己消化により相当量の遊離アミノ酸が生じているが，酵素添加により遊離アミノ酸はさらに増加しており，これは添加したエンド型酵素とオキアミ由来のエキソ型酵素の相乗作用によると考えられる。

呈味性改善以外には，エンド型プロテアーゼにより肉などの高分子タンパク質を処理することでその物性を変え（軟化させ）食感を向上させたり，ペースト状，スラリー状の食品素材あるいは加工中間体の粘度を下げて乾燥時の熱効率や移送性を向上させたりすることに用いる例もある。またタンパク質分解による低アレルゲン化，生理活性ペプチドの調製[5, 6]などの利用分野もあるが本稿では割愛する。

表1　ナンキョクオキアミの自己消化と酵素併用分解

試験区	全アミノ酸 Taa（%）	遊離アミノ酸 Faa（%）	Faa/Taa比	備考
原料	10.7	1.6	0.15	水分81.8%
酵素なし	58.0	23.7	0.41	凍結乾燥品
酵素あり	56.4	28.3	0.50	凍結乾燥品

6.2　エキス製造における酵素処理の効果

エキス分野では，酵素利用による以外にも酸加水分解による製造法も広く実施されていたが，この方法では酸加水分解中に原料中の脂質を由来とする3-クロロ-1,2-プロパンジオール（図2）が生成することが報告されている[7]。本物質は変異原性などの毒性[8, 9]を示すことが知られており，食品業界としても本物質を排除する必要に迫られた。酸分解法は特有の装置を必要とするので，製造方法を変更することに伴う新たな設備投資を嫌って一旦生成する本物質を後から除去する手段も検討された[10, 11]が，低pH，高圧という条件を用いない酵素法では本物質が生成しないので，安全なエキス製造手段ということができる。

また，安全な食品という観点から述べると，BSE問題も食品業界にとって非常に深刻である。BSEの世界的な広がりが認知されるにつれ，生産者や行政も真剣な対応を進めてはいるが，消費者はより安全な牛製品を求めてBSE発生国の生産品を敬遠したり，精密かつ確実な検査を要求するようになった。同時に“牛離れ”現象も広がってきている。エキス分野でも牛は重要な原料であったが，屠畜場から出る牛ガラの大部分を占める脊柱などの部位を使用することはできなくなった。しかしビーフエキスのもつ独特の風味は他ではなかなか得られるものではない。現在ビーフエキス代替品として最も広く使用されているものは酵母エキス[12]であるが，さらに本物のビーフエキスの香り，味覚に近づけるために，化学調味料や他の生物由来の成分および醗酵生産物を添加して，各社が工夫を凝らして製品開発している[13]。これらの製品開発の方向性は味を濃厚にする，コクを出す，あつみを付与する，といった言葉で表現され[14, 15]，ビーフエキスの代替にとどまらず広く特徴的な風味を持たせた調味料・エキスの開発が各社で進められているのが現状である。

エキス製品の呈味性改善という目的では，外来成分の添加という手法以外に酵素使用方法の工夫というアプローチもある。酵素の種類を幅広く検索し組合せを検討して従来製品の畜肉エキスを再加工し，うま味，コク味を増進させた例がある[16]。本稿では水産加工品であるカツオエキスについて検討した例を紹介したい。

カツオエキスはカツオ缶詰製造時に煮汁として派生するものを原料とし，Brix（固形分含量）21％にまで蒸発濃縮した。濃縮物400gを500mL容三角フラスコに入れ，55℃に保温した。固形分の1％に相当する各種プロテアーゼ製剤を添加して2時間反応させ，その後90℃で1時間加熱して酵素を失活させた。次いで酵素処理濃縮物を95℃のインキュベータ中にて放置することで自然蒸発によりBrix50％まで濃縮した。試験したプロテアーゼ数種についての結果を表2に示すが，用いる酵素の種類により得られるカツオエキスの臭いや味に違いがあることがわかる。

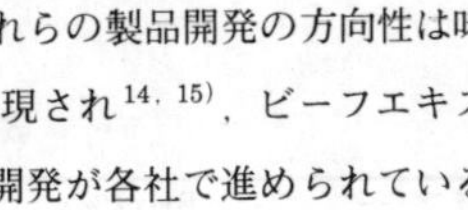

図2　3-クロロ-1,2-プロパンジオール

調味料として用いることを考えると一般的に酸の刺激臭は好ましくなく，味は濃厚なうま味を有しているものが好ましい。また，いずれの酵素を用いた場合にも無添加のものと比べて粘度が低下した。これはエキスの使用面のみならず製造面で重要な点である。エキスのBrixが高くなると塩分が飽和して析出するようになるが，高粘度では析出塩分は沈降しにくいため全体に均一に分散したままである。しかしながら粘度が低い場合には析出塩分は比較的容易に沈降するため分離除去可能となり，その結果低塩分のエキスを製造できるからである。

実際の減塩効果を測定した。Brixが8.4％のカツオ煮汁5Lに対し53℃で1時間酵素反応させた後，88℃で30分以上保持して酵素を失活させた。その後減圧濃縮でBrix74％とし，放置後にろ液の粘度と塩分を測定した（表3）。用いる酵素によって効果は異なるがいずれの酵素処理でも減塩が達成できた。

以上のような検討を他の酵素についても実施し，実生産に用いる酵素を決定した。本稿では酵素Pと記述する。そこで次には酵素Pの詳細な使用方法につき検討した。即ち酵素量，反応時間，反応pHを変えて出来上がったカツオエキスにつき生臭み，濃厚感などにつき評価した。この結果（表4），酵素Pを用いると全ての調製品で生臭みはほぼ消失し，濃厚感は酵素量が多く反応時間が長いほど高い傾向であった。pHは5.5（未調整）のものが好ましい結果であった。味と風味のバランスが最良の条件は酵素0.2％，反応2時間であった。

表2　カツオ煮汁のプロテアーゼ処理効果*

プロテアーゼ	Brix（％）		粘度（mPa·s）		臭い	味
商品名	失活後	濃縮後	失活後	濃縮後	濃縮後	濃縮後
（無添加）	20.8	50.4	4.3	73.3	生臭い	薄い
ニュートラーゼ	21.0	50.4	1.9	21.1	酸の刺激臭	うま味がある
アルカラーゼ	21.0	50.4	1.7	14.7	マイルドな香り	酸味強い，あっさりしている
エスペラーゼ	21.0	50.4	1.9	15.5	酸の刺激臭，やや生臭い	うま味がある
フレーバーザイム	21.2	50.0	1.8	12.9	マイルドな香り	うま味がある，あっさりしている
プロタメックス	21.2	50.2	1.8	13.3	香りが少ない	薄い

＊　原料の固形分に対して1％の酵素を添加した。

表3　カツオ煮汁のプロテアーゼ処理と塩分低下効果

プロテアーゼ	添加量*	Brix	粘度	塩分（％）		塩分沈降率
商品名	（％）	（％）	（mPa·s）	放置前	放置後	（％）
ニュートラーゼ	1	74.0	1070	20.5	13.3	35.2
アルカラーゼ	0.33	74.0	960	23.8	12.2	48.8
プロタメックス	0.33	74.0	840	23.4	14.2	39.3

＊　対固形分の値。

6.3　微生物を用いた新規な醗酵調味料

もうひとつの酵素の使い方として，産業用に精製された酵素を添加するのではなく，微生物そのものを添加して，その酵素作用に期待するというものがある。醸造分野においては麹菌や酵母などが利用されてきたが，これらを解体残渣や煮汁などの新たな原料に利用して新規な醗酵調味料とするものである。この場合，単一あるいはいくつかの産業用酵素を用いた場合に比べると，微生物の持つ多種類の酵素が同時に作用するので今までにないうま味，コク味[14]が得られ，その風味は用いる微生物により微妙に異なる。ここではカツオエキスを原料とした醗酵調味料製造例につき紹介する[17]。

原料としてカツオ缶詰製造時に派生する煮汁を常圧で煮詰め，Brix40％（pH5.5，8.1％NaCl）としたカツオエキスを用いた。麹菌である*Aspergillus sojae*を成分とする麹をカツオエキスに対し5％加え50℃で20時間反応させた。その後圧搾ろ過し，液体部分を殺菌（火入れ）後再度ろ過した。製品はホルモール態窒素[18]量（FN）を測定することで評価した。FN値が高いほど遊離アミノ酸など呈味成分が多い良質なエキスであると考えられる。

処理条件がFN値に及ぼす影響を表5に示した。醗酵温度は30℃に比べ50および55℃で高いFN値が得られたが，これは一般に*Aspergillus*属のプロテアーゼの酵素活性が50～55℃付近で最大であることと一致する。

また麹菌添加量および醗酵時間に比例してFN値が増加することがわかった。ただし実生産に

表4　カツオ煮汁に対する酵素Pの使用方法とカツオエキスの官能評価

Entry	酵素P添加量（%）	反応温度（℃）	pH[1]	反応時間（時間）	生臭み	濃厚感[2]
1	0.1	55	5.5	4	（－）	1
2	0.15	55	5.5	4	（－）	2
3	0.2	55	5.5	3	（－）	5
4	0.3	55	5.5	3	（－）	6
5	0.2	55	5.5	2	（－）	4
6	0.2	55	6.0	2	（－）	3

1）評価直前にpHを5.5に揃えた。
2）数字の大きいものほど濃厚感が高い。

表5　醗酵カツオエキス製造条件とFN値

麹添加量（%）	5	5	5	5	0	10	20	5	5	5
醗酵温度（℃）	50	0	30	55	50	50	50	50	50	50
醗酵時間（hr）	20	20	20	20	20	20	20	0	36	60
FN値（mg/100g）	630	470	570	640	510	700	740	470	700	750

おいては麹量増加，醗酵時間延長はいずれも生産コストアップにつながることから製造プラントの規模や予定生産量，製品に求められる風味などとの兼ね合いで最終決定する必要がある。

原料カツオエキスのpHを7.0（添加前の麹のpHに近い[19]）に上げてその影響を調べたが，FN値はpH5.5で630mg/100g，pH7.0で640mg/100gとほとんど同水準であった。麹には至適pHの様々なプロテアーゼが存在する[20]結果と考えられる。カツオエキスのpHを調整する際多量に沈澱を生じたことから，製造収率や作業性を考慮するとpH調整はしないほうが望ましい。

麹菌を用いた醗酵カツオエキスは濃厚な呈味性をもち，生臭さ，苦味，えぐみ，塩辛さなどが原料より低減されたものとなった。醗酵過程では麹菌由来の種々の酵素が作用するので，今後アミノ酸，他の有機酸，ペプチド，糖組成などを分析することにより，醗酵によって起こる現象を分子レベルで詳しく解析していきたいと考えている。

6.4 おわりに

以上カツオエキス製造条件の検討を中心に最近のエキスおよび調味料製造における酵素利用の実例を紹介してきた。天然系調味料業界は従来メーカー各社が独自の素材と手段により商品を開発上市してきたが，2003年になり初めての業界団体とも言える「日本エキス調味料協会」が発足した。背景には一般消費者の安心・安全志向，それに伴う法規制という一社だけでは対応しきれない状況になってきたことが挙げられよう。同時に味や香りに対する本物志向も今後進んでいくと思われ[5]，多様なニーズに対して様々な研究開発が進められている。その中で酵素の利用は穏和な分解条件や組合せによる千差万別の風味創出という点から，今後も天然系調味料開発の有力な手段であり続けると思われる。

文献

1) 食品産業の主要指標, ㈶食品産業センター, p.36 (2003)
2) 食品と開発, **38**, No.12, 34 (2003)
3) 前川隆嗣, 月刊フードケミカル, **19**, No.10, 78 (2003)
4) 渡辺保人, 応用酵素学, 講談社, p.58 (1979)
5) 間瀬民生, 月刊フードケミカル, **19**, No.9, 67 (2003)
6) 食品と開発, **37**, No.2, 57 (2002)
7) J. Velíšek *et al*., *Z. Lebensm. Unters. Forsch*., **167**, 241 (1978)
8) A. Piasecki *et al*., *Arzneim. Forsch*., **40**, 1054 (1990)
9) 大久保忠利ら, 日本水産学会誌, **61**, 596 (1995)

10）任恵峰ほか, 日本食品科学工学会誌, **46**, 9 (1999)
11）特許2999232
12）鈴木睦明, ジャパンフードサイエンス, **42**, No.9, 47 (2003)
13）末時崇行, ジャパンフードサイエンス, **42**, No.9, 30 (2003)
14）宮村直宏ら, 食品と開発, **38**, No.12, 62 (2003)
15）山口佑樹ら, *New Food Industry*, **45**, No.12, 49 (2003)
16）特開平8-173086
17）特開2001-299267
18）広瀬義成, しょうゆ試験法, ㈶日本醤油研究所, p.19 (1985)
19）廣瀬義成, 麴学, ㈶日本醸造協会, p.364 (1987)
20）一島英治, 麴学, ㈶日本醸造協会, p.100 (1987)

7　微生物農薬（BT）の作用性と酵素活性制御

水城英一[*1]，奥村史朗[*2]，赤尾哲之[*3]

7.1　*Bacillus thuringiensis*（BT）が産生する結晶性タンパク質研究の歴史とガン細胞破壊活性

Bacillus thuringiensis（BT）は1901年，我が国の石渡繁胤によって，カイコの“劇烈なる一種の軟化病”の病原細菌として分離された（図1）。その卒倒様の症状から病名が卒倒病，病原体が卒倒病菌と命名された[1)]。石渡は1905年に英文で卒倒菌に関する論文を発表しているが正式な学名の記載を行わなかった[2)]。当時，養蚕業はわが国の主要な産業の一つであり，養蚕現場で発生するカイコの様々な病気の克服は極めて重要な課題であった。石渡の発見は国内では顕著な業績としてよく知られ，その後も本菌に関する研究は活発に続けられたものの，国際的には長い間認知されることはなかった。

ドイツのBerlinerは石渡とは全く別に，1911年に南ドイツのThuringiaで同種の菌をシノマダラメイガの病死虫より分離し，1915年に*Bacillus thuringiensis*と命名した[3)]。1927年にはMattesが本菌株を再分離し，これが現在の*Bacillus thuringiensis* serovar *thuringiensis*となっており，Berlinerの菌株は現存していない。

また，昆虫病原微生物として発見された本菌の活性本体が芽胞形成時に芽胞嚢中に産生される結晶性タンパク質（parasporal inclusion）であることが明らかにされたのは，実に本菌の発見から半世紀以上を経た1954年のことであった[4)]。その後，分子生物学の発展と共に，1985年，最初の殺虫性タンパク質遺伝子の全配列が決定され[5)]，現在では殺虫性タンパク質は40を超える遺伝子型に分類されている[6)]。

その後，本菌の微生物生態学的研究が続けられた結果，本菌が当初の分離源であった病死虫や養蚕農家の塵埃等だけでなく，一般の土壌，植物体表面，淡水，海底堆積物，活性汚泥等の多様な環境にも分布し，分離された菌株のうち殺虫活性を示すものはごく少数であり，大半（60～90％）の株には殺虫活性がないという注目すべき事実が明らかにされた。すなわち，本菌は昆虫の存在に関係なく様々な自然環境下に生息しており，昆虫病原性によって本菌を定義づけることは困難であることが示されたのである。

＊1　Eiichi　Mizuki　福岡県工業技術センター　生物食品研究所　生物資源課　応用微生物研究室長

＊2　Shiro　Okumura　福岡県工業技術センター　生物食品研究所　生物資源課　研究員

＊3　Tetsuyuki　Akao　福岡県工業技術センター　生物食品研究所　生物資源課　生体物質化学研究室長

大日本蠶絲會報第百拾四號

●論説

●劇烈なる一種の軟化病(卒倒病)に就て(第一)

大日本蠶絲會技藝委員農學士　石渡繁胤

來歴　去る明治三十一年春期西ヶ原蠶業講習所試驗育中一圜の蠶兒の劇に斃死せる者あり、其病の劇烈なる實に驚くべく、試に之れが爲めに斃れたる蠶兒の體液を桑葉に塗抹し健全なる蠶兒に與ふるに同様の病状を呈して斃るゝと同じく劇烈なりし、よりて之れが體液の檢査を行ひ分離培養をなせしに一種の桿状菌を得たり、其後養蠶家にして斯の如き劇烈なる病の爲めに蠶兒の害を被りたるものあるを聞くこと屢々なりし、又近時京都蠶業講習所試驗育蠶兒中にも病状同一なる劇烈の病を發生せるを見たり、其體液の分離培養を行ひ、又前と同様なる一種の桿状菌を得種々なる試驗を行ひたるの結果其病原菌たるとを確むるに至れり、病勢の劇烈なる病菌の體内に入るや直に全く食欲を止め數時にして斃死するを以て、假に卒倒病の稱を附し細菌は之れに卒倒病菌と命名したり。

此病原の何れより來るやは未だ不明に屬す、然れども常に一圜の蠶兒の此病に罹るを見るに、傳染の度の强大なるにもよるべしと雖も抑も亦給與したる桑葉に附着せるか或は桑貯藏中に於ける醱酵による者にあらざるなきか疑なき能はざるなり、近頃東京農事試驗場技手野村彦太郎氏は桑葉の病菌を調査し其中一種の桿菌は蠶の病を起さしむるものなることを證されたり、而して其桿状菌は予が病蠶より得たる卒倒病菌に類似せること酷しきものあり、或は同一種なるやも知るべからず、現今之れが調査

第百拾四號・論説　一

図1　*Bacillus thuringiensis*発見の論文と石渡繁胤

それでは，自然界において多数を占める非殺虫性の菌株の結晶性タンパク質にはどんな活性があるのか。また，結晶性タンパク質の本来の役割は何なのか。筆者らはこのような疑問から，1996年から非殺虫性の結晶性タンパク質の新規活性探索を開始した。探索にあたっては，本菌の発見の経緯から，これまで視点が昆虫にとらわれていたことを反省し，まず，昆虫とは進化の系統樹で対極にある哺乳類の細胞，特に入手が容易で培養も比較的簡単なヒトのガン細胞を用い

て新規活性の探索を試みることにした。

まず，BT分離株の培養菌体からアルカリ緩衝液によって結晶性タンパク質を溶出し，これにプロテアーゼを加えて部分分解を行った。プロテアーゼインヒビターによって反応を停止し，pHを中性付近に戻した後，濾過滅菌して供試サンプルとした。このサンプルをヒトT細胞白血病細胞の培養液中に添加し，細胞の形態変化，細胞破壊活性，赤血球溶血活性を測定した。その結果，1744株のBT分離株のうち42株に白血病細胞に対する細胞破壊活性が存在することが明らかになった[7)]。選抜された42株は地理的に異なる地点から採取された土壌や植物のサンプルから分離されたもので，様々な形状の結晶性タンパク質を産生し，H血清型も多様であったが，殺虫性株を多く含むserovar *thuringiensis*，*alesti*，*kurstaki*，*sotto* 等のH血清型からは1株も見出せなかった。また，1株がカに弱い活性を示した他は，鱗翅目，双翅目，直翅目，網翅目，等翅目に属する11種の昆虫には殺虫活性を示さなかった。一方，BTのタンパク質としては，赤血球を始めとする広範な哺乳類細胞に非特異的破壊活性を示すCytタンパク質が知られていたが，本タンパク質は溶血活性を示さず白血病細胞に破壊活性を示していることから，Cytタンパク質とは異なる新規のタンパク質であると考えられた。そこで，これらのタンパク質を，従来の殺虫タンパク質と区別し，MCRCタンパク質（Mammalian Cell-Recognizing Crystal Protein）と呼ぶことにした。

これらの菌株から特徴的な菌株を選び，文部科学省地域先導研究（2000年度～2002年度）を中心に研究を展開した結果，現在までに9種のMCRCタンパク質遺伝子のクローニングに成功した。これら9種のMCRCタンパク質は，活性型分子のサイズが55～70kDaと約30kDaの2つのグループに大別されることが明らかになっている。

MCRCタンパク質の中でもっとも機能解明が進んでいるA1190株は広島県呉市の土壌から分離された菌株で，H血清型は未同定である。本菌株の全DNAを用いて調製したファージライブラリーから，結晶性タンパク質に対する抗体を用いたイムノスクリーニングにより，81kDaの前駆体タンパク質をコードする遺伝子のクローニングに成功した[8)]。本タンパク質の一次構造を既存の殺虫性タンパク質であるCryタンパク質と比較した結果Cryタンパク質の特徴である5つの保存領域（ブロック1～ブロック5）が確認されたものの，全体としては極めて低い相同性（＜25％）しか検出できなかった。また，検出された保存領域もブロック1及び5以外は相同性が低く，特に，細胞膜上のレセプター認識に関わると考えられているブロック2及び3の部分は大幅に変わっていた。本タンパク質はBT結晶性タンパク質命名委員会により，Cry殺虫タンパク質のグループに分類されたが（Cry31Aa1と命名），系統樹上では他のCryタンパク質とは最も離れた位置にある[6)]。

このA1190株が産生する81kDaの前駆体タンパク質は，アルカリ条件下で可溶化され，プロテアーゼによってN末端側に加工を受け，15kDaと56kDaのヘテロダイマーからなる活性型分子が生じていた。A1190株の活性型タンパク質の細胞破壊活性を子宮，血液，肝臓，肺等の組織由来の細胞（ガン細胞及び正常細胞）を含む16種の細胞を用いて検討したところ，本タンパク質は子宮ガン細胞（HeLa：EC_{50}＝0.095 μg/ml），白血病細胞（MOLT-4：EC_{50}＝1.0 μg/ml，HL-60：EC_{50}＝0.25 μg/ml），肝臓ガン細胞（HepG2：EC_{50}＝3.0 μg/ml）に対して強い細胞破壊活性を示すものの，正常細胞（正常T細胞，子宮正常細胞，正常肝細胞，肺正常細胞）及び他のガン細胞に対しては細胞破壊活性を示さず，極めて選択性の高い細胞破壊活性を有することが明らかになった。筆者らは本タンパク質のように，MCRCタンパク質のうちガン細胞に対する高い選択性を有するものをパラスポリン（parasporin）と命名し[7]，これまでに数種のパラスポリンタンパク質を発見した。現在，本タンパク質のX線結晶構造解析を進めるとともに，ガン細胞上のレセプターの特定を含め，本タンパク質の詳細なガン細胞傷害機構を明らかにしつつある。

本菌の発見以来の100年間は本菌の殺虫活性に関する研究の時代であった。現在，結晶性タンパク質からはガン細胞破壊活性のみならず，この後紹介する酵素活性の制御機能やレクチン活性，その他の新規活性が次々と発見されている（図2）。発見100周年を境に本菌研究の新たな時代が開幕している感を強くする。本タンパク質から発見される様々な活性は，今後，医学，薬学等の様々な分野で活用されていくものと期待される。

7.2　BTが産生する結晶性タンパク質による酵素活性の制御

BTが胞子形成時に生産する結晶性タンパク質は殺虫活性やガン細胞破壊活性以外にもいくつかの新規機能が報告されているが[9, 10]，ここではserovar *kurstaki* HD-73株が産生する結晶性タンパク質によるアミノペプチダーゼNの活性阻害効果について紹介する。

アミノペプチダーゼNはタンパク質やペプチドのN末端からアミノ酸を1個ずつ切断するプロテアーゼの一種で各種生物に広く分布している。食品にプロテアーゼを作用させたときに苦味性のあるペプチドが生じることがあるが，食品加工業においては，アミノペプチダーゼNはこの苦味性のあるペプチドを分解し，味を向上する用途が期待されている[11, 12]。

serovar *kurstaki* HD-73株が産生する結晶性タンパク質にはCry1Acという鱗翅目昆虫に対して広く殺虫活性を示すタンパク質性のトキシンが含まれている。このCry1Acトキシンが作用する際のレセプターとして鱗翅目昆虫の中腸上皮細胞に分布するアミノペプチダーゼNが有力視されている[13]。鱗翅目昆虫のアミノペプチダーゼNはGPIアンカーにより細胞膜に結合している分子量約120kDaの金属プロテアーゼであり[14]，鱗翅目昆虫幼虫の中腸上皮細胞の刷子縁膜（Brush Border Membrane＝BBM）に多く分布している。アミノペプチダーゼNにCry1Acが

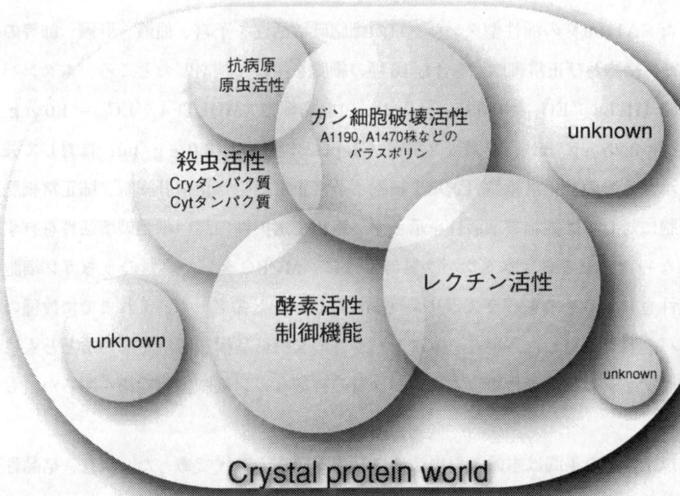

図2　*Bacillus thuringiensis* が産生する結晶性タンパク質の世界

結合することにより，活性部位が覆われたり，結合による立体構造の変化がおこることが予想され，その結果アミノペプチダーゼNの酵素活性が影響を受ける可能性が考えられる。

アブラナ科の植物に対して食害する鱗翅目昆虫である *Plutella xylostella*（コナガ：図3）に対してもCry1Acは殺虫活性を示す。そこで，コナガの中腸を切り出してポッターエルベジェム型のホモジナイザーで破砕して，中腸上皮細胞のBBMを抽出し[15]，このBBMをアミノペプチダーゼN粗酵素液として用いて，BTの結晶性タンパク質がコナガのアミノペプチダーゼN活性に及ぼす影響を検討した。

図4にいろいろなBTの結晶性タンパク質がコナガのアミノペプチダーゼN活性に及ぼす影響を示した。BTのA1190株の結晶性タンパク質は子宮頸上皮細胞由来のガン細胞であるHeLa細胞などに細胞破壊活性を示し[7]，A1470株の結晶性タンパク質は白血病由来のガン細胞であるMOLT-4細胞に強い細胞破壊活性を示すが[16]，この2つの結晶性タンパク質はコナガに対しては殺虫活性を示さない。これらの2つのBTの結晶性タンパク質とウシ血清アルブミンは，濃度にかかわらずコナガのアミノペプチダーゼN活性に影響しないことが示された。一方，serovar *kurstaki* HD-73株が生産するCry1Acトキシンは0.5 μ Mの濃度においてアミノペプチダーゼN活性を約15％阻害することが示された。

図3　*Plutella xylostella*（和名：コナガ，英名：Diamondback moth）
前翅長：6～7.5mm。四季を通じてみられ，全世界に分布している。幼虫がアブラナ科の植物の葉を食べる害虫として知られている。A：成虫，B：終令幼虫。

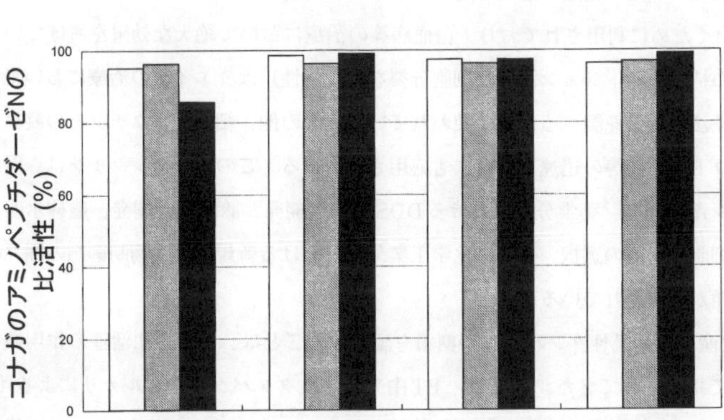

図4　BTの結晶性タンパク質がコナガのアミノペプチダーゼN活性に及ぼす影響
可溶化・活性化後に精製したBTの結晶性タンパク質にコナガから抽出したアミノペプチダーゼNを加え37℃で3時間インキュベートした後でアミノペプチダーゼNの活性を測定した。結晶性タンパク質の終濃度は白：0.125 μM，斜線：0.25 μM，黒：0.5 μMで行った。酵素活性は150mM GTA buffer（pH8.0）の緩衝液を用いて，終濃度で1.57mMのL-leucine-p-nitroanilideを加えて30℃で10分間インキュベートし，405nmの吸光度の増加量で測定を行った。

筆者らは九州大学と共同で数千株のBTライブラリを所有しており，それぞれの株は異なった結晶性タンパク質を産生している。今回の結果を受けて，将来的にはこのライブラリからいろいろな酵素に対する阻害剤をスクリーニングし，タンパク質性の酵素活性阻害剤を開発することが期待できる。

7.3 BTが産生する結晶性タンパク質の新規機能

7.3.1 レクチン活性

レクチンは糖質と結合するタンパク質の一種であり，細胞を凝集させたり，多糖類や糖タンパク質を沈降させるという特性を持つ。レクチンの定義をまとめると，次のようになる。①糖に結合し，細胞を凝集あるいは複合糖質を沈降させる。②非免疫学的な産物である。③細胞や複合糖質との結合は，単糖またはオリゴ糖により阻害される。

このようなレクチンの特性は発見から1世紀を経て生物学や医学の研究のみならず，応用の面で近年特に注目されるようになった[17]。レクチンの糖認識機能は，糖タンパク質，糖脂質や糖を含むホルモン等の生体高分子の検出や，細胞表面の糖組成の違いを利用した腫瘍細胞の悪性化と転移の診断，肺炎，副甲状腺腫，潰瘍性大結腸炎の診断等に利用されている。また，その細胞凝集能は血液型の判定や細胞分離にも応用され，特に骨髄移植の際，合併免疫不全症の原因であるT細胞を除くために利用されており，白血病等の治療において絶大な効果をあげている。さらにレクチンの持つマイトジェン活性（細胞分裂を促す活性）は，エイズの治療において免疫抑制効果や免疫療法の効果を調べるために使われている。その他，細菌とレクチンとの凝集は淋菌，連鎖球菌，ブドウ球菌等の迅速な同定にも応用されている。このようにレクチンは，医療分野における抗ガン剤の開発，薬学分野におけるDDS技術の開発，診断薬の開発，農林水産分野における特定の細胞・組織の選択，さらに化学工業分野における新規有害生物制御剤の開発等，幅広い分野で開発が期待されている。

BTが生産する結晶性タンパク質が糖鎖を認識することは，その殺虫活性の作用機構が解明されるなかで指摘されてきた[18]。実際，BT由来結晶性タンパク質をアルカリによる可溶化の後，プロテアーゼにより活性化し，ヒツジ赤血球の凝集能をみることで簡単にレクチン活性を確かめることができる[19]。

様々な分離源より得られたBTについてレクチン活性を調べてみると，151株のうち38％にあたる58株がヒツジ赤血球を凝集させる[20]。ここで興味が持たれるのは，レクチン活性と殺虫活性やガン細胞破壊活性との関係である。レクチン活性を有するBTの58株の内，8株はチカイエカ，ハマダラカ，コナガに対して毒性を示した。同様に，ガン細胞破壊活性を有するのは，ヒト白血病細胞（MOLT-4）を特異的に破壊する1株だけであった。現在のところ，レクチン活性と殺虫活性およびガン細胞破壊活性の3つを併せ持つ菌株は見つかっていない。

ではBTが産生する結晶性タンパク質はどのような糖認識スペクトルを持つのであろうか。BT661株についてヒツジ，ウサギ，ウマ，ウシの赤血球凝集能を調べてみると，ヒツジでは304株（46％）に，ウサギでは300株（45％）で凝集が見られた。ウマやウシではそれぞれ9株（1.3％），5株（0.7％）で弱い凝集能が見られるだけである。そして4種の動物赤血球のうちいずれかを凝集させる結晶性タンパク質は全体の62％を占める。これらの結果からBTが産生する結晶性タンパク質はグロボシド型糖脂質中のN-アセチル-D-ガラクトサミンまたはD-ガラクトースを強く認識するものがほとんどで，ガングリオシドやヘマトシド型の糖脂質を認識するものは少数であると考えられた。殺虫活性を持つ結晶性タンパク質Cry1AcとアミノペプチダーゼNの結合に於いてN-アセチル-D-ガラクトサミンが結合に関与しているという指摘[21]もあることから，N-アセチル-D-ガラクトサミンやD-ガラクトース認識がBTの産生する結晶性タンパク質の特性かもしれない。

これまでBTの様々な生物活性が明らかにされているが，活性を持つBTの割合は，殺虫活性で約10～40％，ガン細胞認識・破壊活性で約3％である。それに対しレクチン活性を持つ割合は約62％と特別高く，糖認識機能がBTの結晶性タンパク質の主たる活性ではないかと推察される。

BTが生産する結晶性タンパク質は，数十の遺伝子型に分類される多様性の豊富さ，原核生物の遺伝子であるが故の改変のし易さという植物や昆虫等他のレクチン生産生物にない優れた特徴を持つ。将来この菌を新たなレクチン分離源として利用できる可能性は大きい。

7.3.2　抗ヒト病原原虫活性

これまでに，殺虫活性を有するBTが，植物や動物に寄生する線虫に対して致死効果があることがBottjerら[22]によって報告されている。さらにFeitelsonら[23]は害虫の他，様々な病原生物に対してBTの結晶性タンパク質が致死効果を有することを指摘している。近年，我々の研究により，これまで活性が不明であった殺虫活性を持たないBT株の結晶性タンパク質の中に，生育阻害や致死作用といった優れた抗トリコモナス活性を有する結晶性タンパク質を生産する株が存在することが確認された[10]。

トリコモナスはヒトやウシ，鳥類（カナリヤ等のペット，ニワトリ）のトリコモナス症の病原微生物である。ウシの場合では生殖器に寄生し流産や妊娠遅延を引き起こし，鳥類においては上部消化官に感染し，急速な体重減少，死亡の原因となっている。ヒトの場合は，厚生省の性感染症サーベイランス事業で5大性感染症の一つとして取り上げられており，現在も監視が続いている。なかでも*Trichomonas vaginalis*はヒトの性感染症の病原体として知られ，世界的に見て1億7千万人が毎年感染し[24]，日本国内では約2千5百人の成人女性が感染していると報告されている[25]。

最近になり，トリコモナス症の特効薬として使用されてきたメトロニダゾールに対する耐性トリコモナスの出現が深刻な問題となっている[24, 26]。他にもニトロフラン類，トリコマイシン，メトロニダゾール，チニダゾール等が開発，利用されてきた。しかし，これらの薬剤はいずれも毒性や副作用が強く，突然変異源性や発ガン性も有するため，その有用性には限界があり，新規のトリコモナス症治療薬の開発が切望されている。

殺虫活性及び溶血活性を有しないBT株の中に，生育阻害や致死作用といった優れた抗トリコモナス活性を有する結晶性タンパク質を生産する株の発見は，トリコモナス症治療薬の開発に新たな道を開くものである。さらにこの発見は，トリコモナス以外の病原性原生動物に対して傷害活性を有するBT菌を得られる可能性を示すものである。BTが産生するトリコモナス細胞認識・破壊タンパク質は，生産が容易で生産コストが低く，多様なBT株から生産されるため多様性に富むことや，遺伝子改変が容易であることなどの優れた性状を持っている。このことは本タンパク質からトリコモナス症治療薬を開発する際，大きな利点になると考えられる。

文　献

1） 石渡繁胤, 大日本蚕糸会報, **144**, 1-5 (1901)
2） K. Aizawa, Proceedings of a Centennial Symposium Commemorating Ishiwata's Discovery of *Bacillus thuringiensis*, pp. 1-14 (2001)
3） E. Berliner, *Z. Ang. Entomol.*, **2**, 29-56 (1915)
4） T. A. Angus, *Nature* **173**, 545-6 (1954)
5） H.E. Schnepf *et al.*, *J. Biol. Chem.* **260**, 6264-72 (1985)
6） http://www.biols.susx.ac.uk/home/Neil_Crickmore/Bt/index.html
7） E. Mizuki *et al.*, *J. Appl. Microbiol.* **86**, 477-86 (1999)
8） E. Mizuki *et al.*, *Clin. Diagn. Lab. Immunol.* **7**, 625-34 (2000)
9） T. Akao *et al.*, *J. Basic Microbiol.*, **41**, 3-6 (2001)
10） S. Kondo *et al.*, *Parasitol. Res.* **88**, 1090-2 (2002)
11） G. O'Cuinn *et al.*, *Biochem. Soc. Trans.* **27**, 730-4 (1999)
12） P. S. Tan, *et al.*, *Appl. Environ. Microbiol.* **59**, 1430-6 (1993)
13） S. Gill *et al.*, *J. Biol. Chem.* **270**, 27277-82 (1995)
14） S. F. Garczynski *et al.*, *Insect Biochem. Mol. Biol.* **25**, 409-15 (1995)
15） S. Okumura *et al.*, *J. Biochem. Biophys. Methods* **47**, 177-88 (2001)
16） D. W. Lee *et al.*, *Biochim. Biophys. Acta.* **1547**, 57-63 (2001)
17） ナタン・シャロンほか, レクチン, 学会出版センター (1990)

18) S. L.Burton *et al.*, *J. Mol. Biol.* **287**, 1011-22 (1999)
19) Q. Meng *et al.*, *Journal of Animal Science* **76**, 551-6 (1998)
20) T. Akao *et al.*, *FEMS Micrbiol. Lett.*, **179**, 415-21 (1999)
21) T. Yamakawa *et al.*, *Trends in Biochemical Sciences* **3**, 128-31 (1978)
22) K. P. Bottjer *et al.*, *Exp. Parasitol.* **60**, 239-44 (1985)
23) J. S. Feitelson *et al.*, *Insects and beyond. Biotech.* **10**, 271-5 (1992)
24) J. D. Sobel *et al.*, *Clin. Infect. Dis.* **33**, 1341-6 (2001)
25) T. Kawana *et al.*, *Sanpu no Jissai* **47**, 299-305 (1998)
26) QI. H. Ye *et al.*, *Jpn. J. Parasitol.* **44**, 473-80 (1995)

第4章　脂質関連酵素

1　リパーゼを用いた油脂の改質

島田裕司*

1.1　はじめに

リパーゼ（油脂分解酵素）は，1856年にBernardによって膵臓ホモジネート中に確認されて以来，アミラーゼ，プロテアーゼと共に三大消化酵素として重視されてきた。しかし，その基質である油脂が水に溶けないこと，多種多様なトリグリセリド（TAG）分子の混合物である油脂の構造決定が困難であることなどに起因して，リパーゼの基礎および応用研究は，アミラーゼやプロテアーゼに比べて大きく遅れていた。1980年代に入り，リパーゼは有機溶媒中でも活性を示すこと，リパーゼの洗剤用酵素としての利用，さらに固定化リパーゼを用いたカカオ脂代替脂の工業生産の開始などが報告され，リパーゼに関する研究は大きく発展した。またこの頃から，リパーゼ遺伝子のクローン化と結晶構造の解析も進み，積年の疑問であったリパーゼの油ー水界面での活性化現象が活性中心を覆っているヘリックス（リッドと呼ばれている）の存在によって解明された。これらの基礎および応用研究の成果が基盤となり，油脂産業界では油脂加工にリパーゼを積極的に利用しようという機運が高まりつつある。本節では，食用油脂の改質におけるリパーゼ利用の現状と最近の研究成果に焦点をおいて概説する。

1.2　リパーゼの性質と利用用途

1.2.1　リパーゼが触媒する反応と基質特異性

リパーゼとは長鎖脂肪酸とアルコールのエステル結合を加水分解する酵素であり，水を制限した反応系中ではエステル化やエステル交換（アシドリシス，アルコリシス，分子間エステル交換）も触媒する（図1）。また作用特異性として，脂肪酸特異性，アルコール特異性，TAGのエステル結合に対する位置特異性，TAG分子全体を認識するトリグリセリド特異性[1)]，およびグリセリド特異性［一般に，モノグリセリド（MAG）＞ジグリセリド（DAG）＞TAGの順に作用性が低下[2, 3)]］を有しており，油脂加工では脂肪酸特異性と位置特異性を利用した反応がよく利用される。一般にリパーゼは，C_8～C_{24}の中・長鎖脂肪酸をよく認識するが，炭素数が18以上でも二重結合の数が3つ以上の高度不飽和脂肪酸（polyunsaturated fatty acid；PUFA）を認識しに

*　Yuji　Shimada　大阪市立工業研究所　生物化学課　課長

1. 加水分解（Hydrolysis）

$$ROCOR^1 + H_2O \longrightarrow ROH + R^1COOH$$

2. エステル化（Esterification）

$$R^1OH + R^2COOH \longrightarrow R^1OCOR^2 + H_2O$$

3. エステル交換（Transesterification）

3-1　アシドリシス（Acidolysis）

$$ROCOR^1 + R^2COOH \longrightarrow ROCOR^2 + R^1COOH$$

3-2　アルコリシス（Alcoholysis）

$$R^1OCOR + R^2OH \longrightarrow R^2OCOR + R^1OH$$

3-3　分子間エステル交換（Interesterification）

$$R^1OCOR^2 + R^3OCOR^4 \longrightarrow R^1OCOR^4 + R^3OCOR^2$$

図1　リパーゼが触媒する反応

くい［α-リノレン酸（18:3n-3）を除く］。またリパーゼは，TAGの1,3-位のエステル結合（1級アルコールエステル）のみを認識する1,3-位特異的酵素と，全てのエステル結合（1級および2級アルコールエステル）を認識する非特異的酵素に分類される。この位置特異性について，*Geotrichum candidum*のリパーゼIIIとIVは2-位のエステル結合を優先的に認識することが報告されているが[4, 5]，2-位のエステル結合だけを認識する2-位特異的酵素はまだ発見されていない。この特異性を持ったリパーゼの発見は，油脂を精密加工する触媒として強く望まれている。

1.2.2　産業用リパーゼの分類と利用用途

遺伝子工学の発展に伴って多くのリパーゼ遺伝子がクローン化され，リパーゼは一次構造の相同性に基づいて分類することができる。一次構造が類似していると高次構造も類似しており，高次構造が類似していると酵素の性質も類似している可能性が高い。そこで我々は，工業的利用を目的としてリパーゼを表1のように分類し，利用目的に合った酵素の検索に活用している。また，産業用リパーゼの利用用途，および近年の研究により提案された新しい用途を表2にまとめた。

1.3　リパーゼを用いた油脂加工

油脂食品業界では，油脂加工の触媒としてのリパーゼの利用が今後拡大すると考えられる。そこで本項では，表2に示したリパーゼの利用用途のうち食品業界に関連のある油脂加工を取り上げ概説する。

1.3.1　加水分解反応の利用

一般にリパーゼはPUFAを認識しにくい性質を持っている。したがって，PUFA含有油をリパーゼで加水分解すると，PUFAを未分解グリセリド画分に濃縮することができる[6]。この目的に

表1　一次構造の分類に基づいたリパーゼの分類

グループ	微生物	性質
細菌		
Group1	*Staphylocossus* 属	
Group2	*Burkholderia cepacia* *Burkholderia glumae* *Pseudomonas aeruginosa*	位置特異性，非特異的（1,3-位優先）；PUFAもある程度認識する
Group3	*Pseudomonas fluorescens* *Serratia marcescens*	位置特異性，非特異的（1,3-位優先）；PUFAもある程度認識する
Group4	*Bacillus* 属	
酵母		
Group1	*Candida rugosa* *Geotrichum candidum*	位置特異性，非特異的；炭素数20以上の脂肪酸やPUFAを認識しにくい；強い脂肪酸選択性を持つ；ステロールやメントールなどを認識する；強い加水分解力を持つ
Group2	*Candida antarctica*	位置特異性；非特異的（1,3-位優先），反応条件によっては1,3-位特異的；PUFAや短鎖アルコールをよく認識する
糸状菌	*Rhizomucor miehei* *Rhizopus oryzae* *Thermomyces lanuginose* *Fusarium hetersporum*	位置特異性，1,3-位特異的；PUFAを認識しにくい；C_8～C_{24}までの飽和脂肪酸およびモノエン酸をよく認識する
	Penicillium camembertii	1,3-位特異的；TAGを認識しない

最も適した酵素は*Candida rugosa*のリパーゼであり，マグロ油［ドコサヘキサエン酸（DHA; 22:6n-3）含量，23％］と水の混液に本酵素を加えて攪拌すると，70％の加水分解率で未分解グリセリド画分のDHA含量を約50％まで高めることができる[7]。なお反応液から未分解のグリセリドを工業的に回収するには，蒸留法（short-path distillation）[7,8]，あるいはヘキサン抽出法が採用されている。またDHA含量をさらに高めたいときには，得られたグリセリドをもう一度加水分解する方法が効果的である。加水分解を3～4回繰り返すと，DHAを70％含む油を製造することもできる。この方法によって製造されたDHA高含有油は，1994年以来，栄養補助食品として商品化され，サプリメントとしての地位を確保している。

同様の方法で22％のγ-リノレン酸（GLA; 18:3n-6）を含むボラージ油を加水分解すると45％のGLAを含む油を製造することができるし[8,9]，40％のアラキドン酸（AA; 20:4n-6）を含有するsingle-cell oilから57％のAA含有油を製造することもできる[10]。

1.3.2　エステル化反応の利用

エステル化反応を利用すると，1級および2級アルコールの脂肪酸エステル（ワックス）[11]，ラクトン[12]，エストリド[13]，メンチルエステル[14]，ステリルエステル[15]などの有用エステルを合

表2　産業用リパーゼの利用用途

利用用途	リパーゼの起源	備考
既に利用されている用途		
洗剤用酵素	*Thermomyces lanuginosa*	
光学分割	*Candida rugosa* *Candida antarctica* *Serratia marcescens* *Pseudomonas* 属 *Burkholderia* 属など	位置特異性が非特異的な酵素は利用できる可能性がある
医薬品（消化薬）	*Aspergillus niger* *Rhizopus niveus*	
臨床検査試薬	*Pseudomonas aeruginosa*	中性脂質，コレステロールエステルの定量
不飽和脂肪酸の製造	*Candida rugosa*	
卵白から脂質の除去	*Mucor javanicus*	熱により失活しやすい
製紙	未公表	木材中のTAGを分解しピッチの生成を防ぐ
皮革	未公表	原料皮（豚皮）の脱脂
フレーバーの付与 （フレーバー剤の製造）	*Candida rugosa* *Penicillium roqueforti* *Rhizopus oryzae* *Aspergillus niger*	バターフレーバー チーズフレーバー 製パン用フレーバー
製パン	*Fusarium oxysporum*	脂質分解物が乳化剤と同じような働きをする
機能性油脂の製造		
カカオ脂代替脂	*Rhizomucor miehei*	固定化1,3-位特異的酵素
母乳代替脂	*Rhizopus oryzae* *Rhizopus niveus* など	
高度不飽和脂肪酸高含有油	*Candida rugosa*	選択的加水分解
中鎖脂肪酸含有油	未公表	固定化リパーゼ
ジアシルグリセロール	未公表	固定化1,3-位特異的酵素
ステリルエステルの製造	*Candida rugosa*	
最近報告された用途		
機能性油脂の製造		
高吸収性構造脂質	*Rhizomucor miehei* *Thermomyces lanuginosa* *Rhizopus niveus* *Rhizopus oryzae* など	固定化1,3-位特異的酵素
モノグリセリド	*Pseudomonas* 属 *Penicillium camembertii* *Rhizopus oryzae* *Candida rugosa* *Candida antarctica*	

表2　産業用リパーゼの利用用途（続き）

利用用途	リパーゼの起源	備考
有用エステルの合成		
メンチルエステル	*Candida rugosa*	
アスコルビン酸エステル	*Candida antarctica*	
糖エステル		
コウジ酸エステル		
カプサイシン類	*Candida antarctica*	
有用物質の精製		
高度不飽和脂肪酸	*Rhizopus oryzae*	選択的エステル化
	Rhizomucor miehei	選択的アルコリシス
	Candida rugosa	
トコフェロール	*Candida rugosa*	
ステロール	*Pseudomonas aeruginosa*	
ステロールエステル		
アスタキサンチン		
バイオディーゼル燃料生産	*Candida antarctica*	

成できるが，油脂の改質という観点からここではグリセリドの合成に限定して述べる。

(1) TAGの製造

不安定な脂肪酸のTAGは，リパーゼを触媒としてグリセリンと脂肪酸をエステル化することにより比較的容易に合成することができる。この反応は水を制限した条件下で行うため，固定化酵素の利用が効果的である。反応温度を50℃以上に設定すると自発的な分子内アシル基転移が起こりやすくなるので，位置特異性において非特異的な酵素だけでなく，1,3-位特異的な酵素を用いてもTAGの合成は可能である。固定化*Candida antarctica*リパーゼ，あるいは固定化*Rhizomucor miehei*リパーゼを用い，グリセリン1モルに対して脂肪酸を3モル以上加え，両基質が効率よく接触するように工夫すると有機溶媒を含まない反応系でも効率よくTAGを合成することができる[16, 17]。このエステル化反応で精製してくる水を脱水（例えば減圧下で）すると，エステル化率は上昇し，反応系中のTAG含量は90％程度に達する。また，*Candida antarctica*リパーゼはPUFAもよく認識するので，この酵素を用いるとPUFAのTAGを製造することもできる。

(2) DAGの製造

食物として摂取されたTAGは，脂肪酸とMAGに分解されて小腸粘膜から吸収される。吸収された分解物はTAGに再合成されていったん脂肪組織に蓄積された後，必要に応じて分解されてエネルギー源となる。一方，摂取されたDAGは分解・吸収された後にTAGに再合成されにくいため，体脂肪がつきにくいといわれている。基本的にDAGは，固定化1,3-位特異的リパーゼを触媒として用い，グリセリンに2モル量の脂肪酸を加えてエステル化することにより合成することができる。なお，エステル化反応によって生じる水を除去すると反応効率は上昇する。酵素法によって生産されたDAGは，油脂関連製品で第1号となる特定保健用食品の認可を受け，1999年から発売されている。

(3) MAGの製造

飽和脂肪酸およびモノエン酸のMAGは，TAGを高温・高圧下でグリセロリシスすることにより工業生産され，食品用乳化剤として広く使用されている。しかし，保健機能を持った脂肪酸の多くは二重結合を多く含み不安定であるため，この化学法を不安定な脂肪酸のMAG合成に採用することは難しい。温和な条件下で反応が進行する酵素法を利用することにより，保健機能を持った脂肪酸のMAGを提供することが可能となる。

酵素法によるMAG合成に関する研究は1990年頃から積極的に開始され，多くの報告は有機溶媒中でのTAGの加水分解，脂肪酸とグリセリンのエステル化，TAGグリセロリシス，およびTAGのエタノリシスを利用した飽和脂肪酸とモノエン酸のMAGの製造に関するものであった[18)]。MAGを実用化規模で生産するとき，有機溶媒を含まない反応系が好ましく，*Pseudomonas*属リパーゼを用いたTAGのグリセロリシスや[19, 20)]，*Penicillium camembertii*モノおよびジアシルグリセロールリパーゼによるグリセリンと脂肪酸によるエステル化反応[21)]による合成系が報告されている。これらの反応系をまとめてみると，反応温度を下げるとMAGの収率を高めることができるという結果に到達する。この現象は，反応温度を下げると反応系中で最も融点の高いMAGが固化し，固化したMAGはリパーゼの基質となりにくいことからMAGの収率が上昇すると考えられている[19, 20, 22)]。

機能性脂肪酸のMAGを実用化生産するとき，遊離脂肪酸とMAGの分離が困難なため，反応終了時の遊離脂肪酸量は5％以下に抑えなければならない。この観点から判断すると，水を制限した反応系でのグリセロリシスを採用するか，エステル化率を95％以上に高めることのできるエステル化反応系が好ましい。これまでに報告されているTAGのグリセロリシスには*Pseudomonas*属のリパーゼが用いられており，食品を製造するときの触媒として好ましいとはいい難い。そこで我々は，多彩な生理活性が報告されている共役リノール酸（conjugated linoleic acid; CLA）のMAGの製造をモデルとして食品加工用の酵素を触媒とした反応系の構築を行っている。研究途上ではあるが，これまでに構築した反応系を以下に紹介する。

①　エステル化とグリセロリシスからなる2段階*in situ*反応系

CLAを含む遊離脂肪酸混液（FFA-CLA）と5モル量のグリセリン，*Penicillium camembertii*モノおよびジアシルグリセロールリパーゼ（以下リパーゼと略す），および酵素液由来の水2％からなる反応液を30℃で撹拌しながら反応を開始する。反応途中で減圧しながら生成水を除去すると，エステル化率を95％以上に高めることができる。この時点でTAGは全く合成されず，MAGとDAGはほぼ等量合成された。この反応液を撹拌しながら5℃まで冷やして固化させ，放置するとDAGは徐々にグリセロリシスされてMAGに変換する。放置2週間後のエステル化率は95％を維持しており，MAGの収率は89％であった[23]。

② 低温でのエステル化反応系

2段階*in situ*反応系と同じ反応混液を5℃で撹拌しながら反応を行うと，FFA-CLAからMAG-CLAが合成される。このMAG-CLAが固化して，リパーゼの基質とならないため，MAGからDAGへの反応が抑えられる。反応途中で脱水することによりエステル化率は上昇し，30～36時間でエステル化率は95％に達し，MAGの収率は93％であった[24]。なおこの反応系を採用したとき，*Penicillium*のリパーゼだけでなく，*Candida rugosa*や*Rhizopus oryzae*のリパーゼを触媒としても同じように効率よくMAGを合成することができた[22]。

1.3.3 エステル交換反応の利用

(1) カカオ脂代替脂の製造

カカオ脂の主成分は，1,3-位にパルミチン酸とステアリン酸が結合し，2-位にオレイン酸が結合したTAGである。体温に近い温度に融点を持つカカオ脂の特徴は限定された分子種で構成されていることに起因し，この脂はチョコレートの原料として重宝されている。このカカオ脂と同じような物性（融点）を持つ脂を製造するために酵素法の導入が試みられた。固定化した1,3-位特異的なリパーゼを触媒とし，ヘキサン中で安価なパーム油（パームオレイン）をステアリン酸（あるいはステアリン酸エチル）でエステル交換すると1,3-位にステアリン酸，2-位にオレイン酸が結合したTAG（SOS脂）を製造することができ[25]，我が国では1983年にこのSOS脂の発売が開始されている。開発当時，固定化リパーゼを充填した固定層型リアクターによる連続生産法の斬新さが油脂産業界に一石を投じ，その後の酵素法による機能性油脂開発の導火線となっている。SOS脂が販売された後，さらに融点の高い脂として1,3-位にベヘン酸，2-位にオレイン酸の結合したBOB脂も開発され，チョコレートの融点調節に使用されている。

(2) 母乳代替脂の製造

母乳中には2-位にパルミチン酸，1,3-位にオレイン酸が結合したTAG（OPO）が多く含まれており，この特徴ある構造が乳児における脂質の吸収効率を高めているといわれている。このOPO脂もカカオ脂と同様の方法で製造することができる。固定化1,3-位特異的リパーゼを触媒とし，パーム固形脂（2-パルミトイルTAG種が多く含まれている）の1,3-位の脂肪酸をオレイン酸でエステル交換する方法で生産されている。海外では，製造されたOPO脂を育児粉乳の成分として使用している。

(3) 中鎖脂肪酸含有油の製造

大豆や菜種など多くの植物油はC_{18}の長鎖脂肪酸からなるTAG分子種で構成されている。1.3.

2項(2)で述べたように，摂取されたTAGは分解・吸収された後，TAGに再構成されて脂肪組織に貯蔵される。一方，C_8，C_{10}の中鎖脂肪酸は長鎖脂肪酸より早く吸収されて肝臓ですばやく分解されるため，脂肪組織に蓄積されることはない。この中鎖脂肪酸の特性が注目され，中鎖脂肪酸のTAGと長鎖脂肪酸のTAGを分子間エステル交換した油が生産されている。この油は特定保健用食品の認可を受けて2003年から発売が開始されており，この種のエステル交換油の製造にセライトに固定化した*Alcaligenes*属リパーゼの利用が有効であるという報告もある[26]。

(4) 高吸収性構造脂質の製造

天然油脂を構成しているTAGは，2-位に不飽和度の高い脂肪酸が結合しているという傾向が見られる。しかし，1-,2-,3-位に特定の脂肪酸が結合しているわけではなく，天然油脂は多種多様なTAGの混合物である。一方，1-,2-,3-位に特定の脂肪酸が結合し，構造が規定されたTAGは構造脂質と定義されている。TAGの1,3-位に中鎖脂肪酸，2-位に長鎖脂肪酸が結合したMLM型TAGは，長鎖脂肪酸だけで構成されているTAGより早く体内に吸収されると報告されている[27, 28]。一方，PUFAは各種の生活習慣病に対する予防効果や症状改善効果をはじめ多彩な生理機能を有することが知られている。これらの報告から，2-位にPUFAを含むMLM型TAGは，脂質代謝や脂質吸収機能の低下した患者や高齢者の栄養源として期待されている。MLM型TAGの製造方法に関する研究は1995年以後盛んに行われ，色々な製造方法が提案されている。以下にその主なものを紹介する。

① 天然油脂の中鎖脂肪酸によるアシドリシスおよび分子間エステル交換反応の利用

原理はカカオ脂代替脂や母乳代替脂の製造と同じである。固定化1,3-位特異的リパーゼ（例えば，*Rhizomucor miehei*，*Rhizopus oryzae*，*Thermomyces lanuginosa*のリパーゼなど）を触媒とし，ヘキサン中または無溶媒系で天然油脂を中鎖脂肪酸でアシドリシス，あるいは中鎖脂肪酸エチルで分子間エステル交換すると，1,3-位に結合していた脂肪酸だけが中鎖脂肪酸に交換されMLM型構造脂質を製造することができる[7, 29～32]。DHA含量の高いマグロ油を原料として用いると2-位にDHAが結合したMLM型構造脂質を製造することができる[33]。また，ボラージ油からGLA含有構造脂質[34]を，AA含有single-cell oilからAA含有構造脂質[35]を製造することができるし，サフラワー油やアマニ油を用いるとそれぞれリノール酸，α-リノレン酸含有構造脂質[36]を製造することもできる。反応液から構造脂質を精製する方法として蒸留（short-path distillation）が有効である[34]。また，アシドリシスの反応液から構造脂質を精製するときにはヘキサン抽出法を採用することも可能である。反応系中の水分量を制限すると自発的なアシル基転移は起こりにくく，実用化規模で食品としてのMLM型構造脂質を生産するにはこの方法が好ましいと考えている。

なおMLM型構造脂質の収率を高めたいときには，反応液から回収したグリセリド画分を原料として同じ反応を繰り返すことにより，1,3-位の脂肪酸をほぼ完全に中鎖脂肪酸に交換することが可能となる[35]。ただ，産業用リパーゼとして利用されている1,3-位特異的酵素はPUFA，特にDHAに対する作用性が悪い。したがって，マグロ油を原料として用いたとき，エステル交換反応を繰り返しても1,3-位に結合しているDHAを完全に中鎖脂肪酸と交換することはできない[35]。

② 2-MAGと中鎖脂肪酸のエステル化反応の利用

天然油脂から2-MAGを製造するために，固定化*Rhizomucor miehei*リパーゼを触媒とし，メチル*t*-ブチルエーテル中でTAGの1,3-位の脂肪酸だけをエタノリシスする方法[37]と，固定化*Candida antarctica*リパーゼを用い，TAGに対して40モル量以上のエタノールを加えて1,3-位の脂肪酸だけをエタノリシスする[38, 39]2つの反応系が提案されている。得られた2-MAGを中鎖脂肪酸でアシル化すると目的とするMLM型構造脂質を製造することができる。特に，*Candida antarctica*リパーゼはPUFAもよく認識するという特徴をもっているため，DHAを含んだマグロ油からMLM型構造脂質を収率よく製造するには後者の反応を組み込んだプロセスが効果的である[37]。ただし2-MAGは自発的な分子内アシル基転移を受けて1,3-MAGに変換されやすいため，目的とする構造脂質の位置異性体が副成しやすいという欠点も含んでいる。

③ 選択的加水分解とアシドリシスを組み合わせた方法の利用

天然油脂はグリセリド骨格の2-位に特定の脂肪酸が結合しているわけではない。例えば，ボラージ油の2-位のGLA含量は49mol％である（表3）。したがって，この油を用いて1,3-位の脂肪酸を全てカプリル酸（CA; 8:0）で交換したとしても1,3-位にCA，2-位にGLAが結合した構造脂質（CGC）の含量を49mol％以上に高めることはできない。目的とするCGC含量の高い標品を製造するには，2-位のGLA含量の高い油を原料として使用しなければならない。

2-位のGLA含量を高めるには，1. 3. 1項で述べた選択的加水分解が有効である。ボラージ油を*Candida rugosa*リパーゼで加水分解するとGLA含量が45％の油を製造することができ，この油の2-位のGLA含量は85mol％であった。固定化*Rhizopus oryzae*リパーゼを触媒としてこの油をCAでアシドリシスするとCGC含量を53mol％まで高めることができた。ボラージ油を原料としたときのCGC含量が25mol％であったことと比較すると，選択的加水分解とエステル

表3　ボラージ油とGLA45油の1,3-位および2-位に結合している脂肪酸の組成

油	位置	脂肪酸組成（mol％）							
		16:0	18:0	18:1	18:2	18:3	20:1	22:1	24:1
ボラージ油	1,3-位	16.1	5.8	17.8	36.6	9.3	5.5	3.3	2.1
	2-位	0.6	nd	12.3	34.8	48.9	nd	0.3	nd
GLA45油	1,3-位	9.1	5.4	15.1	28.5	25.3	7.7	4.5	2.4
	2-位	nd	0.3	2.4	10.8	84.8	0.5	0.3	0.2

交換を組み合わせたプロセスは目的とするMLM含量の高い製品を製造する手段として有効である[40]。この2段階法を40％のAAを含有するsingle-cell oilに採用すると，目的構造脂質であるCAC含量を46mol％まで高めることもできた[41]。

④　高純度のPUFA含有MLM型構造脂質の合成方法

PUFA含有MLM型構造脂質の栄養評価を行うとき高純度の標品が必要となる。このような構造脂質は，単酸基TAGを原料として1,3-位の脂肪酸を中鎖脂肪酸でエステル交換することにより合成することができる。まず，単一のPUFAからなるTAGを1.3.2項(1)で述べた固定化*Candida antarctica*リパーゼを触媒としたPUFAとグリセリンのエステル化反応によって調製する。次いで，固定化*Rhizomucor miehei*あるいは*Rhizopus oryzae*リパーゼを用い，得られたTAG-PUFAを中鎖脂肪酸，あるいはそのエチルエステルでエステル交換することによって目的とする高純度のPUFA含有MLM型構造脂質を合成することができる[17, 42]。なお，この方法でEPAとAAを含有する構造脂質は合成でき，またGLAを含有する構造脂質も収率は悪いが合成できる[17]。しかし，1,3-位特異的リパーゼはDHAを認識しにくいため，この方法でDHA含有構造脂質を収率よく合成することはできない[17]。

既存の方法で高純度DHA含有MLM型構造脂質を作るには，③の方法を利用することができる。固定化*Candida antarctica*リパーゼを触媒としてTAG-PUFAを大過剰のエタノール存在下でエタノリシスして2-MAGを調製する。次いで，固定化*Rhizomucor miehei*リパーゼを触媒としてMAGと中鎖脂肪酸をエステル化することによってDHA含有構造脂質を合成したという報告がある[38]。

1.4　おわりに

リパーゼを用いた油脂の改質に限定して述べてきた。本項では触れなかったが，ホスホリパーゼDを触媒としてレシチンをホスファチジルセリンに変換するという研究報告もある。また，基質特異性を利用したリパーゼ反応を利用することにより，天然油脂からPUFAをはじめとする機能性脂肪酸を精製することもできるし，油脂関連化合物（トコフェロール，ステロール，ステリルエステル，アスタキサンチン）を精製することも可能である。さらに，リパーゼはアミド化反応も触媒することが知られており，この反応を利用してトウガラシの辛味成分であるカプサイシン類（バニリルアミンと脂肪酸のアミド）も合成できる。酵素反応は化学反応に比べ，反応工程からの廃棄物を出さず，副反応を起こさないという利点を持っている。この特徴を生かし，今後，油脂産業界でのリパーゼ反応の活用が益々拡大することを期待している。

文　献

1） Y. Tanaka *et al*., *J. Am. Oil Chem. Soc*., **70**, 1031 (1993)
2） Y. Shimada *et al*., *J. Am. Oil Chem. Soc*., **72**, 1577 (1995)
3） Y. Watanabe *et al*., *J. Am. Oil Chem. Soc*., **78**, 703 (2001)
4） A. Sugihara *et al*., *Appl. Microbiol. Biotechnol*., **35**, 738 (1991)
5） A. Sugihara *et al*., *Prot. Eng*., **7**, 585 (1994)
6） T. Hoshino *et al*., *Agric. Biol. Chem*., **54**, 1459 (1990)
7） Y. Shimada *et al*., "Enzymes in Lipid Modification", p.128, Wiley-VCH, Weinheim (2000)
8） Y. Shimada *et al*., *J. Am. Oil Chem. Soc*., **75**, 1581 (1998)
9） M.S.K. Syed Rahmatullah *et al*., *J. Am. Oil Chem. Soc*., **71**, 569 (1994)
10） 島田裕司ほか, 科学と工業, **73**, 125 (1999)
11） S. Okumura *et al*., *Biochim. Biophys. Acta*, **575**, 156 (1979)
12） A. Makita *et al*., *Tetrahedron Lett*., **28**, 805 (1986)
13） S. Okumura *et al*., *J. Jpn. Oil Chem. Soc*., **32**, 271 (1983)
14） Y. Shimada *et al*., *J. Am. Oil Chem. Soc*., **76**, 1139 (1999)
15） Y. Shimada *et al*., *J. Am. Oil Chem. Soc*., **76**, 713 (1999)
16） G.G. Haraldsson *et al*., *Tetrahedron*., **51**, 941 (1995)
17） A. Kawashima *et al*., *J. Am. Oil Chem. Soc*., **78**, 611 (2001)
18） B. Aha *et al*., "Enzymes in Lipid Modification", p.100, Wiley-VCH, Weinheim (2000)
19） G.P. McNeil *et al*., *J. Am. Oil Chem. Soc*., **68**, 1 (1991)
20） G.P. McNeil and T. Yamane, *J. Am. Oil Chem. Soc*., **68**, 6 (1991)
21） S. Yamaguchi *et al*., *J. Ferment.Bioeng*., **72**, 162 (1991)
22） Y. Watanabe *et al*., *J. Am. Oil Chem. Soc*., **80**, 909 (2003)
23） Y. Watanabe *et al*., *J. Am. Oil Chem. Soc*., **79**, 891 (2002)
24） Y. Watanabe *et al*., *J. Mol. Catal. B: Enzym*., (2004) in press
25） K. Yokozeki *et al*., *Eur. J. Appl. Microbiol. Biotechnol*., **14**, 1 (1982)
26） S. Negishi *et al*., *Enz. Microb. Technol*., **32**, 66 (2003)
27） I. Ikeda *et al*., *Lipids*, **26**, 369 (1991)
28） M.S. Christensen *et al*., *Am. J. Clin. Nutr*., **61**, 56 (1995)
29） X. Xu, *INFORM*, **11**, 1121 (2000)
30） 岩崎雄吾, 山根恒夫, オレオサイエンス, **1**, 825 (2001)
31） C.C. Akoh, "Lipid Biotechnology", p.433, Marcel Dekker, New York (2002)
32） 島田裕司, 食品工業における科学・技術の進歩 (X), 光琳, p.121 (2003)
33） Y. Shimada *et al*., *J. Ferment. Bioeng*., **81**, 299 (1996)
34） Y. Shimada *et al*., *J. Am. Oil Chem. Soc*., **76**, 189 (1999)
35） Y. Shimada *et al*., *J. Ferment. Bioeng*., **83**, 321 (1997)
36） Y. Shiamda *et al*., *J. Am. Oil Chem. Soc*., **73**, 1415 (1996)
37） M. Mohamed *et al*., *J. Am. Oil Chem. Soc*., **75**, 703 (1998)
38） R. Irimescu *et al*., *J. Am. Oil Chem. Soc*., **78**, 285 (2001)

39） R. Irimescu *et al*., *J. Am. Oil Chem. Soc*., **79**, 879 (2002)
40） A. Kawashima *et al*., *J. Am. Oil Chem. Soc*., **79**, 871 (2002)
41） T. Nagao *et al*., *J. Am. Oil Chem. Soc*., **80**, 867 (2003)
42） R. Irimescu *et al*., *J. Am. Oil Chem. Soc*., **77**, 501 (2000)

第5章　酸化還元酵素

1　スーパーオキシドジスムターゼ(SOD)の構造，機能及び食品との関わり

受田浩之*

1.1　活性酸素とSOD

生体内に取り込まれた酸素の数％は，常に種々の酵素代謝系などでスーパーオキシドアニオン（O_2^-），過酸化水素，ヒドロキシルラジカル（OH・）などの活性酸素種に変化する。このうち，不対電子を持つO_2^-とOH・は寿命が短い。OH・が最も高い反応性を有しており，ほとんど拡散律速で様々な分子と反応する。O_2^-はOH・のような高い反応性はなく，それが直接，脂質やタンパク質，糖，核酸を攻撃することはないと言われている。しかしながら，一酸化窒素（NO）と反応して，NOの生理作用（血管弛緩など）を消失させ，同時に，ペルオキシナイトライト（$ONOO^-$）を生成させ酸化傷害を起こす。活性酸素種による生体高分子のダメージは「酸化ストレス」とよばれ，種々の疾患や老化の原因となる。

生体は活性酸素種の有する高い毒性から身を守るために，様々な抗酸化防御系を備えている。この防御系に関わる代表的な酵素がスーパーオキシドジスムターゼ（SOD），グルタチオンペルオキシダーゼ（GPx）及びカタラーゼである。SODは2分子のO_2^-を不均化して過酸化水素と酸素に変換する。SODはO_2^-の発生する細胞質，ミトコンドリア及び細胞外に存在している。GPxはグルタチオン存在下に過酸化水素やリン脂質過酸化物を2電子還元し，水やアルコールに変換する。GPxには基質特異性や局在性が異なる3種類のタイプが知られており，細胞質やミトコンドリアのマトリックスに存在すると同時に，細胞外の血漿中にもその存在が認められている。これに対して，カタラーゼは赤血球の場合を除き，細胞のペルオキシソームに局在しており，そこで生じた過酸化水素を還元して，酸素と水に分解する。

本節では，これらのうち，唯一，O_2^-の無毒化に関与している酵素SODの構造，機能と活性測定法，さらに食品科学分野との関連について紹介する。

1.2　SODの種類と性質

SODは生体内で生成したO_2^-を過酸化水素と酸素に不均化する酵素で，1969年にMcCordとFridovichによってウシ赤血球に見い出された[1)]。O_2^-は自発的な不均化反応で酸素と過酸化水

---

*　Hiroyuki　Ukeda　高知大学　農学部　生物資源科学科　助教授

素に変化する。生理的pH付近（7～8）でのその速度は$8.5 \times 10^5 \sim 8.5 \times 10^4 M^{-1}S^{-1}$である。これに対してSODは$10^9$のオーダーで$O_2^-$を不均化することから，約1万倍反応を加速し，その反応はほとんど拡散律速と言える。

SODには分子内に銅（活性中心）と亜鉛を有するCu,Zn-SOD，マンガンを活性中心にもつMn-SOD，さらに鉄を活性中心にもつFe-SODが存在する。銅と亜鉛を有し，血管内皮細胞表面のヘパリン様プロテオグリカンに結合する細胞外SOD（EC-SOD）もある。さらに最近，活性部位にニッケルをもつNi-SODの存在も報告されている（表1）[2]。

1.2.1　Fe-SOD [3)]

太古の還元大気下では，可溶性の鉄（II）が最も豊富に存在していたと考えられることから，SODの進化の過程では，活性中心に鉄を有するFe-SODが最初に現れたと考えられる。Fe-SODは特定の細菌のみに存在すると考えられていたが，高等植物にも広く存在することが明らかになった。植物では，すべてクロロプラスト中に存在する。

Fe-SODのアミノ酸配列はMn-SODと相同性が高い。立体構造にも類似性が高く，50％程度がα-ヘリックス構造をとる。Fe-SODは2つのグループに分類される。一つは同一サブユニットからなる2量体で，*Escherichia coli*などの細菌や*Ginkgo biloba*などの植物に存在する。もう一方は，同一サブユニット構造からなる4量体で，高等植物ではほとんどがこのタイプである。

1.2.2　Mn-SOD [3, 4)]

植物の光合成により，大気中の酸素濃度が増加すると，環境中の可溶性鉄（II）が減少し，それに代わってマンガン（III）が増加した。その結果，Fe-SODは活性中心にマンガンを有するMn-SODに進化したと推定される。このことは，両SODのアミノ酸配列，2次構造，3次構造

表1　SODの特性と分布

分類	含有金属	サブユニット	分子量(kDa)	KCN感受性	分布
Cu,Zn-SOD	Cu(Zn)	2	31.2	＋	高等動植物の細胞質
EC-SOD (A，B，C)	Cu(Zn)	4 2	135 68	＋	高等動物の体液と血管表面
Mn-SOD	Mn	4 2	80 40	－	高等動植物のミトコンドリア，ペルオキシソームと細菌
Fe-SOD	Fe	4 2 1	80-90 40 20	－	細菌と植物のクロロプラスト
Fe,Zn-SOD	Fe(Zn)	4	100	－	特定の細菌
Ni-SOD	Ni	4	54	＋	特定の細菌

カッコ内に書かれた亜鉛は構造の安定化に寄与している。

に極めて類似性が高いことから支持される。Mn-SODはミトコンドリア，ペルオキシソームに存在する。細胞質に存在するCu,Zn-SODとは構造的に類似性が乏しい。チトクロム*c*などのアミノ酸配列の研究から，ミトコンドリアは遠い昔，今日の高等生物の体内に棲みついた細菌であるとの共生説が唱えられていたが，このSODのアミノ酸配列や細菌のSODであるMn-SODが，主にミトコンドリアに存在する事実はこの説をさらに支持する材料となった。

基質であるO_2^-は，Mn-SODの活性部位にある正に荷電したアミノ酸の電気的なガイドにより活性中心に運ばれる。そこでマンガンはO_2^-に直接電子を供与し，さらにプロトンとの反応で過酸化水素が生成する。

1.2.3 Cu,Zn-SOD[4, 5]

大気中の酸素濃度の増加に伴い，不溶性の銅(I)が可溶性の銅(II)に酸化され，SODの活性中心に利用されるようになったと考えられる。鉄とマンガンは配位数も同じで，性質が類似していることから，マンガンを活性中心に持つようになっても酵素分子の構造を大きく変える必要がなかった。しかしながら銅(II)はその性質が大きく異なるため，構造的な設計変更を余儀なくされたと推定される。その結果，Cu,Zn-SODのアミノ酸配列はFe-SODと相同性を持たない。

Cu,Zn-SODは分子量32kDaの2量体からなる。ヒトでは赤血球，肝臓，心臓などに豊富で，単量体当たり銅と亜鉛を1原子ずつ含む。銅は活性に必須であり，亜鉛は酵素分子の形態を維持するのに必要である。金属のないいわゆるアポ酵素は活性がないが，それに銅を添加すると活性を回復する。種々の起源のCu,Zn-SODのアミノ酸配列を比較すると，相同性が極めて高いことがわかる。酵母とヒトのCu,Zn-SODは共に153アミノ酸残基からなり，そのうち85アミノ酸残基が共通である。ウシとヒトでは共通アミノ酸配列は125個で，約83％が共通ということになる。立体構造をみると，銅は4個のヒスチジン残基に，亜鉛は3個のヒスチジンと1個のアスパラギン残基に結合し，巻いた構造がほとんどなく，β-barrelといわれる部位が多い。これは樽のタガという意味で，分子の外部を8回も取り囲んでいる。分子表面にはO_2^-を引き込むために陽性電荷を有する場所が存在する。しかしその部分を除くと，一般には陰性の荷電を有しており，O_2^-を排除する構造をとっている。したがって側鎖のアミノ酸の陽性荷電を化学的に修飾すると活性が低下する。赤血球のCu,Zn-SODには老化や高血糖などで非酵素的に糖の付加反応(メイラード反応)が起こる。グルコースがヒトCu,Zn-SODの^{122}Lysと^{128}Lysに特異的に結合すると，^{62}Proと^{63}Hisの間で部位特異的な断片化が起こり，その後ランダムな断片化でSODは失活する[6]。さらに生体内に存在するグリセルアルデヒド，グリコールアルデヒドなどの活性カルボニル化合物との反応で，SODはポリマー化して失活することも明らかにされた[7]。SODのメイラード反応による失活はカルノシン（β-アラニルヒスチジン）などの生体内ペプチドで抑制できることから，それらのペプチドは酸化ストレスに対して有効な食品成分であると考えられる[8]。

1.2.4　EC-SOD[9]

細胞外（extracellular；EC）の血漿やリンパ球に存在するタイプとして発見，命名されたEC-SODはその大部分が血管内皮細胞に結合していることが明らかにされた。本酵素も銅と亜鉛を含んでおり，4量体または2量体として存在し，Cu,Zn-SODのC末端側とアミノ酸レベルで高い相同性を示す。EC-SODのC末端側はリジンやアルギニンに富み，正の荷電を有することから，この部分を介して内皮細胞中に存在するヘパラン硫酸に結合していると考えられる。2量体構造を有する，例えばラット由来のEC-SODはヘパラン硫酸に対する親和性を示さない。ヒト肺においてEC-SODはI型コラーゲンを多く含む部位に存在する。このことはEC-SODがO_2^-の攻撃からI型コラーゲンを保護する役割を担っていることを示唆する。

1.3　SOD活性と生命現象

SODは酸化ストレスに対する第一防御ラインを担う重要な抗酸化酵素の一つであるが，さらに生物の寿命を決定する因子であることがCutlerらによって指摘され[10]，その活性が様々な生命現象の解明に重要な意義を有すると考えられている。

SODをはじめとする抗酸化防御系は活性酸素が発生する組織や細胞内の局所に存在している。ところが何らかの理由で，これらの防御能を上回る量の活性酸素種が生じると，重篤な病態を誘起しうる。その代表的なものがガンであり，その他，動脈硬化を始めとする多くの生活習慣病が発症する。さらに近年，アルツハイマー病や血管障害性脳疾患の発症機序の一つとして，β-アミロイドの酸化的凝集沈着が注目されている。活性酸素による細胞障害は，加齢に関係して発症する各種疾患の成因の一つとして重視されており，ラジカル捕捉剤の治療への応用も検討されている。様々な疾患の直接的原因ともなる活性酸素の中で，O_2^-の消去に関わるSODの活性は様々な病気の発症と関連があると考えられている。これまでにヒトの場合でその関連が明らかにされている例として，Werner症候群，筋萎縮性側索硬化症（SOD活性の低下），ダウン症（活性の上昇）などが挙げられる[11, 12]。前述のように高血糖状態では，生体内メイラード反応でSODが修飾を受け，活性が低下する。その結果，糖尿病患者の場合，SOD活性が低下することが予想されるが，実際には糖尿病患者で，その活性が上昇している結果もみられる。これは，メイラード反応によるO_2^-の生成と，SODの活性低下が酸化ストレスを増大させ，逆にSODの合成を誘導したことを示唆している[13]。

植物は動物のように自由に移動できないことから，外部環境の変化に対して身を守るために高度な防御手段を備えている。パラコートなどの農薬の散布，大気中のSO_2濃度の上昇，干ばつや高濃度の亜鉛，マグネシウムの曝露により，植物体中のSOD活性が上昇する[14]。このことは，それらの刺激により植物体内に活性酸素種が生成していることを意味する。また生成する活性酸素種のうちO_2^-の毒性を低下させることが，酸化ストレスに抵抗する上で重要な防御手段になることを示唆している。

最近，生体の酸化防御能を強化すれば，活性酸素が関与する疾病のリスクを低減できるのではないかという考え方が急激に広がっている。SODを食材として経口摂取することは，消化，吸収の面から有効な方法とは考え難い。そこで赤ワインを始め，お茶，ココアなど，植物が有する酸化防御能，特にSODと同様にO_2^-の消去作用（superoxide anion scavenging activity：SOSAとも言われる）を有する成分が注目されている[15]。最近では，植物性の食品素材のみならず，動物性タンパク質由来のO_2^-消去活性を求める研究も進められており，高い活性を有する食品素材の開発が今後も活発に展開されていくと予想される。さらに食事成分が生体内のSOD活性に与える影響についても，ヒト試験が実施されている。これまでに，ケルセチンなどのフラボノイドの摂取は，赤血球SODの活性を有意に増加させることが報告されている[16]。また，ポリフェノール含量の高いパセリやフルーツジュースの摂取もSOD活性を上昇させることから，抗酸化能の高い食品成分の摂取は，酸化ストレスの低減に資することが実証されつつある。

1.4 SOD活性測定法[15]

SODの基質となるO_2^-の発生には，酵素キサンチンオキシダーゼによるキサンチンの酸化反応が利用される。反応溶液には生成したO_2^-を検出するためのプローブを共存させておく。試料を添加していないときのプローブの変化をコントロールとして，各試料を添加した際のプローブ変化の抑制率をその試料が示す阻害率と表現する。通常，試料が50％の阻害を示す濃度を各試料の活性評価に利用する（IC_{50}）。一方，本活性測定法において発生したO_2^-は自発的な不均化反応で酸素と過酸化水素に変化している。この自発的不均化反応は酸性領域で速く，生理的pH付近（7～8）での速度は$8.5 \times 10^5 \sim 8.5 \times 10^4 M^{-1}S^{-1}$である。従って，活性測定に用いる$O_2^-$と検出プローブとの反応の2次反応速度定数はその不均化反応速度定数よりも大きいことが望ましい。両者がほとんど変わらない場合には，使用するプローブ濃度を高くする必要がある。用いられるプローブはO_2^-との反応で色が変化するもの（発色プローブ），光を発するもの（化学発光プローブ），並びに特徴的なラジカル種を生成するもの（スピントラップ剤）に分類される。

1.4.1 吸光光度法

色の変化でO_2^-を検出する方法は最も典型的なSOD活性測定法で，特にそのプローブとしてはシトクロム*c*とニトロブルーテトラゾリウム（NBT）が用いられる。シトクロム*c*還元法によるO_2^-の検出は酸化型シトクロム*c*が還元されると550nmに強い吸収をもつ還元型に変わることを利用したもので（式1），SODの発見以来用いられている標準的な方法である[1]。

Cyt $(Fe^{III}) + O_2^- \rightarrow$ Cyt $(Fe^{II}) + O_2$　(1)

しかしながらシトクロムcはO_2^-以外にNADPHレダクターゼなどの還元酵素や様々な還元物質によっても還元を受けることから，試料中の夾雑物質の影響を常に考慮する必要がある。またこの方法では1.5分間の連続記録が推奨されており，多検体の分析には向かない。

NBT還元法はNBTがO_2^-により還元され水不溶性のブルーホルマザン（吸収極大560nm）を生じることを利用したものである。水不溶性であるため，長時間の分析では不均一な分散が生じ測定の再現性に影響が出てくる。これを可溶化させるために，反応溶液に牛血清アルブミンを添加する変法も開発されているが，余計なタンパク質を外から加えることは結果の解釈を複雑にする場合がある。NBT法の最も大きな欠点は，SODの阻害曲線においてSOD濃度を高くしても100％の阻害が得られないことである。これはNBTとO_2^-の発生に用いるキサンチンオキシダーゼとの間の直接的な相互作用によると考えられている。

筆者らは，従来の発色プローブの有する問題点を克服した新しい方法を開発した。水溶性テトラゾリウム塩WST-1（図1）を用いる方法である[17]。WSTは水に対して数百mMオーダーの溶解性を有している。WST-1を用いてSOD標品の阻害曲線を描くと，高濃度のSODの添加により100％の阻害が得られる（図2）。さらにpH8.0から10.2の範囲で，IC_{50}を与えるSOD濃度に

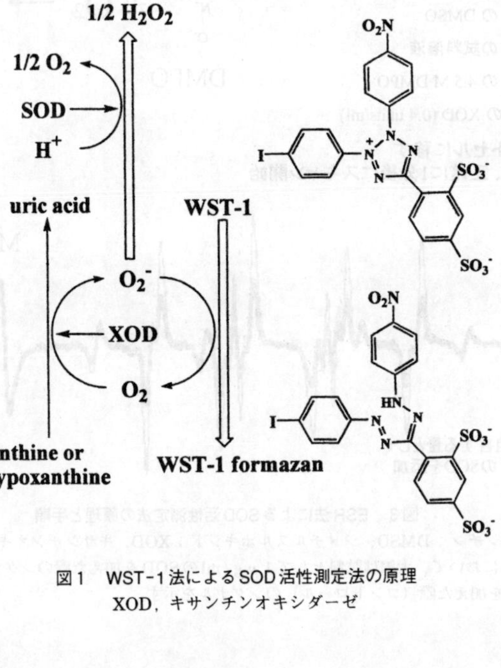

図1　WST-1法によるSOD活性測定法の原理
XOD，キサンチンオキシダーゼ

差が認められないことも本法の大きな特徴である。現在，本法を測定原理とした市販のアッセイキットが発売され，生体試料のSOD活性評価から食品試料のSOSA測定に至るまで，幅広い分野で利用されている。

1.4.2 化学発光法

O_2^-の検出に用いられている化学発光プローブがSODの活性測定にも利用されている。SODの活性測定に用いられるプローブはウミホタルルシフェリン類縁体（MCLA）とルシゲニンである。化学発光はpH依存性が極めて強く，特にルシゲニンの発光はpH9以上のアルカリ領域で極端に強くな

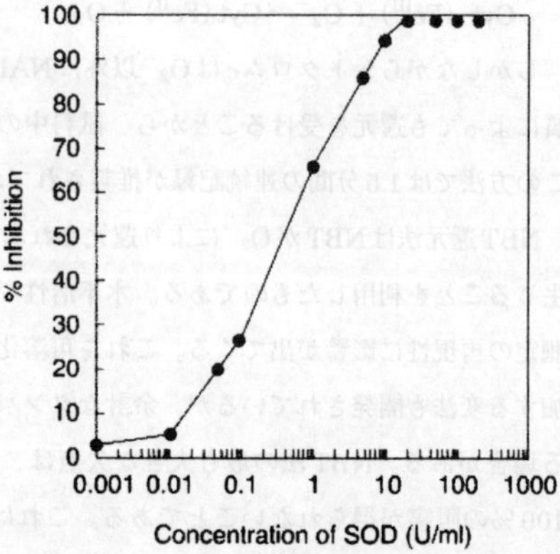

図2　WST-1法で得られたSOD標品の阻害曲線（pH10.2でのアッセイ結果）

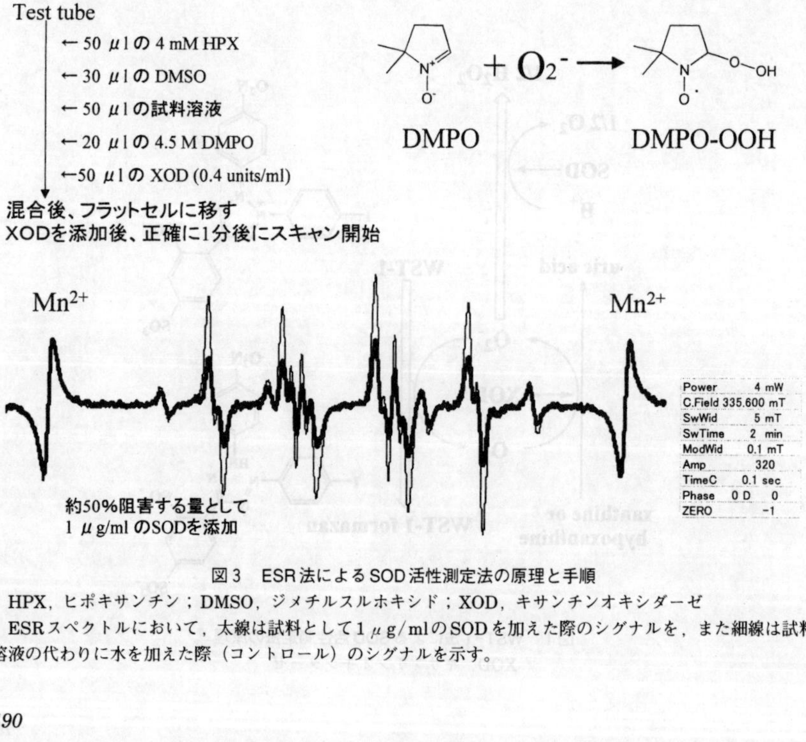

図3　ESR法によるSOD活性測定法の原理と手順

HPX，ヒポキサンチン；DMSO，ジメチルスルホキシド；XOD，キサンチンオキシダーゼ

ESRスペクトルにおいて，太線は試料として1 μg/mlのSODを加えた際のシグナルを，また細線は試料溶液の代わりに水を加えた際（コントロール）のシグナルを示す。

る。従って，生理的な条件でのSODの活性測定には向かない。これに対してMCLAは中性領域でも強い発光を示すことから，pH7.8においてヒト脳中のCu,Zn-SOD活性の測定に利用されている。ただしMCLAはO_2^-だけではなく，一重項酸素とも反応性があること，溶存酸素と反応してバックグラウンド発光を示すこと，さらに遷移金属イオンにより酸化反応が促進されることに注意が必要である。

1.4.3　電子スピン共鳴（ESR）法

O_2^-は室温，溶液中ではESRシグナルは観測できないが，スピントラップ法を用いることで間接的に測定される。現在用いられている最も汎用性の高いスピントラップ剤は5,5-ジメチル-1-ピロリン*N*-オキシド（DMPO）である。O_2^-を捕捉したDMPOは特徴的なESRスペクトルを示すので，ESR法はO_2^-に対する最も特異性の高い方法と言える（図3）。しかしながら，生理的条件におけるDMPOとO_2^-の2次反応速度定数はO_2^-の自発的不均化反応の速度定数に比べて小さく，その結果，反応系に大過剰のDMPOを添加する必要がある（例えば終濃度で0.45M）。現在，ESR法は食品のSOSA測定に広く用いられている。

文　献

1）J.M. McCord *et al.*, *J. Biol. Chem.*, **244**, 6049 (1969)
2）H.-D. Youn *et al.*, *Biochem. J.*, **318**, 889 (1996)
3）R.G. Alscher *et al.*, *J. Exp. Botany*, **318**, 889 (2002)
4）大柳善彦, 活性酸素と病気, 化学同人, p.21 (1989)
5）谷口直之ら, 酸化ストレス・レドックスの生化学, 共立出版, p.7 (2000)
6）T. Ookawara *et al.*, *J. Biol. Chem.*, **267**, 18505 (1992)
7）H. Ukeda *et al.*, *Biosci. Biotech. Biochem.*, **61**, 2039 (1997)
8）H. Ukeda *et al.*, *Biosci. Biotech. Biochem.*, **66**, 36 (2002)
9）D.D. Murk *et al.*, *Contraception*, **65**, 305 (2002)
10）J.M. Tolmasoff *et al.*, *PNAS*, **77**, 2777 (1980)
11）H.R. Warner, *Free Rad. Biol. Med.*, **17**, 249 (1994)
12）N. Taniguchi, *Adv. Clin. Chem.*, **29**, 1 (1992)
13）R. Noor *et al.*, *Med. Sci. Monit.*, **8**, RA210 (2002)
14）L.S. Monk *et al.*, *Physiol. Plant*, **76**, 456 (1989)
15）受田浩之ら, *FFI J.*, **208**, 4 (2003)
16）H.-Y. Kim *et al.*, *J. Am. Coll. Nutr.*, **22**, 217 (2003)
17）H. Ukeda *et al.*, *Biosci. Biotech. Biochem.*, **63**, 485 (1999)

2　ポリフェノールオキシダーゼ―チロシナーゼとラッカーゼ―

小笠原博信*[1]，高橋砂織*[2]

2.1　ポリフェノールオキシダーゼとは？

野菜やリンゴ，バナナなどの果実を切ったり，傷つけたりすると褐変化がおきることは日常的に誰もが経験していることである。これは組織中のポリフェノール系化合物がポリフェノールオキシダーゼにより酸化され，生じたキノンが逐次自動酸化さらには連鎖反応的に重合して，褐色色素が生成するためである。この酵素の存在は古くから知られ，19世紀半ばにマッシュルームから初めて発見されて以来，微生物，植物，動物に普遍的に存在していることが確認されている[1)]。ポリフェノールオキシダーゼは食品の酵素的褐変の原因酵素であり，食品科学や食品工業において重要な酵素の一つとされ，多くの研究がなされてきている[2, 3)]。その種類は多様で，分類上はモノフェノールオキシダーゼ（EC1.14.18.1）ジフェノールオキシダーゼ（EC1.10.3.1），ラッカーゼ（*P*-ジフェノールオキシゲンオキシドレダクターゼ，EC1.10.3.2）であるが，モノフェノールモノオキシダーゼ（チロシナーゼ，クレゾラーゼ）とジフェノールオキシダーゼ（カテコールオキシダーゼ，ジフェノールオキシゲンオキシドレダクターゼ，チロシナーゼ，カテコラーゼ）も合わせてポリフェノールオキシダーゼとして一般に広義的に分類されている。これは，酵素活性の強弱の多様性はあるものの，モノフェノールオキシダーゼとジフェノールオキシダーゼ両方の活性を同一の酵素が有する場合があるためである。微生物や昆虫，動物のメラニン色素生合成経路の主要酵素である，いわゆるチロシナーゼはこのタイプの典型的酵素である。

2.2　チロシナーゼによる米麹の褐変

お酒や味噌さらには漬物や甘酒に至るまで，日本古来の伝統的発酵食品には麹菌（*Aspergillus oryzae*）を利用した米麹が使用されている。食品の品質への指向性が高まっている昨今，米麹自体あるいは製品の酵素的褐変化がしばしば問題となってきた。特に，清酒業界ではかつて「黒粕」という，酒粕中の米麹粒が黒い斑点となり商品価値を著しく低下させる現象が問題となりその対策に多くの研究がなされた。大場ら[4)]は酒粕中のチロシンが酸化されてメラニン色素が蓄積することにより褐変することを明らかにした。さらに，メラニン生成の第1反応であるチロシンからDOPA（3,4-dihydroxyphenylalanine），さらにはDOPAキノンへの酸化反応には麹菌由来のチロシナーゼが作用していることも示された（図1）。現在，このチロシナーゼ作用を制御することが発酵・加工食品における高品質化のための重要な課題の一つとなっている。

---

*1　Hironobu　Ogasawara　秋田県総合食品研究所　生物機能部門　主任研究員

*2　Saori　Takahashi　秋田県総合食品研究所　生物機能部門　主席研究員

チロシナーゼはメラニン生合成経路の初発反応を引き起こすキー・エンザイムで，微生物からヒトに至るまで幅広く存在している。正確な生理学的意味は未だに不明であるが，昔から生体防御の役割を担っていると考えられている[2)]。反応機序はアミノ酸であるチロシンのベンゼン核に酸素一原子を付加する酸化反応（モノオキシゲネーション，クレゾラーゼ活性）と，その結果生じたDOPAを脱水素（酸化）してDOPAキノンを生じる酸化反応（オキシデーション，カテコラーゼ活性）の両方を触媒し，合わせチロシナーゼ活性と呼んでいる。DOPAキノンは，その後，速やかな自動酸化により生成するDOPAクロームに代表されるような様々な中間体の酸化・重合を経て褐変化したメラニン色素が形成するとされている（図1）。DOPAクロームはオレンジ色（475nm）を呈し比較的安定であるため，チロシナーゼ活性測定にしばしば利用される。

麹菌チロシナーゼは一島ら[5)]により，菌体内から3種のマルチ・エンザイムとして精製され，酸処理（pH3）によって活性化するという，ポリフェノールオキシダーゼ類の中では未だ報告されていないユニークな性質が明らかにされた。このチロシナーゼはmelO遺伝子としてクローニングされ，アミノ酸配列解析から銅原子（II）を結合し活性部位と推定される領域が2箇所（CuA領域とCuB領域）あることが示された[6)]。これは，銅タンパク質で酸素キャリアーであるヘモシアニンの立体構造[7)]を基に解析されてきたすべてのポリフェノールオキシダーゼに保存されている構造である。銅結合領域ではそれぞれ保存された3残基のHisが銅イオンに配位し，A，B領域が対合して正8面体構造の中心に銅イオンが位置していると推定されている（図2）[2)]。さらに，melOチロシナーゼの部位特異的変異体解析によりCuA領域には3個のHisと1個のCys，

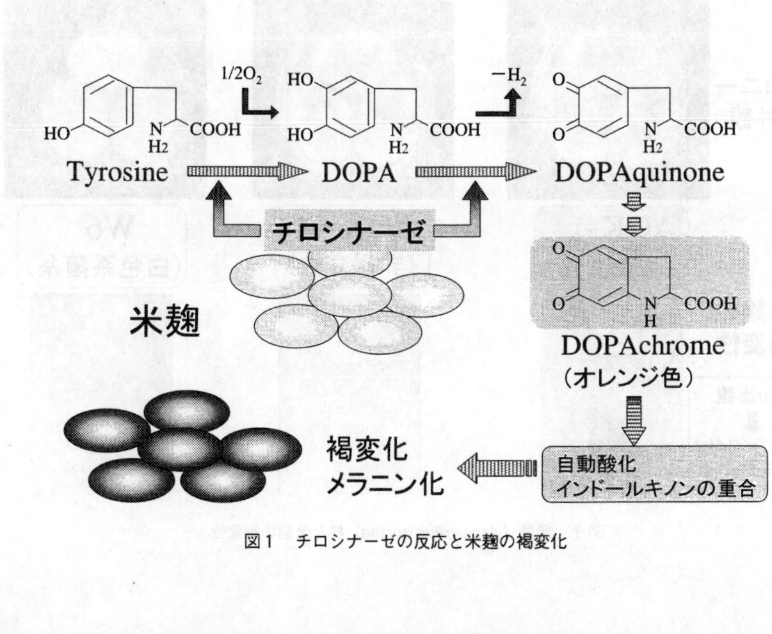

図1　チロシナーゼの反応と米麹の褐変化

CuB領域には4個のHisがCuの保持と活性発現に関与していることが示されている[8]。

筆者ら[9]は実用麹菌株から褐変性の大きく異なる3菌株を選抜し（図3），米麹の褐変性とmelOチロシナーゼのアミノ酸構造の菌株間比較を行った。その結果，出麹（米麹の出来上がり時）における白色性の違いは認められなかったものの，チロシナーゼ活性は強褐変性の*A. oryzae* AOK-1株がすでに最も高く，非褐変性のAOK-64株が相対活性1％，白色菌糸のW-6株で相対活性10％であった（図4）。さらに，*A. oryzae* AOK-1株のmelOチロシナーゼのアミノ酸配列は既報[6]のmelO（*A. oryzae* RIB 128）と一致していたが，AOK-64株では5箇所

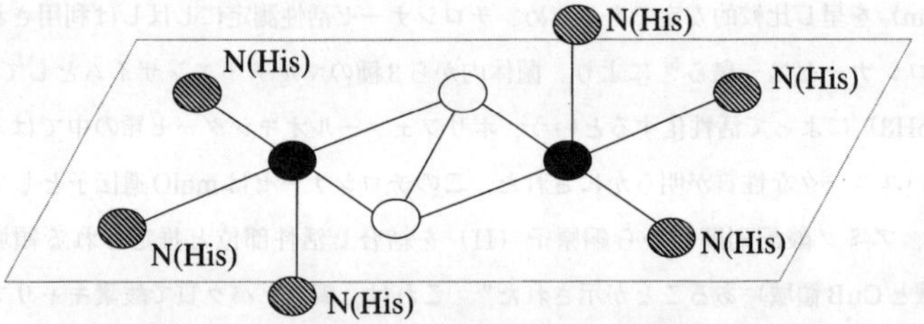

図2　活性中心銅結合領域の配位構造
● 銅イオン；○ 活性酸素；◍ His残基の窒素原子

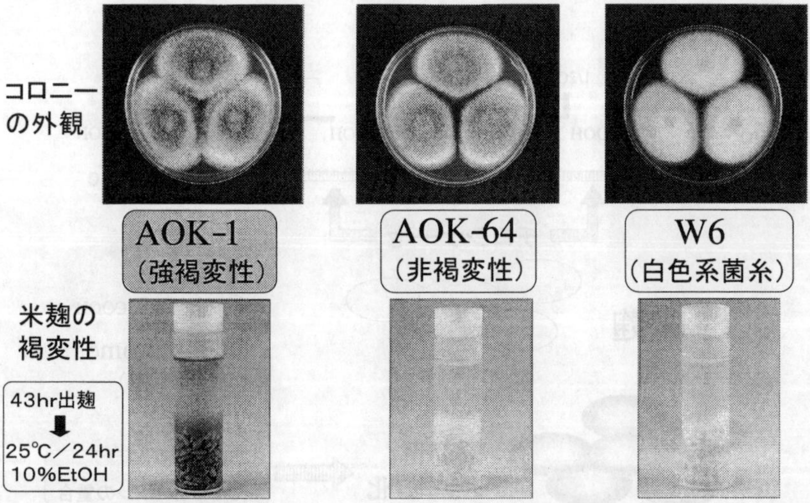

図3　麹菌（*Aspergillus oryzae*）株と米麹の褐変性

(Asn202→Asp，Ile226→Ser，Asp351→Glu，Val398→Leu，Pro497→Thr)，W-6株では3箇所（Ser150→Arg，Asn202→Asp，Ser281→Leu）の変更が認められ，褐変性と相応していた。

小畑[10]は現在進行中の麹菌ゲノム・プロジェクトの中でEST（Expressed Sequence Tag）解析結果から，麹菌を個体培養（フスマ培地や米麹等）したときに特異的に発現するmelOに相同性に高いcDNAを見いだし，クローニングを行った（melB）。さらに，アンチセンスmelBを形質転換した株におけるチロシナーゼ活性の効果的な抑制を確認するとともに，低活性株への高発現導入による褐変化の上昇が認められ，melB遺伝子が麹菌の褐変性に大きく関与していることを明らかにした。

アンチセンス導入による褐変性制御技術はジャガイモ[11]やリンゴ[12]等のポリフェノールオキシダーゼについても確立されており，実用化されれば有効な活性低下と褐変化の抑制が期待される。

2.3　チロシナーゼによるシイタケの褐変化

収穫後の褐変化が商品価値に大きな影響を及ぼす食品としてシイタケがあげられる。菌褶部（傘の裏のヒダ部分）の白さがより長く保たれることが望ましいが，収穫時のダメージやシェルフ環境により容易に褐変化する。神田ら[13]はこの原因酵素がチロシナーゼであることをティッシュ・プリンティング法等を用いて明らかにした。さらに，シイタケチロシナーゼはプロテアー

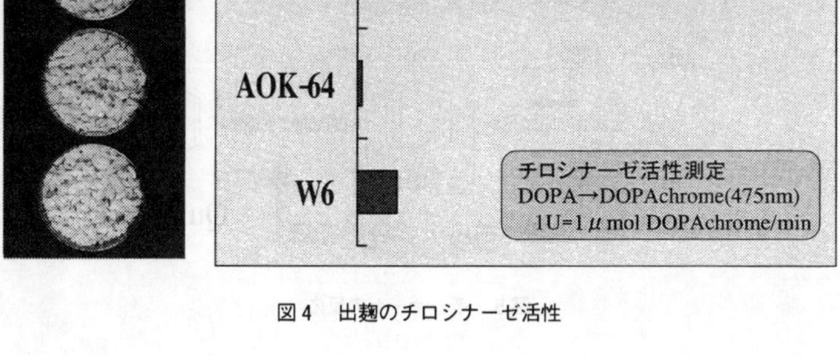

図4　出麹のチロシナーゼ活性

ゼや界面活性剤処理で活性化する多くの菌類のものと異なり，麹菌チロシナーゼと同様に酸処理により活性化することが示された。さらに，6種類（A1，A2，A3，およびB1，B2，B3）のアイソザイムを精製し，サブユニットについて解析を行った[14]。菌類のチロシナーゼはホモテトラマーであることが多い[2]が，シイタケチロシナーゼはA，Bそれぞれ3種のサブユニット（α，β，γ）から2種を組み合わせたヘテロダイマーという特異な組成であった。また，共通のサブユニット（α）には活性中心であるCuA，CuB領域が保存されている。さらに，シイタケ子実体からDOPA酸化活性を有する菌体内ラッカーゼ（Lcc2）も見いだされ，メラニン生成におけるチロシナーゼとの相乗作用が確認された[15]。DOPAメラニン生合成経路に関与する新規のラッカーゼとして注目される。

2.4 ポリフェノールオキシダーゼ（ラッカーゼ）の利用

ポリフェノールオキシダーゼは多くの場合，生鮮作物の保蔵や（発酵）食品製造において長年にわたり「無用の長物」となっており，その制御に多くの努力がなされてきている。一部，ラッカーゼ（ウルシオールオキシダーゼ，命名の由来）が伝統工芸の漆製造に，また，原料由来のポリフェノールオキシダーゼがウーロン茶や紅茶の発酵，レーズンやチョコレート製造における独特の色や風味付けに利用されている程度である。

ラッカーゼは*P*-あるいは*O*-ベンゼンジオールに作用し，相当するキノンを生成する酵素である（図5）。モノフェノールには作用せず，チロシナーゼ等とは区別され，同様に銅を含む青色の酵素である。

バイオマス利用の観点から，リグニン物質を分解できる白色木材腐朽菌（カワラタケやカイガラタケなど）由来のラッカーゼが注目されている[16]。また，近年，内分泌撹乱物質，いわゆる環境ホルモン（PCP，PCBsやダイオキシン等）の環境汚染物質のバイオレメディエーションを目的としたラッカーゼ活性の利用研究も多くなってきている[17, 18]。合成色素のRemazol Brilliant Blue R（RBBR）やPoly R-478に対するラッカーゼの分解活性がPCBsやダイオキシンの分解

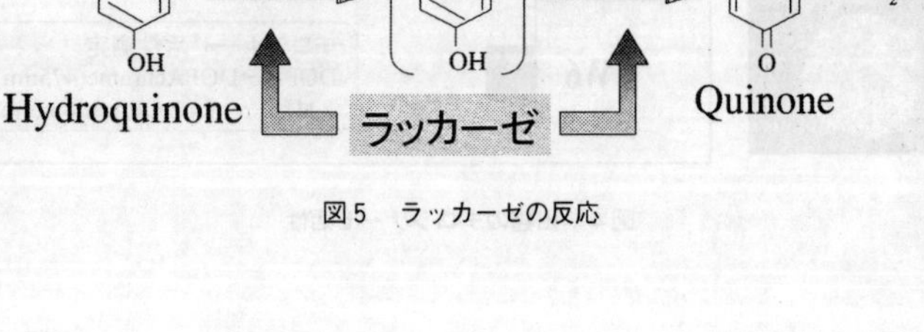

図5　ラッカーゼの反応

活性と相関が高いことが明らかにされて[19]，有用菌あるいは酵素のスクリーニングが容易にできるようになってきた。

永井ら[20]はシイタケ培養上清よりラッカーゼ（Lcc1）を精製し，RBBR，Methly Red，Napthol Blue Black，Bromophenol Blueに対する直接分解活性が強いことを示した。また，酸化還元メディエーターの添加によりPoly R-478等の他の色素についても分解活性を有し，さらには，PCBsの分解にも有効であることを明らかにした[21]。ここで，長年の食習慣があり，生産量も多いシイタケから，従来の白色木材腐朽菌と同程度の環境汚染物質分解活性が見いだされたことは意義深く，今後，農業生産現場あるいは食品製造への応用が期待される。

2.5　今後の展望

最近の生化学，遺伝子工学等の発展に伴い，ポリフェノールオキシダーゼに対する研究も飛躍的に進歩してきた。多様な生物種からチロシナーゼをはじめとするポリフェノールオキシダーゼ遺伝子のクローニングとその発現制御機構の解明がますますなされるであろう。また，新規有用個体の創出などへ応用も増えていくことと思われる。このようにして蓄積される膨大な知見を酵素活性抑制法の開発のみならず，現在，発展しつつあるラッカーゼのバイオレメディエーションのように酵素活性を積極的に利活用できるような研究分野の発展も今後期待したい。

文　　献

1）D. Scott, “in Enzymes in Food Processing (G. Reed ed.)”, p.222, Academic Press, New York (1975)

2）C. W. G. van Gelder *et al.*, *Phytochemistry*, **45**, 1309 (1997)

3）田村ら, 日食科, **45**, 177 (1998)

4）大場, 醸協, **66**, 864 (1971)

5）E. Ichishima *et al.*, *Biochem. Biohys. Acta*, **786**, 25 (1984)

6）Y. Fujita, *et al.*, *Biochem. Biohys. Acta*, **1261**, 151 (1995)

7）W. P. J. Gaykema, *et al.*, *Nature*, **309**, 23 (1984)

8）M.Nakamura, *et al.*, *Biochem. J.*, **350**, 537 (2000)

9）小笠原ら, 第48回日本食品科学工学会大会要旨集, p.125 (2000)

10）小畑, バイオサイエンスとインダストリー, **61**, 328 (2003)

11）C. Bachem, *Bio/Technology*, **12**, 1101 (1994)

12）M. Murata, *et al.*, *Biosci. Biotech. Biochem.*, **65**, 383 (2001)

13）K. Kanda, *et al.*, *Biosci. Biotech. Biochem.*, **60**, 479 (1996)

14） K. Kanda, *et al.*, *Biosci. Biotech. Biochem.*, **60**, 1273 (1996)
15） M. Nagai, *et al.*, *Appl. Microbiol. Biotechnol.*, **60**, 327 (2002)
16） A. Leonovicz, *et al.*, *J. Basic Microbiol.*, **41**, 185 (2001)
17） P. Krcmar, *et al.*,*J. Folia Microbiol.*, **43**, 79 (1998)
18） S. Takeda, *et al.*, *Appl. Environ. Microbiol.*, **62**, 4323 (1996)
19） C. Novotny, *et al.*, *J. Folia Microbiol.*, **42**, 136 (1997)
20） M. Nagai, *et al.*, *Microbiology*, **149**, 2455 (2003)
21） 永井ら, 食品酵素化学研究会第3回学術講演会講演要旨集, p.7 (2003)

3　クルクミン還元酵素とその周辺酵素

鳥居恭好*1，高柳博樹*2，大澤俊彦*3

3.1　ウコンとクルクミン

ウコン（ターメリック）は熱帯アジア原産のショウガ科の多年草であり，古くからスパイス，食用色素，薬用，染料等に用いられている。ウコン属（*Curcuma*）の植物のうち，国内では秋ウコン *Curcuma longa L.*（鬱金，ウコン），春ウコン *C. aromatica Salisb.*（橿黄，キョウオウ），紫ウコン *C. zedoaria Rosc.*（莪述，ガジュツ）の三種が主で，九州・沖縄を中心に栽培されている。単に「ウコン」といった場合には，一般に秋ウコンを指す。カレーの黄色色素として最もなじみ深いものであり，最近では観賞用の園芸種として「クルクマ」の名称で見かけることも増えた（*C. longa* は *C. domestica* と，*C. zedoaria* は *C. aeruginosa* と記載されている場合がある。また日本と中国での呼称の違い，特に中国での植物名と生薬名の呼称の混乱があるので注意が必要である）。

ウコン中の機能成分として最も主要なものは黄色色素クルクミン curcumin（図1-A）であり，他にターメロン，シオネール，ジンジベレン等の精油成分が挙げられる。クルクミン含量は秋ウコンで特に高く3～4％に及ぶ。春ウコンのクルクミン量は低く，秋ウコンに比べて1/10程度である。紫ウコンはクルクミンをほとんど含有しない。

インドの伝統医学書「アーユルヴェーダ」に既にウコンの肝臓障害や胆道炎，健胃，利尿，虫下し，腫れ物に対する薬効が示されている。漢方でも止血剤や健胃剤として用いられる。英名ターメリック turmeric は欧州起源の名で，中世ラテン語で「土地の恵み」を意味する“*terra merita*”に由来するとされる。これらのことからもウコンの有効性が古くから知られていたことが推測される。また，インドやマレーシア，インドネシアなどで，女性がウコンを皮膚に塗る習慣がある。ウコンの抗菌作用や抗炎症作用があることは経験的に知られており，単に化粧として塗られるだけでなく，紫外線障害や感染などの予防に寄与しているものと考えられる。

世界でも有数の長寿地域である沖縄では，ウコンは「うっちん」と呼ばれ，すり下ろしたものを食する他，「うっちん茶」などとして古くから利用されてきた。特に「うっちんを飲んで治らない肝臓の病気は，治らない肝臓の病気である」とまで言われるほど，肝臓の薬としてよく知られている。現在では一般にもウコンとクルクミンの健康増進作用が一層注目され，最近では薬店や健康食品店の店頭で，粉末や「ウコン茶」の他に錠剤やドリンク剤など多様なウコン製品が販

---

*1　Yasuyoshi　Torii　日本大学　生物資源科学部　食品科学工学科　助手
*2　Hiroki　Takayanagi　日本大学大学院　生物資源科学研究科　大学院生
*3　Toshihiko　Osawa　名古屋大学大学院　生命農学研究科　教授

売されている。クルクミンや精油成分をはじめとするウコン成分の多くには強い苦みと独特の香りがあるので，摂りやすくするために様々な形態が考案されている。

近年の機能性食品成分の研究の一環としてクルクミンに関する多角的な研究が進められ，多くの興味ある成果がもたらされた。以下に挙げた他にも，胆汁分泌促進，チロシナーゼ阻害活性，ミエロペルオキシダーゼ阻害によるジチロシン形成抑制など多彩な機能が報告されている。臨床レベルでの検討が進められている機能性食品成分として，クルクミンは代表的なものであると言える。

3.1.1 抗酸化性

生体内での活性酸素の攻撃を酸化ストレスと呼ぶ。酸化ストレスは種々の疾病や老化の発生や進行に関与すると考えられている。生体内では酸化ストレスに対して多重の防御機構が存在しており，食品由来の抗酸化成分もそのひとつである。クルクミンとテトラヒドロクルクミン（THC，図1，詳細は後述）は抗酸化性を有し，酸素ラジカルを含む活性酸素種を補足することで生体の脂質や核酸を保護する。特にTHCは分子内に存在するβ-ジケトン構造によってクルクミンよりも強い抗酸化性を示す[1]。活性酸素種と反応して抗酸化性を発揮したTHCは分解し，無毒なジヒドロフェルラ酸やその類縁体となって排出される。同様の反応は食品中でも生じ，クルクミンは食品の酸化的劣化を抑制する。

3.1.2 がん予防効果

がんの発生過程には，遺伝子を傷つける「イニシエーション」，がん化を促進する「プロモーション」，悪性化の段階の「プログレッション」という少なくとも3段階が存在する。マウス皮膚がんモデルは，発がん研究で最もよく用いられる動物モデルである。マウスの皮膚にイニシエーターとして発がん剤や紫外線を投与した後，発がん促進剤（プロモーター）と呼ばれる物質を

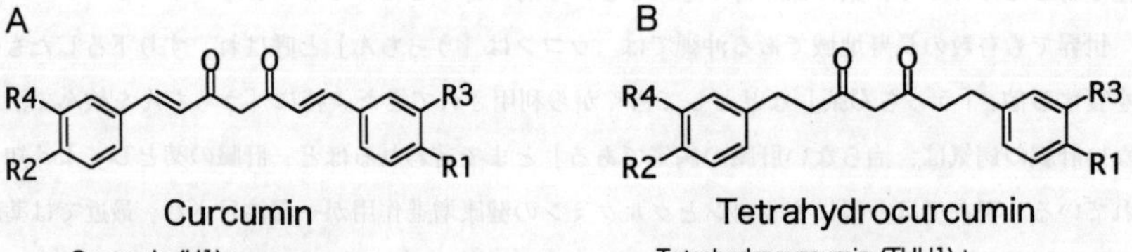

Curcumin (U1)：
R1=R2=OH, R3=R4=CH3O
Demethoxycurcumin (U2)：
R1=R2=OH, R3=CH3O, R4=H
Bisdemethoxycurcumin (U3):
R1=R2=OH, R3=R4=H

Tetrahydrocurcumin (THU1)：
R1=R2=OH, R3=R4=CH3O
Tetrahydrodemethoxycurcumin (THU2)：
R1=R2=OH, R3=CH3O, R4=H
Tetrahydrobisdemethoxycurcumin (THU3)：
R1=R2=OH, R3=R4=H

図1 クルクミンとTHCの化学構造

塗布して二段階の化学発がんを生じさせる実験である。代表的プロモーターの例として「クロトン油」から得られた物質TPAが挙げられる。

米国ニュージャージー州立ラトガース大学がん研究所のConneyらは，TPA塗布に先だってクルクミンを塗ることで，がん発生が抑制されると報告した[2)]。その後，Conneyらのグループとアメリカ健康財団のReddy博士のグループ，京都府立医科大学の西野輔翼教授のグループが相次いで大腸がん抑制について報告している。また肝がん，腎臓がん，肺がん，乳がんなどについても抑制効果が期待されるという報告が相次いでいる[3, 4)]。クルクミンによるがん予防の作用機構としては，

・酸化ストレスの抑制，特にフリーラジカル補足によるイニシエーション／プロモーションの抑制[5, 6)]

・iNOS（誘導型NO合成酵素），シクロオキシゲナーゼ（COX），ホスホリパーゼ等の酵素の活性阻害／誘導阻害による抗炎症作用[7, 8)]

・肝解毒酵素群の誘導による変異原物質の無害化[9)]

・細胞内シグナル伝達への影響を介したアポトーシス誘導[10)]

等の説が，各々実験データをもとに提唱されている。台湾大学医学部の林（Lin，JK）教授が中心になって，ウイルス性肝障害の患者を対象に，がん予防物質としてクルクミンの投与試験が進められている。また米国でも臨床研究が進められており，今後こうした研究成果に基づいた応用が強く期待される[11)]。

3.1.3　糖尿病合併症予防効果

糖尿病の合併症のひとつである白内障の発生・進行に酸化ストレスが関与するという複数の報告がある。筆者（大澤）らのグループは動物モデル実験でクルクミンおよびTHCの抗白内障作用の検討を行った[12, 13)]。この結果，25％ガラクトース食で糖尿病を誘導したラットのレンズ白濁を，クルクミンとTHCが顕著に抑制した。正常ラットのレンズの初代培養の実験において，クルクミンとTHCは糖尿病進行に伴うGSH（グルタチオン）の減少やGPx（グルタチオンペルオキシダーゼ）とSOD（スーパーオキシドディスムターゼ）の活性低下を抑制していた。GSH，GPx，SODはいずれも生体内酸化ストレス抑制の一端を担う因子である。いずれの実験においてもクルクミンよりTHCに強い効果が認められた。クルクミンとTHCはレンズ組織での酸化ストレス制御を正常化することで白内障を抑制している可能性が示された。

3.2　クルクミン代謝に関与する酵素

クルクミンは，経口摂取の後に血中に移行するが，血中には主に四水素添加を受けた還元反応産物であるテトラヒドロクルクミン（tetrahydrocurcumin，THC，図1-B）及びその抱合体（グ

ルクロン酸抱合体，硫酸抱合体，およびグルクロン酸と硫酸両者の抱合を同時に受けた抱合体）として出現することが報告されている[14]。クルクミンおよびTHCの抱合体形成には，小腸に存在するUDP依存性グルクロン酸転移酵素群（UDP-GTs）と硫酸転移酵素群（sulfotransferases）が関与しているものと考えられる。これらは食品成分や外来異物xenobioticsの抱合化を行う一般的酵素で，基質の水溶性を上昇させ，吸収・輸送・解毒・排出などを容易にするとされる。いずれの酵素も複数のアイソザイムが存在し基質特異性を有することが知られているが，英国University of LeicesterのIresonらは，ヒトの体内でクルクミンの硫酸抱合化を行う硫酸転移酵素のアイソザイムをSULT1A1，SULT1A3の二つであると報告している[15]。

THCは前述の様に抗酸化性やがん予防に関してクルクミンと同様あるいはより強力な機能を有する上，クルクミンと異なり無色無味であるため，様々な食品への利用が期待される。THCを高効率で安価・安全に生産する方法が確立されれば，新たな機能性食品因子として期待出来る。金属触媒（PtO_2等）を用いた接触還元によるTHC生成法が報告されている他[16]，合成法も試みられている。生体内では抱合体生成と前後して，酵素反応によってクルクミン還元反応が生じていると考えられる。クルクミン代謝を考える上で，また新規食品素材としてのTHCの製造を視野に入れた場合も，この酵素に関する知見が重要である。

前述のIresonらのグループはラット肝ホモゲネートとクルクミンの反応産物としてTHCと，クルクミンに水素6個が付加した形のヘキサヒドロクルクミンhexahydrocurcuminの存在を報告している[15, 17]。彼等はこれらの報告の中で，詳細なデータを示してはいないものの，alcohol dehydrogenase（ADH）がクルクミン還元反応を触媒する可能性についてコメントしている。これに先だってソウル国立大学薬学部のYoung-Joon Surh（徐榮俊）助教授らは，クルクミンに構造の類似したショウガ成分（ジンゲロール，ショウガオール等）の代謝に関して，ラット肝臓に存在する酵素がこれらの成分を還元し水素付加体を生成することを報告した[18, 19]。Surhらはその後の結果から，この反応はNADPH要求性であることを示し，さらにこの酵素がステロイド代謝関連酵素である可能性を示唆している。両者の報告した肝臓の酵素の関係については不明である。

一方，東北大農学部の宮澤陽夫教授らはラットを用いた実験で，クルクミンは経口摂取後に血中にグルクロン酸およびグルクロン酸／硫酸抱合体クルクミンの形で出現するがTHCは検出されず，クルクミンは還元反応を受けていないと報告している[20]。これらの結果の相違の原因は不明だが，クルクミンの腸管吸収と代謝の経路をタンパク質レベルで詳細に解析することで真実に迫ることが出来ると考えられる。

筆者らの研究グループは生体内でのクルクミン還元の有無とその反応の局在を解明する目的で，小腸上皮からのクルクミン還元酵素の単離・同定を試みている。筆者らはまず，ブタの小腸上皮を用いクルクミン還元活性の有無を検討した。小腸上皮粗酵素液の調製にあたっては，ブタの小腸上皮を包丁で剥離し，CMF-PBS緩衝液に懸濁，ホモゲナイズして用いた。この粗酵素液は懸濁物であるので，遠心上清（可溶性画分）と沈殿物の再懸濁液（不溶性画分），またTriton X-100などの温和な界面活性剤を用いた可溶化酵素液についても検討した。基質としてエタノールに溶解したクルクミン，および次項で解説するCD包接化クルクミンを用いた。酵素によるクルクミン還元反応には,緩衝液中で酵素と基質にNADPH等各種の還元性補酵素を加え，37℃で1時間インキュベートした後，HPLCに供し，残存するクルクミン量とTHC生成量の分析を行った[21]。HPLC条件は以下の通りである［野村化学社製ODS-HG-5カラム4.6×150mm，水：アセトニトリル：TFA＝60：40：0.1，流速1ml/min，検出波長280nm（THC），420nm（クルクミン）］。

その結果，ブタ小腸上皮から得た粗酵素液とクルクミンをNADPH存在下で反応させると，短時間のうちにクルクミンが減少し，並行してTHCが生成していることが分かった（図2）。酵素活性は粗酵素液の遠心上清中に検出されたことから，当該酵素は輸送体を兼ねた膜結合型タンパク質ではなく，可溶性タンパク質であることが示唆された。腸管でのクルクミン吸収に特定の輸送体タンパク質が関与しているかどうかについては，現時点ではほとんど知見がないが，クルクミンの脂質への吸着が強いことから食品中の脂質に結合した状態で吸収・還元されるのではないかと推測している。

続いてADHを用いて上述のIresonらの実験の追試を行ったところ，市販のウマ肝臓ADHにクルクミン還元活性を認めたが，酵母*Saccharomyces cerevisiae*由来のADHは活性を持たなかった[22]。酵母を含む微生物を用いてクルクミンを還元する方法は既にいくつかのグループが試みているが[23]，変換効率は決して高いとは言えないものであった。これは，動物のADHと微生物のADHの基質特異性の差によって説明される可能性がある。

また，ウマ肝ADHとブタ粗酵素の活性を比較したところ反応速度に大きな違いがあり，ブタ粗酵素液中に存在する酵素はウマ肝ADHに比べて極めて効率良くクルクミンを還元することが分かった。硫安沈澱，ゲル濾過によりブタ粗酵素液からクルクミン還元酵素の部分精製を行ったところ，ADH活性と異なる画分に活性が検出された。またこの反応は低濃度（1～5％）のエタノールにより阻害された（クルクミンは水溶性が低いのでエタノール溶液を基質原液として添加している）（図3）。ADHが活性を保持している10％以上のエタノール存在下ではクルクミン活性をほとんど認め得なかった（図3-C）。これらの結果から，腸管でのクルクミン還元にはADH以外の酵素が機能すると推測された。現在，酵素の単離・同定を目指し精製を進めている。

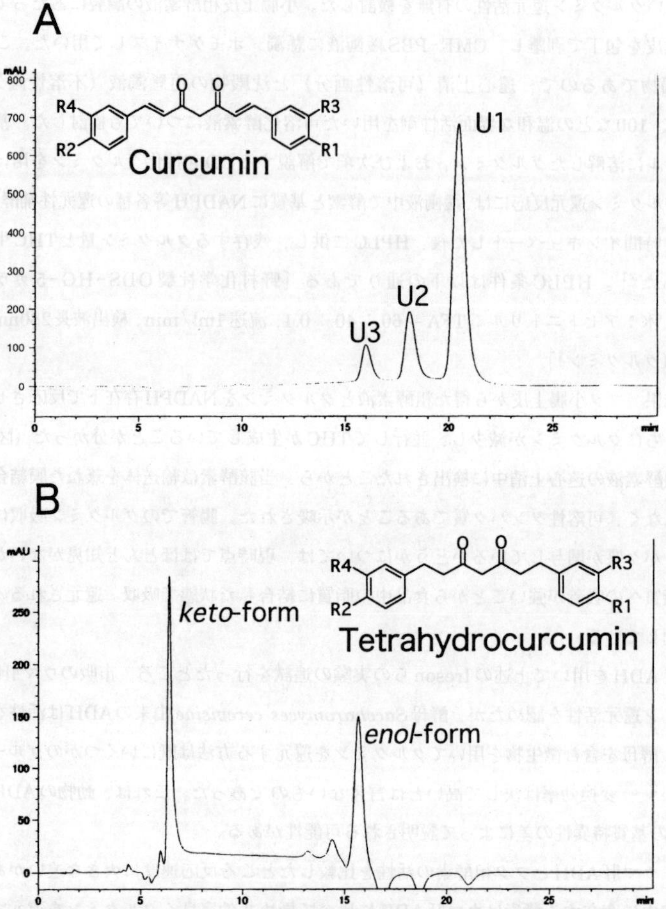

図2　HPLCによるクルクミン（A）とTHC（B）の検出
THCは溶液中で*keto*/*enol*互変異を起こすのでピークが分裂して現れる。

3.3　クルクミンの水可溶化による反応効率の向上

前項のブタ小腸上皮由来酵素を用いたクルクミン還元反応では，クルクミンの水への溶解度の低さが応用の障壁になっていた。クルクミンの水への溶解度は低く，酵素反応を用いたTHC大量調製の障害となる。酵素反応や微生物法に際しては，クルクミン含有油を用いたo/w型エマルジョンによってクルクミン濃度を高める等の工夫がされている。そこで，筆者らは環状オリゴ

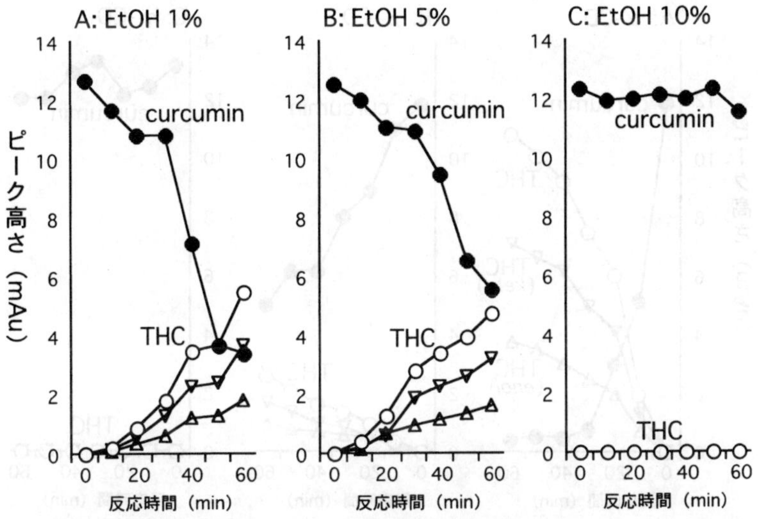

図3　エタノール溶解クルクミン（U1）を基質として用いた場合のTHC生成
反応液中のエタノール濃度を1％(A)，5％(B)，10％(C)と変化させた場合の反応を経時的に追った。

糖の一種サイクロデキストリン（CD）を用い，クルクミンの水可溶化が還元反応に及ぼす影響を検討した[24]。

CDは複数のグルコピラノース基がα-1,4-グリコシド結合によって環状に結合したオリゴ糖で，van der Waals力および水素結合によって分子内に疎水性化合物を包接することが出来る。グルコピラノース基がそれぞれ6，7，8個からなるα，β，γ-CDが用いられ，包接しやすい化合物も各々異なる。CDの一般的用途として，難水溶性物質の可溶化の他に，安定化作用，除放作用，不快臭・渋みなどのマスキング，乳化作用，吸湿性の抑制，粘性物質の粉末化等が挙げられる。既にCDの食品への利用は広く行われているが，酵素反応の基質として包接化合物が機能するかどうかは事例によって異なる。

CDによるクルクミン包接化に際しては，α，β，γ-CDの各々の水溶液とクルクミンのエタノール溶液を混合し，室温で10分間振盪した後，溶媒除去後の乾固物を再度水に溶解し可溶化物を得た。

このCD包接化クルクミンを用いた結果，基質としてクルクミンのエタノール溶液を用いた場合より，CD包接化クルクミンの方がTHC変換率が遥かに高かった（図3，4）。またα，β-CD包接化クルクミンに比べてγ-CD包接化クルクミンからのTHC生成は極めて低く，α，β，

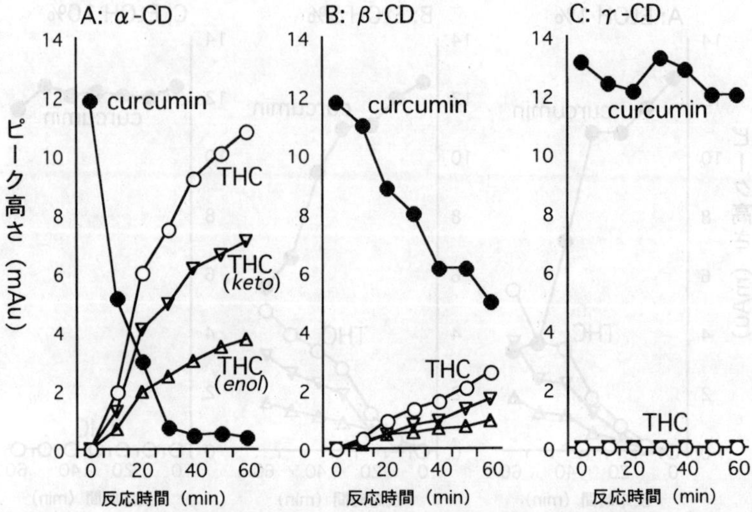

図4　CD包接化クルクミン（U1）を基質として用いた場合のTHC生成
α-CD(A)，β-CD(B)，γ-CD(C) 各々を用いた場合の反応を経時的に追った。

γ-CD各々のクルクミン包接化機能には差異があると考えられた。図1および2-Aに示した様に，通常クルクミンにはメトキシ基の数の違いにより三種の化合物（U1～3）の混合物である。U1～3それぞれの精製品を使用して同様の実験を行ったところ，これらはCD三種に対してそれぞれ異なる挙動を示した。この際，CD種によって還元反応の進行には差異が認められた。最も安価で一般的なCDであるα-CDを用いた場合最も良い結果が得られ，基質クルクミンの95％以上が還元されTHCに変化していた（図4-A）。

これらの結果から，CD包接化クルクミンはTHCの酵素的生産の際の基質として極めて好ましいものであることが明らかとなった。

CD包接によるクルクミンの可溶化に関しては協同組合沖縄県機能性食品開発センターにより特許出願がなされている[25]。

3.4　今後の展望

生活習慣病が日本人の死因の大部分を占めるようになって久しいが，食習慣の改善による生活習慣病の予防は今後ますます重要性を持つと考えられる。食品因子による疾患リスクの低下や疾患の進行抑制について，現在では膨大な情報が得られている。ここで重要なのは“EBM (evidence-based medicine)”の考え方である。検証を経ない経験則や根拠に欠けた一方的な情報をもとに食習慣をねじ曲げるのは，かえって健康を害することにつながりかねない。食と健康の問題には，常に明確な根拠を元にして取り組んで行くことが必要である。冒頭で示したように，クルクミンとTHCの健康への貢献は多角的な検証によって認められつつある。今後はこうした食品因子をいかに有効かつ安全に摂取して行くかという点に焦点が当てられることになる。

本稿で紹介した様に，小腸上皮に存在する酵素によりクルクミンが効率よく還元されTHCを生成することが確認された。この成果に加え小腸上皮に存在するクルクミン還元酵素が同定出来れば，体内でのクルクミンの代謝に関して未だ解明されていない重要なステップを明らかに出来，また酵素的THC産生の基礎データとして食品応用の一助となると考えられる。またCD包接化によってクルクミンを水に可溶化することで，THCへの変換率を飛躍的に高められることが明らかになった。さらに今後は，これらの知見をもとに，酵素的THC製造プロセスの構築や微生物機能を利用した発酵法でのTHC製造にも取り組んで行きたいと考えている。こうした試みを通じて，食による健康増進に貢献出来れば幸甚である。

謝　辞

本研究を遂行するにあたり多大な御協力を頂きました，日本大学生物資源科学部食品科学工学科の伊藤眞吾教授，竹永章生助教授，日研化成株式会社の裏地達哉氏，三宅伸幸氏，株式会社琉球バイオリソース開発の稲福直氏，藤野哲也氏，与那覇恵氏に，この場を借りて御礼申し上げます。

文　献

1) 大澤俊彦, 食品によるフリーラジカル消去, フリーラジカルと疾病予防（吉川敏一, 五十嵐脩, 糸川嘉則・責任編集, 日本栄養食糧学会・監修), p.67-88, 建帛社（1997）
2) Huang MT, Smart RC, Wong CQ, and Conney AH, *Cancer Res.* **48**, 5941-5946 (1988)
3) 大澤俊彦, がん予防食品の開発（大澤俊彦・監修), シーエムシー出版（1997）
4) Inano H, Onoda M, Inafuku N, Kubota M, Kamada Y, Osawa T, Kobayashi H and Wakabayashi K., *Carcinogenesis* **20**, 1011-1018 (1999)
5) Nakamura Y, Ohto Y, Murakami A, Osawa T and Ohigashi H, *Jpn. J. Cancer Res.* **89**, 361-370 (1998)
6) Okada K, Wangpoengtrakul C, Tanaka T, Toyokuni S, Uchida K and Osawa T, *J. Nutrition* **131**, 2090-2095 (2001)

7) Chun KS, Keum YS, Han SS, Song YS, Kim SH, and Surh YJ, *Carcinogenesis*, in press.
8) Pan MH, Lin-Shiau SY, and Lin JK, *Biochemical Pharmacology*, **60**, 1665-1676 (2000)
9) 内田浩二, Phase II 解毒酵素誘導によるがん予防, がん予防食品／フードファクターの予防医学への応用 (大澤俊彦, 大東肇, 吉川敏一・監修), p.86-94, シーエムシー出版 (1999)
10) Surh YJ., *Mutation Res*. **428** (1-2), 305-27 (1999)
11) Ohigashi H, Osawa T, Terao J, Watanabe S, and Yoshikawa T. eds., Food Factors for Cancer Prevention, p.39-46, Springer-Verlag Tokyo (1997)
12) Ueno Y, Kizuki M, Nakagiri R, Kamiya T, Sumi H, and Osawa T., *J. Nutrition* **132**, 897-900 (2002)
13) 上野有紀, 木崎美穂, 中桐竜介, 橋爪恵里香, 神谷俊一, 角紘幸, 大澤俊彦, 抗酸化食品因子による糖尿病合併症予防, 食と生活習慣病 (菅原努・監修), p.157-165, 昭和堂 (2003)
14) Pan MH, Huang TM, and and Lin JK. *Drug Metabolism and Deposition* **27**, 486-494 (1999)
15) Ireson C, Orr S, Jones DJ, Verschoyle R, Lim CK, Luo JL, Howells L, Plummer S, Jukes R, Williams M, Steward WP, and Gescher A, *Cancer Res*. **61**, 1058-64 (2001)
16) Sugiyama Y, Kawakishi S, and Osawa T. *Biochemical Pharmacology* **52**, 519-525 (1996)
17) Ireson CR, Jones DJ, Orr S, Coughtrie MW, Boocock DJ, Williams ML, Farmer PB, and Steward WP, *Cancer Epidemiol. Biomarkers Prev*. **11**, 105-11 (2002)
18) Surh YJ, and Lee SS., *Res. Commun. Chem. Pathol. Pharmacol*. **84**, 53-61 (1994)
19) Surh YJ, and Lee SS., *Life Science* **54**, 321-6 (1994)
20) Asai A, and Miyazawa T, *Life Science* **67**, 2785-2793 (2000)
21) 春山尚子, 長田淳, 鳥居恭好, 竹永章生, 伊藤眞吾, 大澤俊彦, 腸管に存在するクルクミン還元酵素の解析, 食品酵素化学研究会第1回学術講演会講演要旨集 (2001)
22) 鳥居恭好, 高柳博樹, 竹永章生, 伊藤眞吾, 大澤俊彦, クルクミン腸管吸収に伴う還元反応に関与する酵素の解析, 日本農芸化学会2004大会講演要旨集 (2004)
23) 特開平11-235192
24) 高柳博樹, 鳥居恭好, 竹永章生, 伊藤眞吾, 大澤俊彦, 小腸に存在するクルクミン還元酵素の解析とCD包接化によるクルクミン水可溶化の影響, 日本食品科学工学会第50回大会講演要旨集 (2003)
25) 特開平6-9479

4　コレステロールオキシダーゼと食品分析

礒部公安*

4.1　はじめに

食生活の変化や高齢化が進む現代社会において，高脂血症や動脈硬化症などの原因になるコレステロールは，健康状態を管理する上で重要な指標の一つであり，健康診断では，血清中の総コレステロール量のほかに高密度リポ蛋白質に結合したコレステロール（HDL-コレステロール）や低密度リポ蛋白質に結合したコレステロール（LDL-コレステロール）なども測定されている[1~3]。また食習慣を改善するためにコレステロールの摂取量を把握することも重要と考えられ，食品や食品原料に含まれるコレステロール量も測定されている[4~6]。これらのコレステロール量の測定には，酵素を用いる方法やクロマトグラフィーを用いる方法などが用いられており，現在も改良が進められている。

本稿では，酵素を用いたコレステロール測定の原理を中心に，酵素法以外のコレステロール測定法，コレステロール測定用試料の調製法，および微生物起源のコレステロールオキシダーゼの特徴について最近の研究を含めて紹介する。

4.2　酵素を用いたコレステロール測定法の原理

一般にコレステロールは遊離状態や脂肪酸とエステル結合した状態で存在しており，遊離のコレステロール量はコレステロールオキシダーゼ（Cholesterol：oxygen oxidoreductase，EC1.1.3.6）[7] やコレステロールデヒドロゲナーゼ[8] を用いて測定できる。前者は図1に示すようにコレステロールをコレスト-4-エン-3-オン（cholest-4-en-3-one）に酸化して過酸化水素を生成する酵素であり，後者はNAD^+を補酵素とする脱水素酵素で，コレステロールをコレスト-4-エン-3-オン（cholest-4-en-3-one）に変換し，NAD^+はNADHに還元される（図2）。従って，試料中のコレステロール量は，コレステロールオキシダーゼの反応で生成する過酸化水素量を測定すること，あるいはコレステロールデヒドロゲナーゼの作用で生成するNADH量を測定することにより求めることができる。そして生成する過酸化水素の測定には，ペルオキシダーゼとトリンダー試薬を組み合わせた比色法が広く用いられており，500nm付近から700nm付近で比色定量されている[9]。また，生成する過酸化水素にアルコール存在下でカタラーゼを作用させて，過酸化水素と等量のアルコールをアルデヒドに変換して比色定量する方法も用いられている[10]。さらにコレステロール量が微量の試料では，トリンダー試薬の代わりに蛍光試薬が用いられている[11]。コレステロールデヒドロゲナーゼの反応で生成されるNADHは一般に340nmの

＊　Kimiyasu　Isobe　岩手大学　農学部　農業生命科学科　助教授

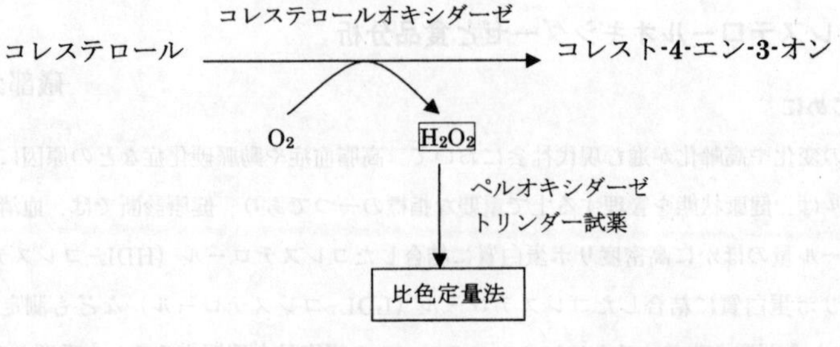

図1　コレステロールオキシダーゼを用いたコレステロール測定の原理

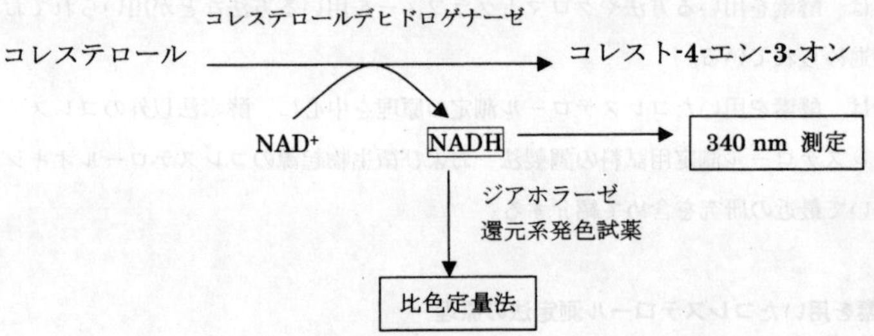

図2　コレステロールデヒドロゲナーゼを用いたコレステロール測定の原理

吸光度で測定されるが，ジアホラーゼ（Diaphorase，EC1.6.99.—）とテトラゾリウム塩などの還元系発色試薬を用いて比色定量することも可能である[9]。

一方，脂肪酸に結合しているコレステロールはコレステロールオキシダーゼやコレステロールデヒドロゲナーゼだけで測定することは困難であり，化学的な方法やコレステロールエステラーゼ（Cholesterol esterase，EC3.1.1.13）で結合している脂肪酸を遊離して，コレステロールオキシダーゼやコレステロールデヒドロゲナーゼを作用させることが必要である。従って，総コレステロール量は，コレステロールエステラーゼとコレステロールオキシダーゼやコレステロールデヒドロゲナーゼを同時に加えることにより測定することができ，コレステロールエステラーゼの添加の有無による測定値から，遊離コレステロール量，結合コレステロール量および総コレステロール量を求めることも可能である。また疎水度が異なる様々な物質と結合しているコレステロール，例えば血清中のHDL-コレステロールやLDL-コレステロールなどは，疎水度の違いを区別できる界面活性剤や修飾酵素を用いて測定できる[2, 3, 12]。さらにコレステロールオキシダーゼを固定化した酵素センサーも開発されており[13, 14]，比色法だけでなく電気的検出法を用いてコレステロールを測定することも可能であり，固定化酵素とフローインジェクション法を組み合わせて食品中のコレステロール量を連続的に測定する方法も報告されている[15)]。このように様々な試料に含まれるコレステロールを測定するために数多くの方法が開発されているが，その多くはコレステロールオキシダーゼを用いた方法である。今後，コレステロールデヒドロゲナーゼを用いた食品中コレステロールの測定法が開発される可能性もある。

4.3　酵素法以外のコレステロール測定法

コレステロールオキシダーゼやコレステロールデヒドロゲナーゼを用いる方法は，コレステロール量を分光光度計で測定できるので簡便であり，短時間に多数の試料のコレステロール量を測定するために適している。しかし，いずれの酵素もコレステロールだけでなく，他のステロール類にも作用するので，コレステロール量だけを正確に測定することやコレステロールと他のステロール類の各含量を求めることは困難である。従って，コレステロールと類縁化合物の個々の含量を求める場合には，器機分析法が有効であり，従来からガスクロマトグラフィー法[16~18)]や高速液体クロマトグラフィー法[5, 19, 20)]が用いられている。また，超臨界流体クロマトグラフィー[21)]や非水系キャピラリー電気泳動[22)]による測定，あるいはガスクロマトグラフィーと質量分析計[23, 24)]，高速液体クロマトグラフィーと質量分析計[25)]を用いた方法も報告されている。

4.4　コレステロール測定用試料の調製法

試料中のコレステロールを測定するためには非水溶性であるコレステロールを界面活性剤や有機溶媒で可溶化することが必要であるが，測定用試料の調製方法は使用する測定方法によって異なる。例えば，コレステロールオキシダーゼで血清中のコレステロール量を測定する場合には，特別な抽出操作は行われず，界面活性剤を添加した緩衝液を用いて酵素反応が行われている[1~3)]。そして酵素法で食品試料中のコレステロール量を測定するために，非イオン性界面活性剤の構造と食品試料からのコレステロールの抽出率との関係も詳しく検討されている[26)]。一方，クロマトグラフィー法で分析する場合には，イソプロパノールやヘキサンあるいはクロロホルム：メタノール（2：1）などの有機溶媒で抽出する方法が広く用いられており，有機溶媒の種類や組み合わせを変えて有機溶媒の使用量の微量化やコレステロール類の抽出の効率化が進められている。例えば，n-ヘキサン-2-プロパノールとpH調整によるコレステロールの抽出の自動化[27)]やヘキサン：イソプロパノール（3：2）と加圧による抽出時間の短縮や有機溶媒コストの低減[28)]などが検討され，さらに超臨界二酸化炭素を用いた抽出の有用性も報告されている[5, 24)]。

4.5 微生物起源のコレステロールオキシダーゼの特徴

コレステロールオキシダーゼは微生物におけるコレステロールの分解の初発段階の反応を触媒する酵素で，細菌や放線菌が菌体表層あるいは菌体外に産生することが知られており，種々の細菌や放線菌から酵素が精製され，諸性質が明らかにされている[29～38]。微生物由来の代表的なコレステロールオキシダーゼの基質特異性を表1，諸性質を表2にまとめた。いずれの起源の酵素も熱に対して比較的安定であり，最近界面活性剤や有機溶媒に安定な酵素も見出された[33, 37, 38]。現在までに報告されている酵素はいずれもコレステロールに対して高い活性を示すが，他のステロイド類にも作用する。そして3位のβ型水酸基のみに位置特異的に作用し，他の位置の水酸基には作用しない。また17位に結合する側鎖の構造や鎖長も酵素活性に影響を与えるが，その影響は微生物の起源によって大きく異なる。例えばプロテオバクテリアのγ-サブクラスに属する新しい菌株から見出された酵素[37, 38]は他の酵素に比べて側鎖の構造の認識が厳密である。これらの酵素の中で*Brevibacterium sterolicum*[39]と*Streptomyces*属[40]の酵素は立体構造が明らかにされており，*Streptomyces*属の酵素では，遺伝子工学的手法による機能改変も行われている[41]。

今後，酵素の構造と安定性や基質特異性との関係が明らかにされ，さらに簡便に精度よくコレステロールを分析できる酵素が開発されることが期待される。

表1　微生物が産生する主なコレステロールオキシダーゼの基質特異性

	Arthrobacter simplex	*Brevibacterium sterolicum*	*Corynebacterium cholesterolicum*	*Pseudomonas* sp. COX 629	*Pseudomonas* sp. ST-200	*Schizophyllum commune*	*Streptomyces violascens*	*Streptoverticillum cholesterolicum*	γ-Proteobacterium Y-134	γ-Proteobacterium Y-134
コレステロール	100	100	100	100	100	100	100	100	100	100
ジヒドロコレステロール	—	13.2	—	78	69	—	91	96	79	22
スティグマステロール	37,47	10	12	40	59	—	—	17	32	15
β-シトステロール	—	19.7	50	—	84	—	—	39	29	19
スティグマスタノール	—	—	—	32	—	—	—	—	15	7
7-デヒドロコレステロール	—	—	—	24	—	—	—	4	14	26
エルゴステロール	15,17	0	4	51	20	0	—	5	0	＜3
エピアンドロステロン	—	—	—	—	10	—	64	—	0	＜3
デヒドロエピアンドロステロン	—	41.4	5	0	16	28	80	48	0	0
プレグレノロン	—	22.4	38	—	32	20	83	37	0	0
引用文献	29	30	31	32	33	34	35	36	37	38

表2　微生物が産生する主なコレステロールオキシダーゼの諸性質

	Arthrobacter simplex	*Brevibacterium sterolicum*	*Corynebacterium cholesterolicum*	*Pseudomonas* sp. COX 629	*Pseudomonas* sp. ST-200	*Schizophyllum commune*	*Streptomyces violascens*	*Streptoverticillum cholesterolicum*	γ-Proteobacterium Y-134	γ-Proteobacterium Y-134
分子量（ゲルろ過）	57,000	32,500	57,000	56,000	60,000	53,000	30,000	56,000	115,000	58,000
（SDS-PAGE）	57,000	32,500	57,000	56,000	60,000	53,000	30,000	56,000	58,000	58,000
最適pH	7.5	7.5	7.0-7.5	7.0	7.0	5.0	7.0	7.0-7.5	6.5	6.0
pH安定性	6.0-10.0	4.0-10.0	5.0-9.0	5.0-8.0	4.0-11.0	—	—	4.0-12.5	5.0-7.5	5.0-8.5
（処理条件）	(30C°, 2h)	(37C°, 0.5h)	(30C°, 1h)	(60C°, 1m)				(30C°, 1h)	(60C°, 1h)	(60C°, 1h)
最適温度（C°）	50	—	40-42	—	60	—	50	—	50	50
*K*m値（μM）	28.4, 30.8	63	14.3	200	4.04	330	450	400	65	26
等電点（pI）	—	8.9	8.7	—	—	—	—	—	4.3	7.1
補欠分子	—	FAD	FAD	—	FAD	FAD	—	FAD	Flavin	FAD
引用文献	29	30	31	32	33	34	35	36	37	38

4.6　おわりに

コレステロールオキシダーゼは20年以上前に血清中のコレステロール量を測定するための臨床検査用酵素として開発され，現在もグルコースオキシダーゼとともに臨床検査分野で広く利用されている酵素の一つである。最近，血清中コレステロール量の測定だけでなく食品中のコレステロール量を把握することも重要であると考えられるようになり，今後食品や食品原料中のコレステロール量が広く測定される可能性がある。現在，コレステロールオキシダーゼを用いたコレステロール測定キットが多数販売されており，これらのキットを用いて食品中のコレステロール量を測定することができる。しかし，食品や食品原料中のコレステロール量をより安定に精度よく測定するためには，多種多様な食品や食品原料からコレステロール測定用試料を安定に調製するための検討が必要である。また現在までに多数の微生物からコレステロールオキシダーゼが見出されており，現在も性質の異なる酵素が報告されている。これらの中から食品中のコレステロール量の測定に適した酵素が見出されることも期待される。

文　献

1) C. C. Allain *et al.*, *Clin. Chem.*, **20**, 470-475 (1974)
2) H. Sugiuchi *et al.*, *Clin. Chem.*, **41**, 717-723 (1995)
3) H. Sugiuchi *et al.*, *Clin. Chem.*, **44**, 522-531 (1998)
4) V. Piironen *et al.*, *J. Food Comp. Anal.*, **15**, 705-713 (2002)
5) T. Y. Lin *et al.*, *Food Chem.*, **67**, 89-92 (1999)
6) G. Lercker and M. T. Rodriguez-Estrada, *J. Food Comp. Anal.*, **15**, 705-713 (2002)
7) 丸尾文治, 田宮信夫 監修, 酵素ハンドブック, p.65 (1982)
8) K. Kishi *et al.*, *Biosci. Biotechnol. Biochem.*, **64**, 1352-1358 (2000)
9) 溝口誠ほか, 分析化学, **45**, 111-124 (1996)
10) H. O. Beutler und G. Michal, *Getreide Mehl Brot*, **30**, 116-118 (1976)
11) D. M. Amundson and M. Zhou, *J. Biochem. Biophys. Methods*, **38**, 43-52 (1999)
12) 杉内博幸ほか, 検査と技術, **24**, 303-310 (1996)
13) C. Bongiovanni *et al.*, *Bioelectrochem.*, **54**, 17-22 (2001)
14) S. Singh *et al.*, *Anal. Chim. Acta*, **502**, 229-234 (2004)
15) O. Baticz and S. Tomoskozi, *Nahrung / Food*, **46**, 46-50 (2002)
16) F. Ulberth and H. Reich, *Food Chem.*, **43**, 387-391 (1992)
17) M. Fenton, *J. Chromatogr. A*, **624**, 369-388 (1992)
18) E. Paterson and R. Amado, *Lebensm.-Wiss. u.-Technol.*, **30**, 202-209 (1997)
19) I.-L. Kou and R. P. Holmes, *J. Chromatogr. A*, **330**, 339-346 (1985)
20) S. McCluskey and R. Devery, *Trends Food Scie. Technol.*, **4**, 175-178 (1993)
21) C. P. Ong *et al.*, *J. Chromatogr. A*, **515**, 509-513 (1990)
22) X.-H. Xu *et al.*, *J. Chromatogr. B*, **768**, 369-373 (2002)
23) G. Stewart *et al.*, *Food Chem.*, **44**, 377-380 (1992)
24) S. J. K. A. Ubhayasekera *et al.*, *Food Chem.*, **84**, 149-157 (2004)
25) E. Razzazi-Fazeli *et al.*, *J. Chromatogr. A*, **896**, 321-334 (2000)
26) A. Berthod *et al.*, *Talanta*, **55**, 69-83 (2001)
27) J. H. Johnson *et al.*, J. *Chromatogr. A*, **718**, 371-381 (1995)
28) E. Boselli *et al.*, *J. Chromatogr. A*, **917**, 239-244 (2001)
29) W.-H. Liu *et al.*, *Agric Biol. Chem.*, **52**, 413-418 (1988)
30) T. Uwajima and O. Terada, *Agric Biol. Chem.*, **42**, 1453-1454 (1978)
31) J. Shirokane *et al.*, *J. Ferment. Technol.*, **55**, 337-346 (1977)
32) S.-Y. Lee *et al.*, *Appl. Microbiol. Biotechnol.*, **31**, 542-546 (1989)
33) N. Doukyu and R. Aomo, *Appl. Environ. Microbiol.*, **64**, 1929-1932 (1998)
34) M. Fukuyama and Y. Miyake, *J. Biochem.*, **85**, 1183-1193 (1979)
35) H. Tomioka *et al.*, *J. Biochem.*, **79**, 903-915 (1976)
36) Y. Inouye *et al.*, *Chem. Pharm. Bull.*, **30**, 951-958 (1982)
37) K. Isobe *et al.*, *J. Biosci. Bioeng.*, **95**, 257-263 (2003)
38) K. Isobe *et al.*, *J. Biosci. Bioeng.*, **96**, 257-261 (2003)
39) N. Croteau and A. Vrielink, *J. Struct. Biol.*, **116**, 317-319 (1996)

40） Q. K. Yue *et al.*, *Biochemistry*, **38**, 4277-4286 (1999)
41） 西矢芳昭, 室岡義勝, 生物工学, **77**, 429-432 (1999)

第6章　食品分析と食品加工

1　熱測定による酵素の構造と機能の分析

田中晶善*

1.1　はじめに

病気になれば“熱が出る”し，死ねば“冷たくなる”ように，生命現象と「熱」とは密接な関係がある。しかし従来，熱測定装置の感度が充分ではなかったことや，「熱」という現象の特異性の低さのために，この方法はバイオサイエンスにおいてあまり重要視されてこなかった。ところが1980年代頃から装置の感度が飛躍的に高くなってマイクロワットの桁の測定が容易にできるようになり，これに並行して解析技術も進歩し，酵素を扱う場合にも有用な方法となっている。以下にその適用例を述べる。

1.2　酵素の安定性の評価

工業的に，あるいは分析用に酵素を用いる場合に最も問題となる点の一つが熱安定性である。通常，一定時間，一定の高温に酵素溶液を保った後冷却し，残存活性を測定することで酵素の熱安定性を評価する。実用的にはそれで充分な場合も多いが，より立ち入った分析を行うには断熱型示差走査熱量計（DSC）を用いた測定を行う[注1)]。

1.2.1　装置と方法

DSC装置の概念図を図1に示す。断熱壁に囲まれた一対の相同なセルがあり，試料セルには酵素など試料溶液を，また参照セルには試料を溶解している液（通常は緩衝液）を入れる。セルの実効容積は市販装置によって異なるが，0.3～1mL程度である。セルは加圧し，気泡の発生を防ぐとともに，沸点を高くすることによって110℃程度まで測定できるようにする。

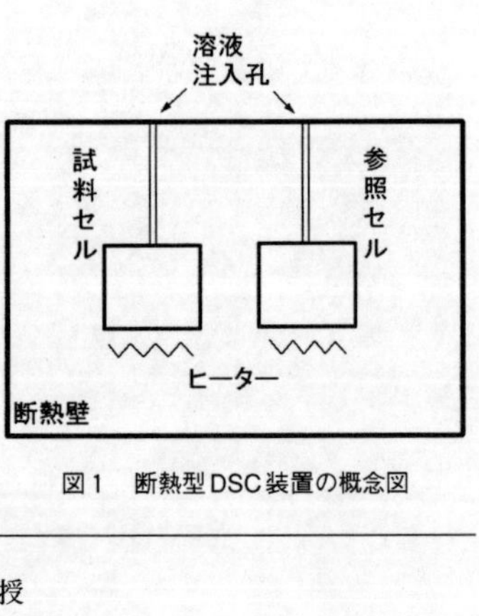

図1　断熱型DSC装置の概念図

測定では，両セル間，およびセルと断熱壁の温度差をゼロにしながら一定速度（通常0.5～1℃/min程度）で昇温する（装置によっては降温も可能）。熱変性は

*　Akiyoshi　Tanaka　三重大学　生物資源学部　教授

吸熱反応であるから，変性が起こる範囲では試料溶液に余分の熱量を投入することになり，これが「過剰熱容量」として記録される。出力は熱容量（質量換算すれば比熱）であるから，吸熱反応は上向きのピークとして記録される。試料溶液を用いたこのような測定の他に，参照セルと試料セルの両方に緩衝液を入れて同じ条件の測定を行い，これを前者から差し引いたデータを解析に供する。

1. 2. 2　デンプン結合ドメインの可逆変性

図2は，以上のようにして得た結果の例で，*Aspergillus niger*のグルコアミラーゼのC末端側を構成するデンプン結合ドメイン（110アミノ酸残基）の熱変性を測定したものである。この場合，高温まで走査した溶液をいったん冷却し，再度走査しても同じDSC曲線が得られる。すなわちデンプン結合ドメインの熱変性は可逆的である。分子量2万程度を超えるタンパク質の熱変性はほとんどの場合不可逆であるが，それ以下の小型球状タンパク質ではこの例のように可逆変

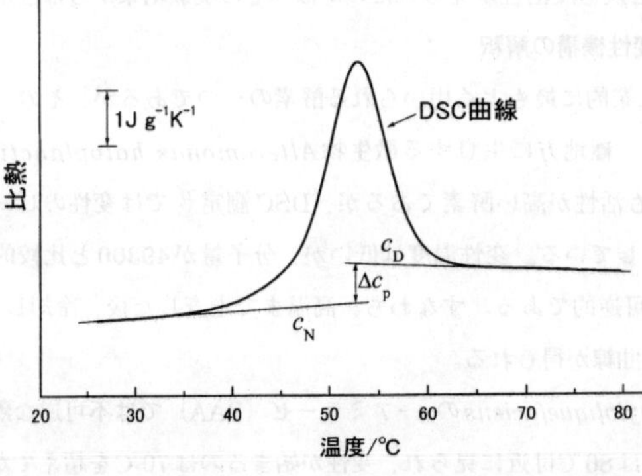

図2　*Aspergillus niger*グルコアミラーゼデンプン結合ドメインのDSC測定例
DSC曲線の面積から変性エンタルピーを評価できる。Δc_pは，変性の前後でのタンパク質の比熱の差を表す。pH7。筆者の測定による。

注1）プラスチックのガラス転移の測定などに使われる非断熱型の示差走査熱量計もDSCと略称されるが，感度において3桁程度異なっており，両者は使用目的を異にする別の装置と考えた方がよい。

注2）平衡N⇌Dは最も基本的で単純な例である。実際には多量体化が伴ったり，分子内で複数の変性単位が存在したりする。

注3）DSCから得られる重要な情報の一つがΔG^0の温度依存性である。この値は典型的には10～20℃前後で最大となり（すなわちタンパク質はこの温度で熱力学的には最も安定となり），それより低温では減少する。タンパク質の種類とpHなどの条件によっては，ΔG^0がある温度以下では負の値を取ることがある。すなわち低温にすることで変性する場合がある。これを（通常の熱変性と区別して）低温変性といい，実際にこの現象が起こることがいくつかのタンパク質で実験的に示されている。

性をすることがしばしばある。

このような場合，各温度で天然状態Nと変性状態Dとの間に平衡N⇌Dが成り立っていると考えることができ[注2]，変性エンタルピー（酵素を変性させるのに必要な熱量）だけでなく，変性のギブズエネルギー変化やエントロピー変化などの変性の熱力学量を評価することができる。通常，変性が半分終了する（[N]＝[D]である）温度，すなわち平衡N⇌Dの標準ギブズエネルギー変化ΔG^0がゼロとなる温度を変性温度という[注3]。酵素を始め種々のタンパク質の変性の熱力学量を網羅したデータブック[1]が発行されている。

デンプン結合ドメインの場合，65℃付近ではほぼすべての分子の立体構造が壊れており，デンプン結合能は失われているが，室温に戻せば巻き戻りが起こって結合能が回復する。このことはタンパク質の「熱安定性」の解釈が必ずしも単純ではないことを伺わせる。ある温度，例えば60℃に酵素溶液を保った後，室温に戻したところ酵素活性が見られたとする。この場合，60℃でも天然状態の構造を保持していたのか，それとも60℃では変性状態にあったが，室温に戻すことで天然状態に巻き戻って活性が見られたのかは，その実験結果からは区別ができない。

1.2.3　熱安定性と変性機構の解釈

α-アミラーゼは工業的に最もよく用いられる酵素の一つであるが，その「熱安定性」は給源によって様々である。極地方に生息する微生物*Alteromonas haloplanctis*のα-アミラーゼ（AHA）は，低温でも活性が高い酵素であるが，DSC測定[2]では変性のピークは44℃にあり，50℃では変性が完了している。変性温度は低いが，分子量が49300と比較的大きいにもかかわらず，その熱変性は可逆的である。すなわち，高温まで走査した後，冷却し，再度走査すると，初回と全く同じDSC曲線が得られる。

他方，*Bacillus amyloliquefaciens*のα-アミラーゼ（BAA）では不可逆な熱変性を起こす。そのDSC曲線のピークは86℃付近に見られ，変性が始まるのは70℃を超えてからである。これら二つのα-アミラーゼ（AHAとBAA）の溶液を60℃に数分保った後，25℃で活性を調べればどちらも活性が見られるはずだが，安定性の中身は全く異なっていることになる。

図3は*Pseudomonas cepacia*のリパーゼのDSC曲線[3]である。この場合，同一溶液の再走査では吸熱ピークがまったく観測されないことから，この酵素の熱変性は不可逆であることがわかる。しかしそのことからただちに，この変性がN→Dのような不可逆過程であるとすることはできない。

このリパーゼには一個のカルシウムイオンが固く結合している。別途カルシウムイオンを溶液中に過剰に加えても，酵素への結合は見られない。しかしカルシウムイオンを加えるとその濃度の増大に伴ってDSC曲線のピーク温度も上昇する。すなわち「熱安定性」が増す。しかしカルシウムイオンが酵素分子に結合するわけではないから，酵素分子自体の構造がrigidになって安

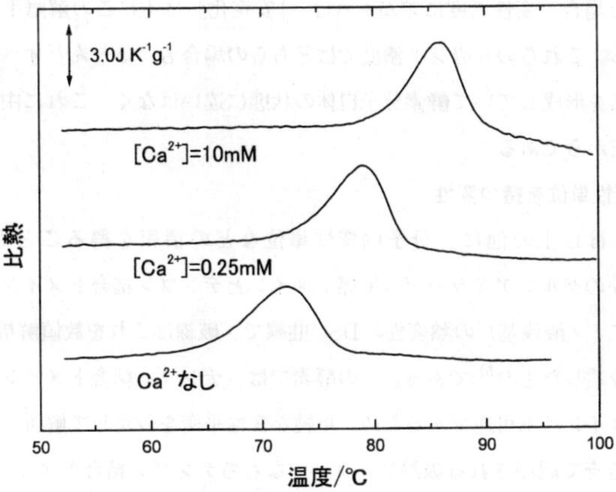

図3　*Pseudomonas cepacia* リパーゼのDSC曲線
$CaCl_2$ 共存および非共存系において，pH7で測定[3)]

定化したと考えることはできない。むしろ，でんぷん結合ドメインの場合のようにNとDの間に平衡がなりたっており（すなわちD→Nの反応も存在し），変性とともにカルシウムイオンが解離すること，そしてカルシウムイオン共存系ではその解離平衡がN側にシフトするために変性温度が上昇するとすれば，この現象を合理的に説明できる。DSCの再走査で吸熱ピークが観測されないのは，N⇌Dの平衡過程に不可逆な変性過程D→D'が伴うからであると考えることができる。したがってカルシウムイオンを含む全変性過程は次式(1)のように表すことができる[注4)]。

$$\begin{array}{ccc} NCa^{2+} & \rightleftharpoons & D + Ca^{2+} \\ & & \downarrow \\ & & D' \end{array} \qquad (1)$$

1.2.4　基質による「保護効果」の解釈

基質や阻害物質を加えると，それらの分子（リガンド）が酵素の活性部位に結合し，その保護効果によって安定性が増大するという議論がされるが，その内容ははっきりしないことが多い。この場合，前述のリパーゼの場合のように，変性に伴うリガンド解離平衡のシフトに起因しているという可能性を考える必要がある。ミカエリス定数や阻害物質定数の100倍量と1000倍量の

注4)　塩酸グアニジン変性に対してもカルシウムイオンは同様に安定化効果を示し，変性過程は式(1)であらわすことができる。文献[4)]ではそれぞれの過程の反応速度定数を評価している。

リガンドを加えた場合，変性温度に差があれば，「安定化」は主にこの解離平衡のシフトによるものと考えられる。これらのリガンド濃度ではどちらの場合も，ほとんどすべての酵素分子がリガンドとの複合体を形成していて酵素分子自体の状態に違いはなく，これに由来する変性温度の変化はないはずだからである。

1.2.5 複数の変性単位を持つ変性

DSC測定からは以上の他に，分子内変性単位などの情報を得ることもできる。図4は *Aspergillus niger* のグルコアミラーゼ（触媒ドメインとデンプン結合ドメイン双方を含む全長タンパク質；640アミノ酸残基）の熱変性のDSC曲線で，破線はこれを数値解析によって5つのコンポーネントに分離したもの[5]である。この酵素では，デンプン結合ドメインの熱変性は可逆であるが，触媒ドメインは不可逆であるため，単純な変性平衡を仮定して解析することには問題が残る。しかし再走査で観測される吸熱ピーク，すなわちデンプン結合ドメインのみの熱変性と，

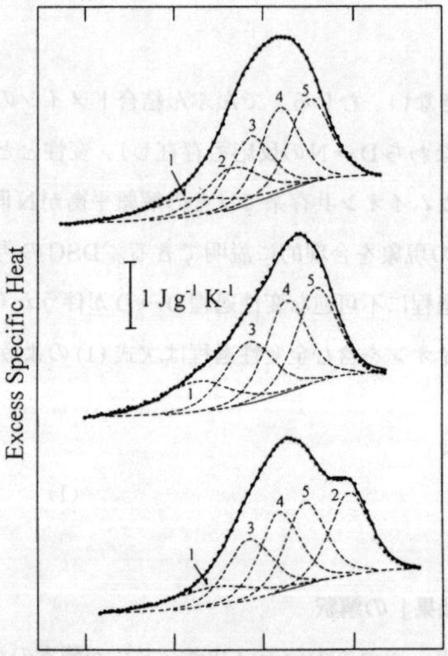

図4 *Aspergillus niger* グルコアミラーゼのDSC曲線

●が実験結果を表す。破線はDSC曲線をいくつかの変性のコンポーネントに分離したもので，●と重なる太い実線は各コンポーネントの総和。上からグルコアミラーゼ（全長タンパク質），デンプン結合ドメインを欠くアイソザイム，および，全長タンパク質にβシクロデキストリンを加えた系の結果。コンポーネント2がデンプン結合ドメインの変性に対応すると考えられ，このドメインに結合するβシクロデキストリン共存系では，コンポーネント2は高温側にシフトする。pH7で測定[5]

5つのコンポーネントのうちの2番目とがよく一致していることや，リガンド共存系でのDSC曲線を合理的に説明できることから，この解析結果はグルコアミラーゼの熱変性機構を比較的正確に反映しているものと考えられる。

1.3　速度パラメータの評価

ミカエリス定数や分子活性など，酵素の速度パラメータ（ミカエリスパラメータ）を評価することは，酵素を扱う場合の最も基本的なプロセスであるが，これには面倒な操作が伴いがちであるし，毒物や放射性同位元素を用いねばならない場合もある。酵素はその基質と反応が多様で，それに応じて多様な測定系を組まねばならない。酵素の特異性が裏目に出ていると言えよう。

化学反応にはほとんどの場合，熱の出入りが伴う。酵素反応も例外ではなく，その意味では「熱」は極めて普遍的な酵素反応の指標であり，これを高感度で迅速に測定することができれば，いちいち適切な活性測定系を構築しなくとも，原則的にはほとんど同一の方法で，半ばルーチン的に測定することができる。

1.3.1　装置と方法

測定には滴定型熱量計を用いる。現在最も普及している装置の一つは米MicroCal社の等温滴定熱量計（VP-ITCなど）である。上記断熱型DSCと同様に二つの相同なセル（容積約1.2mL）が装置内にあり，その一つに基質溶液を入れ，他方のセルには緩衝液などを入れて参照用とする。自動ビュレットを用いて基質溶液に数μL程度の酵素溶液を加え，反応に伴う吸熱・発熱を経時的に測定する。滴定熱量計は本来，反応熱の量（エンタルピー変化）を測定する装置であり，その場合，「時間」は本質的パラメータではない。しかし発熱・吸熱に対する装置の応答がよいため，分のオーダーで行われる反応では，観測される発熱・吸熱速度によく追随しているので，反応速度の測定に用いることができる。

1.3.2　解析の原理と測定例

典型的な反応曲線を図5に示す。酵素を加える前は吸熱・発熱は起こらず，シグナルはゼロ（水平）である。酵素注入直後は，酵素と基質の結合に伴う反応熱が測定されることがあるが，これは短時間で終了し，以後，触媒反応による反応熱が，基質が消費され尽くすまで（厳密には，基質と生成物が平衡に達するまで[6]）測定され，シグナルは反応前のレベルに戻る。

観測されるシグナルの単位は，単位時間あたりの熱量であり，横軸は時間である。反応曲線とベースラインが囲む全体の面積が基質初濃度s_0に相当する[注5]。したがって，反応熱を濃度に換算することができるから，この値を用いて，発熱・吸熱速度から反応速度を求めることができる。

速度パラメータの評価では一般に，数点の基質濃度を選んでそれぞれの初速度を測定するが，熱測定によるこの方法では，基質濃度を徐々に下げながら連続的に測定していることになる。すなわち基質初濃度をs_0とすれば，0からs_0までの範囲で反応速度を連続的に測定していることになる。ある時間tにおける基質濃度sは，t以降の反応曲線とベースラインが囲む面積に相当する。

このような結果から，基質阻害や生成物阻害がない場合は，一本の反応曲線からミカエリスパラメータを評価することができる。

以上の方法とは別に，セルに酵素溶液を入れ，ビュレットから逐次，基質溶液を加えていくという方法もある。すなわち，基質濃度を不連続に変えて，それぞれの場合の反応速度を測定する。この場合，基質の分解率が小さい段階で一連の測定を終える必要がある（ミカエリス定数や分子活性，反応熱の大きさの組み合わせによっては，この方法が不可能な場合もある）。

1.3.3 熱測定法の特徴

この方法の最大の特徴は，基本的に基質と酵素を混合するだけであり，呈色反応をカップリングさせるなどの操作が不要であるという点である。反応を阻害しない限り，不純物が混在していたり不透明な液であったりしても測定できる。また，ITCが本来，あまり熟練を要さずに，熱力学パラメータを高精度に評価できる装置であることから，適切な実験系を組めば，得られた値の信頼性も高いものと考えられる。

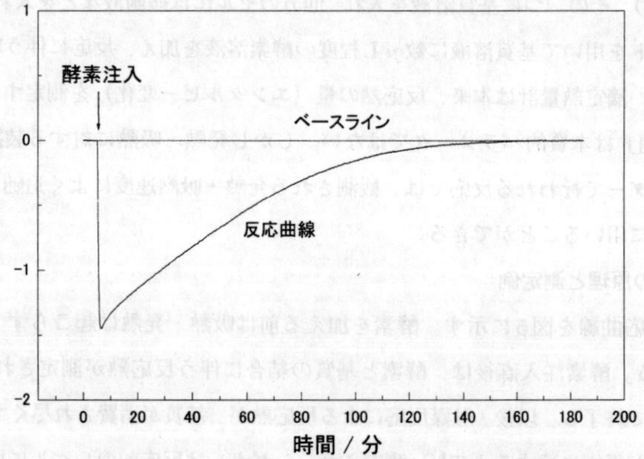

図5　マルトースをグルコアミラーゼで加水分解した場合の反応曲線
基質濃度3mM，酵素濃度1μM，pH4.7，25℃。坂宮智樹の測定による。

注5）これは，基質→生成物という反応のエンタルピー変化を求めることに相当する。この値そのものも重要な熱化学データであるが，この場合，酵素は単に反応速度を速めることに使われているだけで，本質的な役割は果たしていない。

なお，熱という特異性の小さいプローブを使うことの宿命として，付随反応の反応熱も拾ってしまうということがある。たとえば酵素反応にプロトンの出入りが伴う場合には，その反応熱も測定される。またオリゴ糖の加水分解の場合，生成物のアノマー型は酵素によって決まっているが，いったん生成されると，平衡に達するまで異性化が起こり，その反応熱も測定される。それら付随反応の反応熱が酵素反応によるものに比べて無視できない場合は適切な補正をする必要がある[6)]。

文　献

1）W. Pfeil, “Protein Stability and Folding: A Collection of Thermodynamic Data”, Springer Verlag, Berlin Heidelberg New York (1998)

2）S. D’Amico *et al.*, *J. Biol. Chem.*, **276**, 25791 (2001)

3）A. Tanaka *et al., Biosci. Biotechnol. Biochem.*, **67**, 207 (2003)

4）A. Tanaka *et al., J. Biochem.*, **126**, 382 (1999)

5）A. Tanaka *et al., J. Biochem.*, **117**, 1024-1028 (1995)

6）深田はるみ,「第5版 実験化学講座 6巻 温度・熱，圧力」(丸善) 印刷中

2　酵素を用いる食品分析とプロテオミクス

金谷建一郎*

2.1　はじめに

食品分析者と酵素科学との接点は，酵素分析法にある。そこで，ここでは食品分野における酵素分析法の現状と課題，ならびに1人の食品分析者から見たプロテオミクスに対する期待を述べさせていただく。

酵素分析法とは，酵素の基質特異性や反応特異性を利用して物質（たとえば，食品成分）の定性・定量を行う方法のことを言う。通常，酵素活性の測定はこれに含めない。

酵素分析法の歴史は古く，1845年のOsannによるペルオキシダーゼ（EC1.11.1.7）を用いた過酸化水素の分析に始まるとされている。ただし，酵素分析法が本格的に実用化され始めたのは20世紀の後半になってからのことである。最初に普及したのは医学・薬学・獣医学に係る臨床検査の分野で，食品分析の分野では1980年代になってようやく酵素分析法に注目が集まるようになった。

21世紀のキーワードの1つは「環境」であると言われている。このことから，有機溶剤のような環境に高負荷の試薬類などを用いない方法（すなわち，クリーン・アナリシス）である酵素分析法は，今世紀において新たな展開をみせるものと期待されている。

酵素分析法の基本原理などについては幾つかの総説[1~3]に詳しい。

2.2　酵素分析法の特徴と利点

酵素分析法の特徴及び利点として次の7点を上げることができる。

① クリーン・アナリシス（環境に負荷をかけない分析法）である。
② 反応操作を常温，常圧で短時間に遂行できる。
③ 酵素の基質特異性を利用するため，共存物質の妨害を受け難い。
④ 共存物質の妨害が少ないため，試料の前処理を大幅に簡略化できる。
⑤ 一般の物理化学的方法より微量化，微小化し易い。
⑥ 測定時間が短い。
⑦ 分析の自動化に適している。

2.3　食品分野における酵素分析法の現状

食品分野における酵素分析法の現状と課題を，分析対象物質や分析原理等に基づいて4分野に

---

*　Ken-ichiro　Kanaya　㈶日本食品分析センター　受託事業部　学術担当部長

分類し，以下に概説する。

2.3.1　酵素の基質特異性を活用する低分子成分の分析

ここでは，代表的な例の1つとして，グルコース（glucose），フルクトース（fructose）およびスクロース（Sucrose）の同時定量分析をとり上げる。

手島らは，ヘキソキナーゼ（Hexokinase，EC2.7.1.1），グルコース-6-リン酸脱水素酵素（Glucose-6-phosphate dehydrogenase，EC1.1.1.49），グルコース-6-リン酸イソメラーゼ（Glucose-6-phosphate isomerase，EC5.3.1.9）及びインベルターゼ（Invertase，正式名はβ-D-フルクトフラノシダーゼβ-Fructofuranosidase，EC3.2.1.26）の4種の酵素を組み合わせる図1の酵素反応系によって，同一の分光光度計セルの中で連続してこれら3種の糖類を個別に定量できることを明らかにしている[4]。食品中に最も一般的に含まれているこれら3種の糖類を有機溶剤など環境に高負荷の試薬を一切使わないクリーンな条件の下で同時定量できるのが大きな特徴である。手島らは，幾つかの代表的な食品について酵素分析法とガスクロマトグラフ法の比較も行っており，表1に示されるように両者の分析値はよく一致している。この分野では，

$$\text{D-Hexose} + \text{ATP} \xrightarrow{\text{Hexokinase (EC2.7.1.1)}} \text{D-Hexose-6P} + \text{ADP}$$

$$\text{D-Glucose-6P} + \text{NAD} \xrightarrow{\text{Glucose-6P dehydrogenase (EC1.1.1.49)}} \text{D-Glucono-lacton-6P} + \text{NADH}$$

$$\text{D-Fructose-6P} \xrightarrow{\text{Glucose-6P isomerase (EC5.3.1.9)}} \text{D-Glucose-6P}$$

$$\text{Sucrose} \xrightarrow{\text{Invertase (EC3.2.1.26)}} \text{D-Fructose} + \text{D-Glucose}$$

図1　グルコース（glucose），フルクトース（Fructose）及びスクロース（Sucrose）の同時分析に活用できる酵素反応系の例

表1　酵素分析法とガスクロマトグラフ法の比較[4]

試　料	酵素分析法			ガスクロマトグラフ法		
	グルコース	フルクトース	スクロース	グルコース	フルクトース	スクロース
りんごジュース	3.36	7.27	0.86	3.30	6.58	0.63
赤ワイン	0.031	0.060	0.20	0.021	0.066	0.12
いちごジャム	14.6	12.3	11.5	11.3	11.7	9.76
レンゲの蜂蜜	33.2±0.50	37.8±1.13	1.83±0.29	36.4	35.2	1.99
アカシアの蜂蜜	28.3±0.30	43.9±0.35	2.80±0.54	32.6	42.5	2.61
そばの蜂蜜	33.7±1.06	36.6±1.44	2.17±0.29	36.8	37.9	2.12

単位：赤ワインはg/100ml，その他はg/100g

脱水素酵素を活用した有機酸類の分析例も多い[5, 6]。

食品中の低分子成分の分析に関しては，現在，ガスクロマトグラフ法や高速液体クロマトグラフ法などが広く普及している。これらのクロマトグラフ法は，有機溶剤など環境に高負荷の試薬を使用することが多いものの，多種の食品成分を同時に定性・定量できるという大きな利点を有している。したがって，酵素分析法がこの分野でさらに広く普及するためには，同時分析が可能な成分の種類・範囲をさらに拡大する必要があるだろう。

2.3.2 加水分解酵素の特異的分解能を活用するオリゴマー，ポリマー成分の分析

ここでは，ヒアルロニダーゼ（hyaluronidase，EC3.2.1.35）／高速液体クロマトグラフ法によるヒアルロン酸の定量分析を1例としてとり上げる。ヒアルロン酸のような高分子物質の分析は，ガスクロマトグラフ法や高速液体クロマトグラフ法が不得意とする分野である。

高分子物質を加水分解して低分子化すればガスクロマトグラフ法や高速液体クロマトグラフ法での分析が容易となるが，再現性のある結果を得るためには厳密にコントロールされた分解条件が必要である。加水分解酵素の特異的分解能は，まさにこの条件に適合している。ヒアルロン酸の場合は，ヒアルロニダーゼの触媒する加水分解反応で特異的かつ定量的に生成する四糖および六糖を高速液体クロマトグラフ法（図2参照）で定量することで高い精度の分析が実現している[7]。

コラーゲンなどのたんぱく質類やペプチド類の分析，あるいはフコイダン，アルギン酸，アラビノキシラン，β-グルカン，アラビアガム，キサンタンガム，コンドロイチン硫酸などの多糖類やオリゴ糖類の分析に関しては，ガスクロマトグラフ法や高速液体クロマトグラフ法が比較的無力であるため，酵素法に対する期待が高まっている。加水分解酵素の特異的分解能を活用するオリゴマーやポリマー成分の分析こそ，食品分析分野において比較的早い時期に酵素法が普及すると期待される分野である。

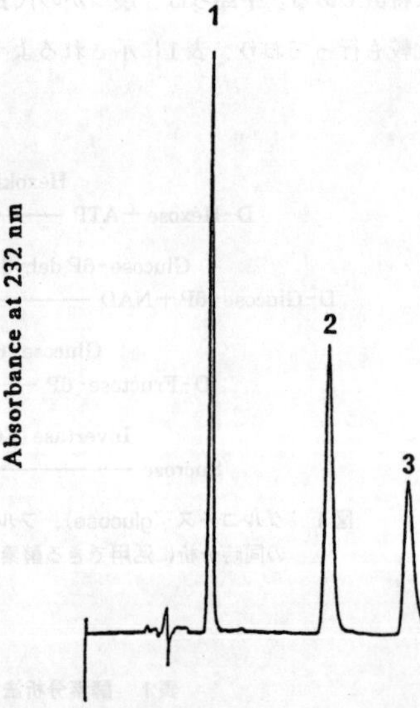

図2　ヒアルロン酸の酵素分解生成物の高速液体クロマトグラムの例[7]
1：四糖類，2：六糖類，3：内標準（安息香酸）
カラム：C_{18}，移動相：アセトニトリル-リン酸テトラブチルアンモニウム
（17：83，v/v），pH7.35，1.3ml/min

2.3.3　酵素免疫測定法による食品成分の分析

酵素免疫測定法（enzyme-linked immuno-sorbent assay，略してエライザELISA法とも呼ばれる。）は，免疫測定法の中でも広く普及しているものの1つで，食品の分野でも食中毒菌の産成するエンテロトキシン（enterotoxin）の分析，牛海綿状脳症の検知に係る異常プリオンたんぱく質の分析，あるいはアレルゲン（アレルギー誘因成分，allergen）の分析などに活用されている。図3に酵素免疫測定法によるエンテロトキシン分析の概念図を示す。

酵素免疫測定法は，食品中の特に微量のたんぱく質を個別に分析するのに極めて有用な方法である。ただし，分析法としての繰返し精度や再現精度などが他の方法に比して劣っているため，高い精度を要求される分析には向いていない。概して言えば，アレルゲンなど微量でも食品の「安全と安心」が問題となる成分の検知法として有用な方法であると言える。したがって，この分野での今後の課題は，より一層高感度な検知技術の開発であろう。

2.3.4　酵素阻害作用を活用する有害物質の分析

ここでは，ラッカーゼ（Laccase，EC1.10.3.2）に対する阻害作用を利用するアジ化ナトリウム（NaN_3）の定量分析，ならびにプロテインホスファターゼ2A（protein phosphatase2A，EC3.1.3.16）に対する阻害作用を利用するオカダ酸群化合物（下痢性貝毒）の定量分析をとり上げる。生体に対して有害な成分の場合，通常，特定の酵素に対する阻害作用を有している。そこで，当該成分が（できれば特異的に）阻害する酵素を探し出し，その酵素に対する阻害の程度から当該成分を定性・定量することが可能となる。

小嶋らは，飲料への毒物混入事件でしばしば話題となるアジ化ナトリウムについて，ラッカーゼが触媒する図4の反応に対する可逆的阻害作用を利用して迅速・高感度な分析法を開発している[8]。また，南谷らは，下痢性貝毒の主要物質として知られるオカダ酸群化合物について，プロ

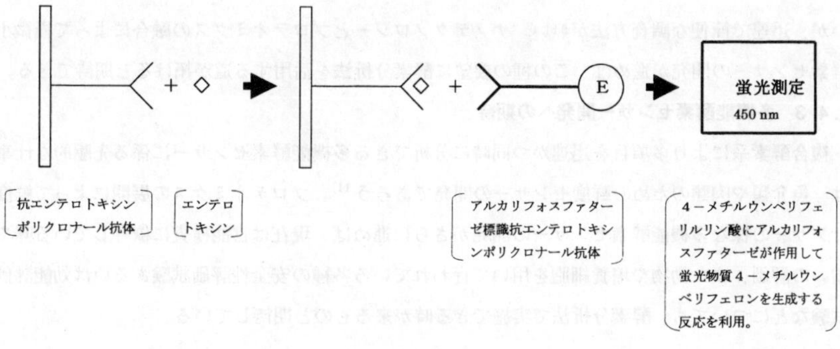

図3　エンテロトキシンの酵素免疫測定法（サンドイッチ法）の例

$$\mathrm{Catechol} + 1/2\mathrm{O_2} \xrightarrow{\text{Laccase (EC1.10.3.2)}} \mathrm{Benzoquinone} + \mathrm{H_2O}$$

図4　アジ化ナトリウムの分析に活用できる酵素反応系の例

$$\mathrm{protein{-}PO_3H_2} + \mathrm{H_2O} \xrightarrow{\text{protein phosphatase 2A (EC3.1.3.16)}} \mathrm{protein} + \mathrm{H_3PO_4}$$

$$\mathrm{Pyruvate} + \mathrm{O_2} + \mathrm{H_3PO_4} \xrightarrow{\text{Pyruvate oxidase (EC1.2.3.3)}} \mathrm{CH_3COO{-}PO_3H_2} + \mathrm{CO_2} + \mathrm{H_2O_2}$$

図5　オカダ酸群化合物（下痢性貝毒）の分析に活用できる酵素反応系の例
$\mathrm{protein{-}PO_3H_2}$：卵黄たんぱく質のホスビチン（フォスビチン）など。

テインホスファターゼ2Aを用いる図5の酵素反応系に対する特異的阻害作用を利用して迅速・高感度な分析法を開発している[9)]。この分野では，放線菌由来のD-アミノ酸解離性カルボキシペプチダーゼに対する阻害作用を利用したβ-ラクタム系抗生物質（ペニシリンなど）の定量法も開発されている[10)]。

2.4　酵素分析法に係るプロテオミクスの展開への期待

2.4.1　酵素の分子設計（モレキュラーデザイン）の進展への期待

酵素の基質特異性を自由に設計できるようになれば，また熱安定性，耐酸性，耐アルカリ性あるいは耐久性を自由に付与できるようになれば，酵素分析法の適用範囲を飛躍的に拡大できると期待できる。したがって，酵素の分子設計に係るプロテオミクスのさらなる進展によって，分析者が必要とする性質をもつ酵素が自由に作出できるようになることを期待している。

2.4.2　極微小酵素センサー開発への期待

特定の成分の食品中での分布状態の調査や局所領域での成分変化の調査が求められる場合は多いが，迅速で簡便な調査方法が無い。ナノテクノロジーとプロテオミクスの融合によって極微小酵素センサーの開発が進めば，この種の要望に酵素分析法を活用する道が拓けると期待できる。

2.4.3　多機能酵素センサー開発への期待

複合酵素系により多項目を迅速かつ同時に分析できる多機能酵素センサーに係る先駆的な仕事は，魚介類や肉類のための鮮度センサーの開発であろう[11)]。プロテオミクスの展開によって鮮度センサーの様な多機能酵素センサーの開発がさらに進めば，現在は官能検査に依存している味や匂いの評価，また動物や培養細胞を用いて行われている各種の安全性評価試験あるいは効能評価試験などについても，酵素分析法で実施できる時が来るものと期待している。

文　　献

1) "Principles of Enzymatic Analysis", ed. by H.U. Bergmeyer, Verlag Chemie, Weinheim (1978)
2) "Handbook of Enzymatic Methods Analysis", ed. by G.G. Guilbault, Marcel Dekker, Inc., New York (1976)
3) "生体成分の酵素的分析法", 村地孝編, 講談社サイエンティフィク (1985)
4) 三輪一智, 斎藤真理, 奥田潤, 石原英子, 手島節三, 衛生化学, **30**, 238-245 (1984); 手島節三, フードケミカル, 3月号, pp.117-123 (1987)
5) H.O. Beutler, J. Becker, G. Michal, and E. Walter, *Fresenius Z. Anal. Chem.*, **301**, 186-187 (1980)
6) 山中英明, 久能昌朗, 塩見一雄, 菊池武昭, 食衛誌, **24**, 454-458 (1983)
7) E. Payan, J.Y. Jouzeau, F. Lapicque, and N. Muller, *J. Chromatogr.*, **566**, 9-18 (1991)
8) 小嶋祐美子, 宇佐美論, 堀越弘毅, 大熊廣一, 酵素法による食品分析研究会, 平成12年度講演会・ポスター発表要旨集, p.23 (2000)
9) 南谷哲央, 濱田奈保子, 小林武志, 今田千秋, 渡邉悦生, 酵素法による食品分析研究会, 平成14年度講演会・ポスター発表要旨集, p.9 (2003)
10) "Milk & Milk Products-Detection of Inhibitors", Bull. of the IDF No.220 (1987); "乳製品試験法・注解【改訂第2版】", 日本薬学会編, 金原出版, pp.184-185 (1999)
11) "魚の定温貯蔵と品質評価法", 小泉千秋編, 恒星社厚生閣 (1986)

3　食品加工における酵素利用

青山好男*

3.1　はじめに

食品および食品素材は，生物に由来しており，人類が長い年月をかけて経験的に選んできた植物や動物などからなっている。生物における生命活動は多種多様な化学反応によって行われているが，その反応を推進する主体が生体触媒である酵素である。食品中に存在し，栄養，風味，生体調節機能などを担っている多くの成分は酵素によって生合成されている。

食品原料中には非常に多くの種類の酵素が含まれている。人類は昔から食品の加工に酵素を巧みに利用してきた。例として茶葉のポリフェノールオキシダーゼを利用した紅茶の製造や，発酵や醸造における微生物の酵素の利用などが挙げられる。長い間，人類は酵素の作用とは認識しないで酵素を利用してきたのであった。酵素の作用は，食品品質にとってプラスに働く場合とマイナスに働く場合がある。マイナスに働く場合には加工の最初の段階で酵素を失活させておくことが必要である。加熱などの食品加工操作は微生物の殺滅を主目的にしているが，同時に酵素を失活させる働きももっている。野菜の加工において行われているブランチングなどが，その例として挙げられる。

近年バイオサイエンスの発展により，さらに広範に食品産業へ酵素が利用されるようになってきた。特に微生物を給源とした種々の酵素が食品加工において，さまざまな目的で利用されている。糖質，タンパク質，脂質などの種々の成分製造，加工，アミノ酸・核酸関連物質生産など食品加工の分野だけでなく，洗剤や廃棄物処理など多くの分野で酵素が利用されている。

生体調節作用をもつ機能性成分や新規な天然由来食品添加物が酵素利用技術を利用して製造されている。自然に微量でしか存在しない物質や自然には存在しない新規な素材を工業的に大量に調製することも可能となってきている。また酵素の高度な基質特異性や迅速な反応性を利用して食品中の目的成分を定量するなど食品成分の分析手段としても用いられている。この節では，食品加工における酵素利用を食品品質向上の観点からまとめる。

3.2　食品加工における酵素利用の特徴

酵素を利用する目的は食品の価値を向上させることにあることは確かである。食品がもつ価値や機能としては，基本的に栄養，嗜好，生体調節機能の3つの基本的機能や安全性，経済性，保存などの流通性などが挙げられる。酵素を用いることによって，何らかの価値の向上がもたらされなければならない。すべての点でプラスでなくてある項目では，ややマイナスであっても総合

---

*　Yoshio　Aoyama　東洋食品工業短期大学　缶詰製造科　教授；科長

的にみてプラスであれば酵素利用を検討する意味があるだろう。酵素利用には，食品原料中に含まれる酵素（内在性酵素）を利用する場合と他の生物からとられた酵素（外来性）を利用する場合がある。

食品加工への酵素利用には，酵素を利用しない通常の加工操作には無い以下のような特徴がある。

① 酵素の基質特異性に由来するものであり，酵素の種類により，程度はさまざまだが，副反応を生じることなく，目的反応のみを行うことができる。これによって食品品質の他の価値を低下させることなく，所定の価値向上を可能にする。

② 酵素反応は高温高圧，強酸性・強アルカリ性のpHなどの極端な条件を必要としない。常温常圧，中性付近のpHという温和な条件で起こる。したがって化学触媒に比較して，エネルギー消費が少なく，環境への負荷が少ないなどの特徴がある。また褐変や酸化などの食品にとって不利益な反応を起こすことなく，効率的に反応を行うことができる。

③ 加工工程に取り入れるのが比較的容易。温度制御できる攪拌槽程度の設備があればよく，酵素処理には特別な設備を必要としない。酵素の種類を変えることも容易である。

④ 酵素はタンパク質であり，熱や中性pH以外の条件下で変性するなど，安定性に問題がある場合がある。また微生物酵素などの外来性の酵素を利用する場合，酵素の種類で相当異なるが，価格が高い場合が多く，コスト面の問題がある。

3.3 食品加工における内在性酵素の作用

食品加工における操作が，食品に内在する酵素に影響を与えて品質を向上させる場合である。酵素が失活する前の段階で酵素を作用させることにより品質向上を図るものである。目的の酵素のみを働かせることが難しいため，内在性酵素の食品加工への利用は，ごく一部に限られている。しかしコスト面での有利さなど優れた面をもっている。

3.3.1 畜肉のおいしさ向上

畜肉は屠殺直後の肉はやわらかいが，食味に乏しい。死後硬直中の肉は硬いし，保水力も小さいので液汁の分離も多い。硬直が解けた肉は再びやわらかくなり，保水力も高まり，ATPの分解でイノシン酸も増加し肉の風味もよくなる。食肉は屠殺後ある期間貯蔵し，食味を増加させてから利用する。筋肉に内在する酵素反応により，タンパク質が軽度に分解され，アミノ酸やペプチドが生成することで，おいしさが増すのである。また調理における加熱中にも酵素が作用して味が変化することがある。加熱中にプロテアーゼが作用すると，タンパク質からアミノ酸やペプチドが生成する。肉を加熱するときの温度上昇速度は酵素反応の時間に影響を与え，アミノ酸やペプチドの生成量に影響を与える。

3.3.2 石焼イモのおいしさ向上

石焼イモは一般に赤外線の作用で内部からじっくり加熱されることによりおいしくなると言われている。このおいしさの向上にはサツマイモの内在性酵素が関与している。石焼イモはじっくり加熱するため，イモに含まれるアミラーゼ（耐熱性β-アミラーゼ）が加熱されている間に作用しデンプンを分解，糖類が増加し甘くおいしくなる。加熱が急速に行われると酵素が作用する前に失活するので，充分糖類が増加しない。加工時の条件がうまくサツマイモの中の酵素を働かせているわけである。

3.3.3 トマトジュースの品質向上

トマトジュースの製造において，トマトは破砕された後，一定の温度管理の下で一定時間置き，トマトに含まれている酵素を働かせる。これによって香りやうまみが出てくる。一定時間放置された後高温短時間で殺菌処理される。この殺菌処理の温度と時間が微妙に影響する。破砕してから加熱するか，加熱してから破砕するかにより味が変わってくる。またトマトのペクチナーゼがどの程度作用するかによって粘度なども変わってくる。トマト中に含まれる，さまざまな酵素をどの程度働かせるかによりトマトジュースの性状，風味が異なってくるのである。

食品加工においては，食品原料中の内在性酵素を失活しておくことが前提となる。そうしておかないと，加工・保存中に酵素が作用して品質を劣化させるおそれがある。たとえば野菜に含まれる主要なポリフェノールであるクロロゲン酸や，チロシンから誘導されるポリフェノールは，酸素の存在下でポリフェノールオキシダーゼによって酸化され，メラニンなどの褐色物質を生じる（酵素的褐変)。酵素活性が高まるのはある程度温度が高い場合であるが，加熱による温度上昇中に褐変が進行する。酵素を失活させておく必要があるためにブランチング操作が行われるのである。

加熱処理は一般に食品品質劣化をもたらすために，非加熱殺菌技術の食品への応用が盛んに検討されているが，そのような処理は一般に酵素活性が残存しやすく，加工・保存中に問題となることがあることに充分注意する必要がある。

3.4 食品加工への外来性酵素の利用

食品加工において外来性酵素を作用させることにより食品価値を向上させることが可能な場合がある。外来性酵素として，微生物をはじめとした種々の給源の酵素が利用されている。酵素利用の目的や酵素の種類はさまざまであるが，ここでは食品の品質や価値別にまとめる。酵素利用は必ずしも単一の効果をもたらすだけでなく，さまざまな効果をもたらす場合が多いが，主要な効果としてまとめている。

酵素の種類では，基本的に加水分解系の酵素が多いが，今後利用できる酵素の種類が増加し，酵素の食品中での役割が知られ，その性質の理解が深まるとともに，利用の途が広がるものと考えられる。実用化には至っていないものの，これまで非常に多くの研究がなされてきている。また酵素利用実用化の障害の一つに酵素の高価格による不経済性がある。タンパク質化学，遺伝子工学の発展による安価な酵素の供給や固定化酵素の利用など酵素利用のコストダウンが期待される。

3.4.1　製造工程への酵素利用

①　チーズ製造におけるプロテアーゼによる凝乳

食品製造工程そのものへの外来性酵素の利用としてはチーズの製造への微生物由来プロテアーゼが挙げられる。チーズの製造には牛乳中のタンパク質であるカゼインを不溶化する工程が必要である。子牛の第4胃がカゼインを凝固させるために用いられていた。胃液中の特殊なプロテアーゼ（レンニン）が，カゼイン分子中の特定のペプチド結合を切断することにより，カゼインのミセル構造が崩壊して凝乳が起こるのである。供給量に制限があり，近年*Rhizomucor pusilus*の産生する酸性プロテアーゼがレンニンと同様の特異性を示すことを見出し，微生物由来のプロテアーゼがチーズ製造に広く利用されている。

②　製パンにおける酵素利用

製パン工程において小麦粉の内在性の各種酵素が作用しているが，外来性酵素としてα-アミラーゼ，キシラナーゼ，リパーゼの利用がパン物性を良好にする。焼きたてのパンは柔らかくおいしいが，時間経過とともに徐々にかたくなり食感が低下するが，これらの酵素処理は，焼きたての柔らかさを長く保つ効果があり，低温保存でのパンのぱさつきや口当たりが悪くなることを防いでいる。

3.4.2　栄養・嗜好性の向上

①　ナリンギナーゼによるかんきつ類の脱苦味

食品の味や香りの向上への酵素利用では，たとえばナリンギナーゼによるかんきつ類の脱苦味がある。夏ミカンなどの苦味成分はナリンギンであり，ナリンゲニンにグルコースとラムノースが結合したものである。*Aspergillus niger*の産生するナリンギナーゼとβ-グルコシダーゼを果汁に加えることにより，ナリンギンがナリンゲニンに分解され苦味が除去される。

②　トランスグルタミナーゼによる各種タンパク質食品のテクスチャー改良

トランスグルタミナーゼはタンパク質中のグルタミン残基とリジン残基との間の結合を触媒することによりタンパク質を架橋し高分子化する機能をもっている。タンパク質食品のテクスチャー改良による既存食品の物性改良や新製品開発の有力な手段として利用されている。水産加工，畜産加工の分野で魚肉，畜肉ゲル形成能を向上し，弾力性，しなやかさを増強したり，豆腐の物性改良，乳タンパク質にゲル形成能を付与するなど，タンパク質食品へ広範に利用されている。また最近では麺類（小麦タンパク質）へトランスグルタミナーゼを利用することにより，粘りと弾力のバランスのとれた麺物性を作り出している。麺のコシの増強やゆで時ののびの抑制などに効果がある。

③　セルラーゼ，ペクチナーゼの野菜・果実のジュースやピューレ製造への利用

野菜・果実などの植物細胞壁や細胞間物質の構成成分は種々の多糖類であり，これらをセルラーゼやペクチナーゼを用いて分解することによりジュース収率の向上が図られている。調製されたピューレの舌触りがなめらかになるなどのテクスチャーの向上も特徴として挙げられる。トマト，ニンジン，スイートコーン，ミカンなどを酵素を利用して収率を上げ，生産性を向上することができる。コーンクリーム（うらごしコーン）というものがあるが，これはコーンポタージュスープの加工原料などに利用されているが，破砕しパルパーフィニッシャーで裏ごししてクリームが作られる。この工程に酵素利用した場合，破砕されたものに酵素を添加して酵素処理してからパルパーフィニッシャー処理すると，廃棄かすの量を減少でき，製品収率も上がる。ニンジンなどもクリームとして作られるが，同様な裏ごしでクリーム製造に酵素処理を用いた場合，廃棄かすの量が減少できる。酵素としては微生物給源（*Rhizopus*属）のマセレーション酵素などが一般に利用される。給源微生物の種類によって分解酵素活性は異なっており，どの酵素が適しているか，場合によっては酵素を組み合わせて使用することが効果的であったりする。

これらのペクチナーゼ，セルラーゼなどの植物組織成分を分解する酵素は，植物性未利用資源として廃棄されている部分を酵素分解により有用資源として利用することなどへも利用されている。また植物中の有用成分の抽出のために細胞壁分解にセルラーゼ，ペクチナーゼを利用することも行われ，細胞壁分解酵素による植物油抽出など種々の有効成分の抽出の前処理として行われている。

3.4.3　食品中に存在する問題原因物質の除去

食品にとって不利益な問題の原因となっている物質の除去に酵素を用いることにより，品質に悪影響を与えずに，その成分だけを除去する。この目的には酵素の高い特異性は有効である。

①　茶飲料の混濁防止やコーヒー飲料の凝集防止への酵素の利用

茶飲料やコーヒー飲料では保存中に混濁や凝集が発生し問題となることがある。紅茶やウーロン茶ではカテキンなどがカフェインと結合し，不溶性物質を作り出し，混濁することがある。タンナーゼはタンニン酸のエステル結合およびデプシド結合を加水分解し没食子酸とポリアルコールを生成する酵素であり，*Aspergillus*属や*Penicillium*属などのカビから多量に生産される。*Aspergillus oryzae*由来のタンナーゼは基質特異性が非常に高く，フェノールカルボン酸エステルの酸性側が没食子酸である基質のみに高度な特異性を示す。タンニン酸が最良の基質であるが，

茶に含まれるガレート型のカテキン類にもよく作用する。

コーヒー飲料においても製造・保存時に凝集や沈殿が発生することがあるが，これはコーヒー飲料中のガラクトマンナンが核となって，乳タンパク質や脂肪などが結合して凝集沈殿が生じるものと考えられている。この原因物質のガラクトマンナンをあらかじめ製造工程中に酵素処理することにより凝集沈殿を防止できる。

② 温州みかん缶詰や温州みかん果汁における白濁防止

温州みかんを原料とした，みかん缶詰やみかん果汁では保存中に配糖体であるヘスペリジンが析出結晶化して白濁を生じる問題が起こることがある。この配糖体を酵素ヘスペリジナーゼで加水分解する白濁防止法が用いられている。

3.4.4 安全性の向上

近年食の安全性を揺るがすような出来事が多く，消費者の安全性に対する関心が非常に高くなっている。食中毒菌など有害微生物の問題，化学物質による食品の汚染，アレルギー問題など解決しなければならない課題が多い。これらの課題への酵素利用も検討されつつある。

① 低アレルゲン化

アレルギーの3大原因物質は卵，牛乳，大豆であり，米，小麦，そばなども原因となる。タンパク質を加水分解するとアレルギー活性が弱まる。ただし苦味ペプチドが生じ利用の妨げとなっている。アレルゲンとなっている特定のタンパク質をプロテアーゼで処理し分解することによりアレルゲン性をなくしたり，弱めたりすることができる。しかし加水分解により生じる苦味ペプチドが利用の妨げになっている。そこで疎水性ペプチドを選択的に分解する新規酵素アミノペプチダーゼを脱脂乳の加水分解物に作用させ，苦味の無い低アレルゲン食品を製造する試みがなされている。

酵素処理により低アレルゲン化した米が商品化されている。米のタンパク質（グロブリン，アルブミン）をプロテアーゼで分解しアレルゲン性を大幅に減少している。

② 酵素による洗浄殺菌

最近，食品製造工程における汚れの付着が問題になることが多い。特に食の安全性確保においては洗浄が非常に重要になってきた。また製造ラインの効率的な洗浄は生産効率のためにも必要である。微生物の抵抗性が大幅に増すため，バイオフィルムの形成や，タンパク質付着をできるだけ少なくすることが要求される。

酵素洗剤は限外ろ過膜や逆浸透膜など多くの分離膜の洗浄に用いられているが，最近では製造工程の洗浄に適用する研究も始められている。一般に加熱殺菌で用いられる熱交換器表面にはタンパク性の汚れが付着することが問題である。ステンレス微粒子表面上のタンパク性の汚れ（β-ラクトグロブリン）の除去にプロテアーゼを適用し，アルカリ洗浄との比較で酵素洗浄の特性が調べられた。薬剤洗浄では洗剤が装置表面の汚れ層内に浸透し膨潤，膨潤した汚れが徐々に剥離していくことで洗浄が進行していく。酵素洗浄では汚れ層内への浸透とともに酵素分解が進行，ペプチドに分解が同時に進行するために膨潤過程が短くなる。また洗浄速度は使用酵素の種類に依存するが，酵素反応の最大速度と親和性の共に高いプロテアーゼが洗浄に適していることが示された。汚れの組成や構造を充分に把握することにより酵素のより有効な利用が図られるものと期待される。

3.5 おわりに

食品加工への酵素利用の導入により，どのように食品価値の向上を図りうるかという視点でまとめた。酵素の利用は化学触媒に無いさまざまな利点がある。現在は加水分解酵素の利用が主であるが，今後はさらにタイプの異なる酵素にまで利用対象が広がっていくことが期待される。また今後遺伝子工学，タンパク質科学，酵素科学の発展につれて，対象食品や加工内容の領域が広まっていくだろう。

文献

1） 一島英治, 食品工業と酵素, 朝倉書店 (1983)
2） 井上國世, 日本食品科学工学会関西支部第30回シンポジウム「酵素が拓くフードサイエンスの新しい世界」要旨集, p.1 (1998)
3） 島田淳子, 中沢文子, 畑江敬子, 調理の基礎と科学, p.58, 朝倉書店 (1993)
4） 石黒幸雄, トマト革命, 草思社 (2001)
5） 毛利威徳, 食品加工における新しい食品加工技術I, p.264, 工業技術会 (1986)
6） 間瀬民生, 食品と開発, **32** (12), 5 (1997)
7） 山崎勝利, 添田孝彦, 食品と開発, **32** (12), 11 (1997)
8） 中森薫, 川副剛之, 食品と開発, **32** (12), 14 (1997)
9） 黒坂玲子, 食品と開発, **32** (12), 17 (1997)
10） 磯部賢治, 防菌防黴, **29**, 567～577 (2001)
11） 中西一弘, 食品製造工程における汚れの付着と洗浄, FFIジャーナル, **191**, p.33 (2001)

4 食品分析 ポリフェノールバイオセンサー

大熊廣一*

4.1 はじめに

赤ワイン，緑茶，ココアやチョコレートなど植物由来の食品は，種々のポリフェノール類を多量に含んでいる。ポリフェノール類は，植物自身の生育のために必要な2次代謝生産物である。近年，これらの化合物が生活習慣病の原因とされる活性酸素を消去する抗酸化性を持つことが明らかにされた。特にカテキン類は抗変異原性，抗腫瘍性，抗高血圧作用等を示すことから，多様な生理的機能を発揮する保健成分として注目されている。また，抗菌作用があるため，食品の品質保持の観点から，食品の加工，貯蔵性との関連でも重要な成分である。このようなポリフェノールは，お茶の渋味や苦味成分（カテキン類，タンニン），野菜や果物の色素成分（フラボン類，アントシアニン類等）として以前から知られている成分で，ベンゼン環に2個以上の水酸基をもつ化合物の総称である。

植物ポリフェノールの代表的なものとしてカテキン，イソフラン，プロアントシアニジン，アントシアニンなどがある。また，ポリフェノールを含んでいる食品の名前から緑茶ポリフェノール，カカオポリフェノールなどと呼ばれる場合もある。緑茶ポリフェノールの主要成分はエピガロカテキンガレート（EGCG），エピカテキンガレート（ECG），エピガロカテキン（EGC），エピカテキン（EC）である。この構造式を図1に示した。このようなポリフェノールを含む植物性食品の健康維持機能を評価するには，ポリフェノールの定量が重要となるが，多様な構造をもつポリフェノール類については統一的な分析手法があるわけではない。

従来より，食品中に含まれるポリフェノール類の分析には，分光学的手法であるフォーリン・チオカルト法[1, 2]や酒石酸鉄法[3]があるが，測定に2時間程度を要し，発色の安定性，還元能を有する共存物質，試料検体の色，濁り等の影響を受けやすい。また，ポリフェノールを分別定量する方法としては高速液体クロマトグラフィー[4]やキャピラリー電気泳動法[5]などが使用されているが，試料前処理が煩雑で，分析に20分から1時間程度必要である。

一方，簡便，迅速にポリフェノールを測定する方法として，酵素等の生体関連物質を電極上に固定化し電気化学的手法と組み合わせたバイオセンサーによる測定方法が提案されている。これは酵素の優れた分子識別機能（基質選択性）を利用するもので，食品など複雑な多成分混合系の中から，試料検体の色や濁りなどの影響を受けず，試料前処理無しに目的成分を識別できる方法として注目されている。

---

* Hirokazu Okuma 東洋大学 生命科学部 生命科学科 教授

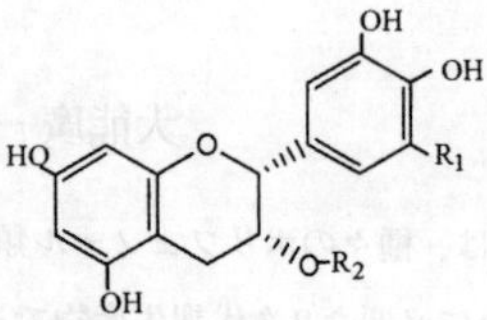

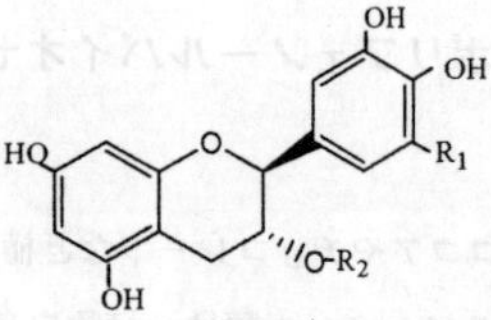

(−)-エピカテキン　$R_1=R_2=H$
(−)-エピガロカテキン　$R_1=OH$, $R_2=H$
(−)-エピカテキンガレート　$R_1=H$, R_2=ガロイル基
(−)-エピガロカテキンガレート　$R_1=OH$, R_2=ガロイル基

(−)-カテキン　$R_1=R_2=H$
(−)-ガロカテキン　$R_1=OH$, $R_2=H$
(−)-カテキンガレート　$R_1=H$, R_2=ガロイル基
(−)-ガロカテキンガレード　$R_1=OH$, R_2=ガロイル基

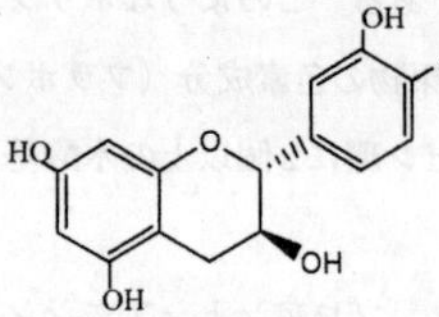

(+)-カテキン

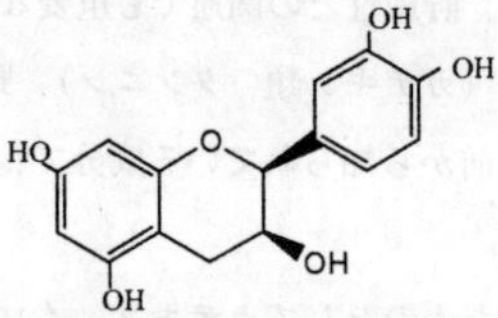

(+)-エピカテキン

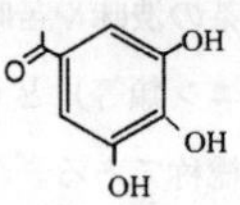

ガロイル基

図1　緑茶中の主要カテキン類

4.2　酵素の基質特異性を利用したバイオセンサー

フェノール類はベンゼン環に直接OH基が結合した還元性物質である。このため，電極上に正の電圧（700mV以上vs. Ag/AgCl）を印加すると酸化されてフェノール濃度に応じた酸化電流が計測[6]できるが，植物中にはフェノール類以外の易酸化性物質が多く存在するため，測定誤差となる。

そこで酵素の基質特異性を利用したバイオセンサーが研究され，多くの方法が報告されている。その多くは酸化酵素であるチロシナーゼ（EC1.14.18.1）を用いたバイオセンサー[7~10]である。これは，酵素反応によって生成したフェノール酸化体を電気化学的に還元する時に流れる還元電流を測定する方法で−200mV vs. Ag/AgCl程度の低電圧で計測できるため共存妨害物質の影響は受けにくい。しかし，この酵素はモノフェノール，o-ジフェノールに特異的でカテキン類のようなポリフェノールを基質としない。また，同様の方法でラッカーゼのようなポリフェノールオキシダーゼを用いたバイオセンサーも報告[11]されているが，その酵素が持つ基質特異性からポリフェノールの種類によっては応答感度が大きく異なるなど問題がある。

一方，ペルオキシダーゼ（POD）は，カテキン類のような電子供与体が存在すると過酸化水素共存下で電子供与体を酸化する酵素であり，この反応によって過酸化水素が消費される。従って，過酸化水素の減少量を電気化学的に計測することにより(1)式のようにカテキン類が定量できる。しかし，前述したように過酸化水素の酸化電位は700mV以上であり，この酸化電位では共存する植物由来の易酸化性物質が酸化されるため妨害物質となる。そこで(2)式に示したようなペルオキシダーゼと電子メディエーター（フェロセン）を利用した低電位動作型の過酸化水素電極が考案された。電極上にペルオキシダーゼとフェロセンを固定化し共存させるとフェロセンが電子供与体になり，過酸化水素濃度に応じてフェリシニウムイオンが生成する。これを電気化学的に100mVの電圧を印加して還元電流を測定し，過酸化水素量を求めることで，低電位でポリフェノール量が計測できるようになった[12]。

$$\text{カテキン} + H_2O_2 \xrightarrow{\text{POD}} \text{カテキン酸化体} + 2H_2O \quad (1)$$

$$(C_5H_5)_2Fe(II) + H_2O_2 \xrightarrow{\text{POD}} (C_5H_5)_2Fe(III) + 2H_2O$$
$$(C_5H_5)_2Fe(III) + e^- \xrightarrow{\text{電極上}} (C_5H_5)_2Fe(II) \quad (2)$$

この方法は，ペルオキシダーゼとフェロセンを練りこんだカーボンペースト電極を過酸化水素電極として使用する。ポリフェノール試料と既知濃度の過酸化水素を緩衝液中に加え，ここにペルオキシダーゼを添加する。酵素反応により，ポリフェノール量に比例して過酸化水素量が減少する。これを測定してポリフェノールを検出する。さらに，酵素の安定化を向上させるためペルオキシダーゼをアセチルセルロース膜表面に固定化して，過酸化水素電極の長期安定化をはかった方法も報告[13]されている。この電極の構成図および測定原理を図2，3に示す。

このセンサーでは（＋)-カテキン濃度が0.1～8.0mMまでセンサー出力と直線的相関がある。センサーは緩衝液につけたまま室温に放置しても1ヶ月間は安定に動作して茶試料の分析に際しては100検体以上の使用が可能であると報告されている。各種カテキン類に対するセンサー応答を図4に示す。4種類の茶主要カテキン類の濃度とセンサー応答における検量線の傾きは

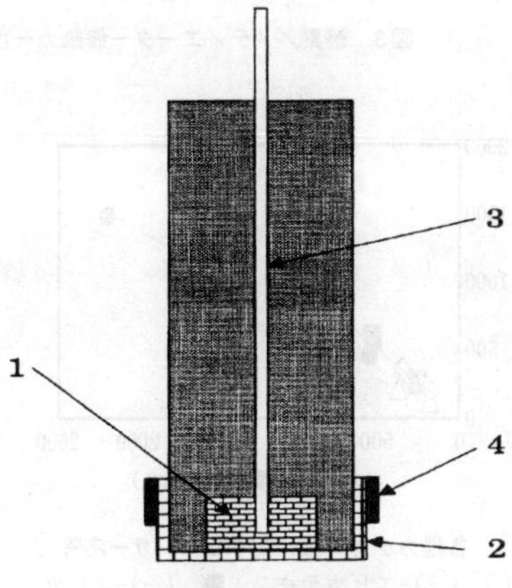

図2　過酸化水素電極の構成
1. フェロセンを混合したカーボンペースト
2. ペルオキシダーゼを固定化した膜及びこれを覆うポリカーボネート膜　3. 銀線　4. 0リング

0.6～1.2の範囲である。一方，酒石酸鉄による呈色反応法では，各カテキンにおける発色度には6倍程度の差があり，このセンサー法はカテキン組成の変化を受けにくい測定方法であるといえる。また，高速液体クロマトグラフィー（HPLC）との相関を図5に示したが，相関係数0.975と両者の間には高い相関関係が得られ，このセンサーが茶浸出液中のカテキン類に代表されるポリフェノール類の定量に有効であることを示している。測定対象は緑茶，紅茶，ウーロン茶，ワイン，カカオ，果実，野菜，その他植物抽出液など液状ならほとんど測定可能であり，この原理に基づいて㈱東洋紡総合研究所が製品開発を行っている。

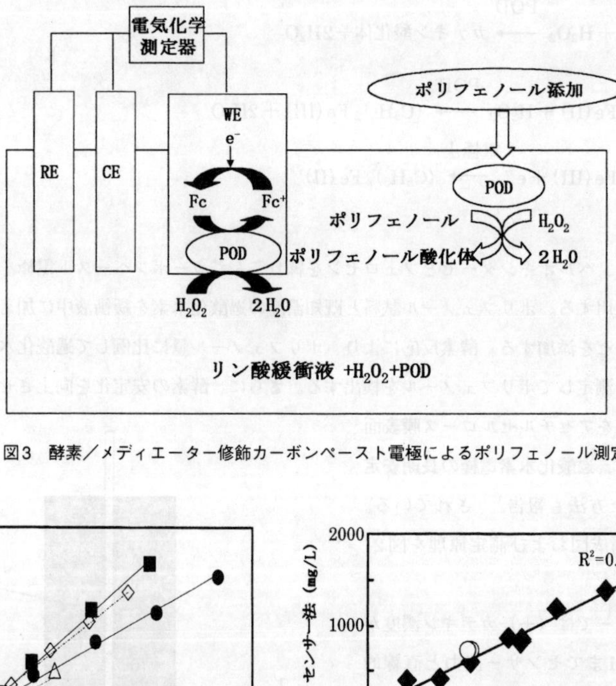

図3　酵素／メディエーター修飾カーボンペースト電極によるポリフェノール測定

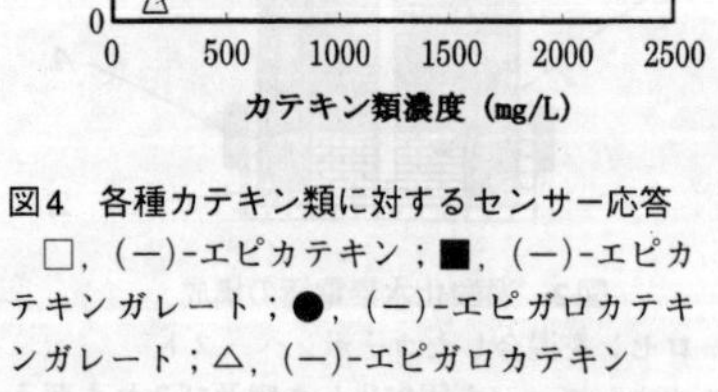

図4　各種カテキン類に対するセンサー応答
□，(—)-エピカテキン；■，(—)-エピカテキンガレート；●，(—)-エピガロカテキンガレート；△，(—)-エピガロカテキン

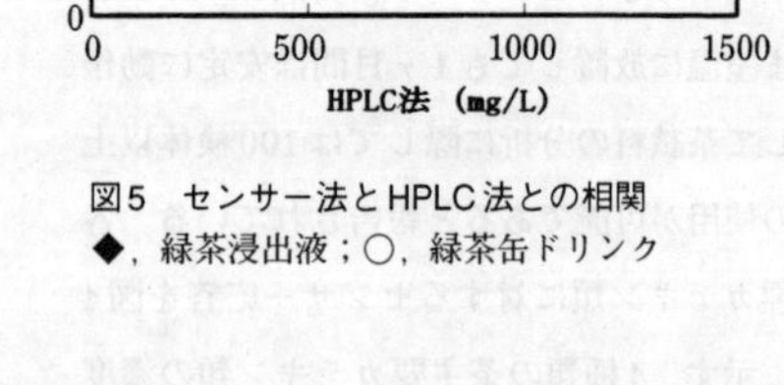

図5　センサー法とHPLC法との相関
◆，緑茶浸出液；○，緑茶缶ドリンク

さらに，試料溶液中にペルオキシダーゼを添加しない方法も報告[14, 15]されている。これは，アルカンチオール修飾金電極上にペルオキシダーゼを固定化してポリフェノールを計測するもので，この測定原理を図6に示す。まず金蒸着基板上にメルカプトプロピオン酸（MPA）の自己組織化単分子膜形成し，これにカルボジイミドを用いてペルオキシダーゼを固定化する。一定量の過酸化水素とポリフェノールを含むリン酸緩衝溶液中にこのペルオキシダーゼ固定化電極を浸漬すると，ペルオキシダーゼは溶液中の過酸化水素を還元して酸化体となる。この酸化型ペルオキシダーゼがポリフェノールから電子を受け取って還元型に戻るとき，ポリフェノールの酸化体が生成する。これを0V vs. Ag/AgClの電圧を印加して電極上で還元し，この時流れる還元電流値から試料中に含まれる全ポリフェノール量を計測する。(＋)-カテキン，(－)-エピカテキン等とセンサー出力の関係は図7のようになり，2～25 μM において直線的相関が得られている。また，分析時間が2分以内と短時間で計測できる。この方法で，測定された赤ワイン，緑茶中の全ポリフェノール量を表1に示す。フォーリン・チオカルト法に比較して数値はわずかに低い値を示しているが，図8で明らかなようにフォーリン・チオカルト法とは良好な相関を示しており，この関係から測定値の校正は可能と思われる。

4.3　おわりに

以上，バイオセンサーによるポリフェノール測定法，主にカテキン類を計測する方法について紹介した。

健康維持・増進，疾病予防機能を付与した機能性食品や農産物を開発する際，ポリフェノール

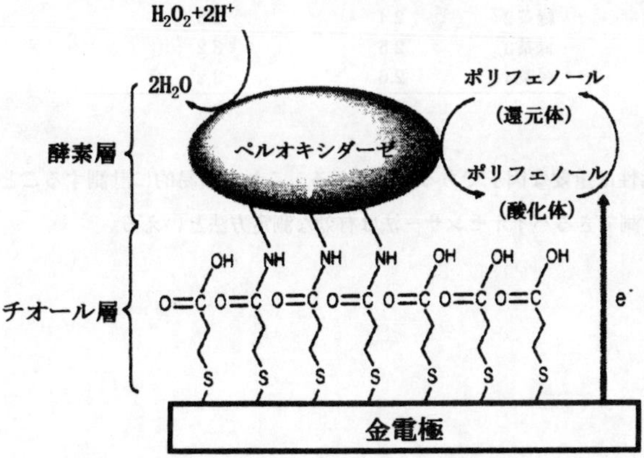

図6　POD固定化チオール修飾金電極におけるポリフェノール計測

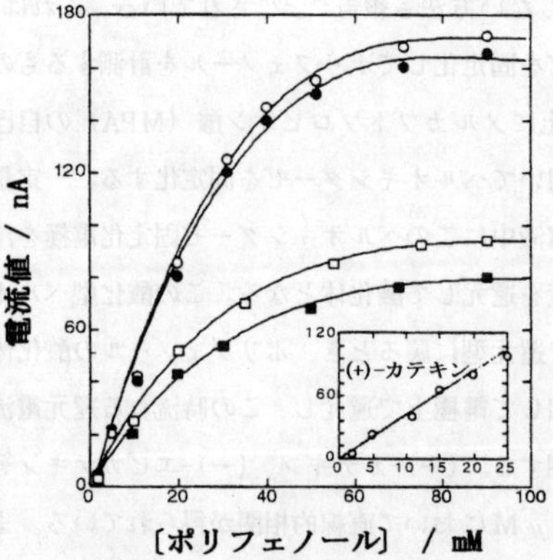

図7　各種カテキン類に対するセンサー応答
(+)-カテキン (○), (−)-エピカテキン (●), コーヒー酸 (□), 3,4-ジヒドロキシ安息香酸 (■)

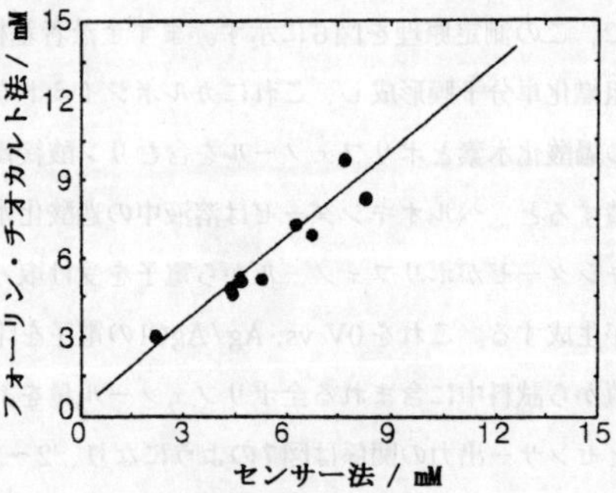

図8　センサー法とフォーリン・チオカルト法との相関

表1　赤ワイン・緑茶中の総ポリフェノール量

	総ポリフェノール量 (mM)	
	センサー法	フォーリン・チオカルト法
赤ワイン1	4.2	6.4
赤ワイン2	3.5	4.8
赤ワイン3	3.8	4.6
赤ワイン4	4.5	5.4
緑茶1	2.9	3.2
緑茶2	2.4	2.8
緑茶3	2.5	3.2
緑茶4	2.6	3.2

含量，抗酸化活性は重要な因子であると思われる。これを簡易的に計測することは意義があり，簡便，迅速に計測できるバイオセンサー法は有効な測定方法といえる。

文　　献

1) 0tto Folin *et al*., *J. Biol. Chem*., **73**, 627 (1927)
2) 辻ら, 山梨県工業技術センター研究報告, **8**, 46 (1994)
3) 池ヶ谷ら, 茶研法, **71**, 43 (1990)
4) 篠原ほか編著, 食品機能研究法, 光琳, p.318 (2000)
5) H. Horie *et al*., *J. Chromatogr. A*, **881**, 425 (2000)
6) E. Nieminen *et al*., *J. Chromatogr*., **360**, 271 (1986)
7) Q. Deng *et al*., *Anal. Chem*., **67**, 1357 (1995)
8) Q. Deng *et al*., *Anal. Chim. Act*., **319**, 71 (1996)
9) J. Li *et al*., *Anal. Chim. Act*., **362**, 203 (1998)
10) Z. Liu *et al*., *Anal. Chim. Act*., **407**, 87 (2000)
11) S. Cosnier *et al*., *Sens. Actuators B*, **59**, 134 (1999)
12) Y.-T. Kong *et al*., *Am. J. Enol. Vitic*., **52**, 381 (2001)
13) 堀江ら, 食科工, **48**, 586(2001)
14) S. Imabayashi *et al*., *Electroanalysis*, **13**, 408 (2000)
15) S. Imabayashi *et al*., *Chem. Lett*., 1020 (2000)

《CMCテクニカルライブラリー》発行にあたって

弊社は、1961年創立以来、多くの技術レポートを発行してまいりました。これらの多くは、その時代の最先端情報を企業や研究機関などの法人に提供することを目的としたもので、価格も一般の理工書に比べて遙かに高価なものでした。

一方、ある時代に最先端であった技術も、実用化され、応用展開されるにあたって普及期、成熟期を迎えていきます。ところが、最先端の時代に一流の研究者によって書かれたレポートの内容は、時代を経ても当該技術を学ぶ技術書、理工書としていささかも遜色のないことを、多くの方々が指摘されています。

弊社では過去に発行した技術レポートを個人向けの廉価な普及版**《CMCテクニカルライブラリー》**として発行することとしました。このシリーズが、21世紀の科学技術の発展にいささかでも貢献できれば幸いです。

2000年12月

株式会社　シーエムシー出版

フードプロテオミクス―食品酵素の応用利用技術―　(B0890)

2004年 3月31日　初　版　第1刷発行
2009年10月20日　普及版　第1刷発行

監　修　井上國世　Printed in Japan
発行者　辻　賢司
発行所　株式会社　シーエムシー出版
東京都千代田区内神田1-13-1　豊島屋ビル
電話03（3293）2061
http://www.cmcbooks.co.jp

〔印刷　倉敷印刷株式会社〕

定価はカバーに表示してあります。
落丁・乱丁本はお取替えいたします。

ISBN978-4-7813-0127-3 C3045 ¥3400E

CMCテクニカルライブラリーのご案内

次世代光記録材料 監修／奥田昌宏 ISBN978-4-7813-0064-1　B871 A5判・277頁　本体3,800円＋税（〒380円） 初版2004年1月　普及版2009年4月	**構成および内容**：【相変化記録とブルーレーザー光ディスク】相変化電子メモリー／相変化チャンネルトランジスタ／Blu-ray Disc技術／青紫色半導体レーザ／ブルーレーザー対応酸化物系追記型光記録膜 他【超高密度光記録技術と材料】近接場光記録／３次元多層光メモリ／ホログラム光記録と材料／フォトンモード分子光メモリと材料 他 **執筆者：寺尾元康／影山喜之／柚須圭一郎　他23名**
機能性ナノガラス技術と応用 監修／平尾一之／田中修平／西井準治 ISBN978-4-7813-0063-4　B870 A5判・214頁　本体3,400円＋税（〒380円） 初版2003年12月　普及版2009年3月	**構成および内容**：【ナノ粒子分散・析出技術】アサーマル・ナノガラス【ナノ構造形成技術】高次構造化／有機-無機ハイブリッド(気孔配向膜／ゾルゲル法)／外部場操作【光回路用技術】三次元ナノガラス光回路【光メモリ用技術】集光機能(光ディスクの市場／コバルト酸化物薄膜)／光メモリヘッド用ナノガラス(埋め込み回折格子) 他 **執筆者：永金知浩／中澤達洋／山下　勝　他15名**
ﾕﾋﾞｷﾀｽﾈｯﾄﾜｰｸとｴﾚｸﾄﾛﾆｸｽ材料 監修／宮代文夫／若林信一 ISBN978-4-7813-0062-7　B869 A5判・315頁　本体4,400円＋税（〒380円） 初版2003年12月　普及版2009年3月	**構成および内容**：【テクノロジードライバ】携帯電話／ウエアラブル機器／RFIDタグチップ／マイクロコンピュータ／センシング・システム【高分子エレクトロニクス材料】エポキシ樹脂の高性能化／ポリイミドフィルム／有機発光デバイス用材料【新技術・新材料】超高速ディジタル信号伝送／MEMS技術／ポータブル燃料電池／電子ペーパー 他 **執筆者：福岡義孝／八甫谷明彦／朝桐　智　他23名**
ｱｲｵﾉﾏｰ・ｲｵﾝ性高分子材料の開発 監修／矢野紳一／平沢栄作 ISBN978-4-7813-0048-1　B866 A5判・352頁　本体5,000円＋税（〒380円） 初版2003年9月　普及版2009年2月	**構成および内容**：定義，分類と化学構造／イオン会合体(形成と構造／転移)／物性・機能(スチレンアイオノマー／ESR分光法／多重共鳴法／イオンホッピング／溶液物性／圧力センサー機能／永久帯電 他)／応用(エチレン系アイオノマー／ポリマー改質剤／燃料電池用高分子電解質膜／スルホン化EPDM／歯科材料(アイオノマーセメント) 他) **執筆者：池田裕子／沓水祥一／舘野　均　他18名**
ﾏｲｸﾛ/ﾅﾉ系ｶﾌﾟｾﾙ・微粒子の応用展開 監修／小石眞純 ISBN978-4-7813-0047-4　B865 A5判・332頁　本体4,600円＋税（〒380円） 初版2003年8月　普及版2009年2月	**構成および内容**：【基礎と設計】ナノ医療：ナノロボット 他【応用】記録・表示材料(重合法トナー 他)／ナノパーティクルによる薬物送達／化粧品・香料／食品(ビール酵母／バイオカプセル 他)／農薬／土木・建築(球状セメント 他)【微粒子技術】コアーシェル構造球状シリカ系粒子／金・半導体ナノ粒子／Pbフリーはんだボール 他 **執筆者：山下　俊／三島健司／松山　清　他39名**
感光性樹脂の応用技術 監修／赤松　清 ISBN978-4-7813-0046-7　B864 A5判・248頁　本体3,400円＋税（〒380円） 初版2003年8月　普及版2009年1月	**構成および内容**：医療用(歯科領域／生体接着・創傷被覆剤／光硬化性キトサンゲル)／光硬化，熱硬化併用樹脂(接着剤のシート化)／印刷(フレキソ印刷／スクリーン印刷)／エレクトロニクス(層間絶縁膜材料／可視光硬化型シール剤／半導体ウェハ加工用粘・接着テープ)／塗料，インキ(無機・有機ハイブリッド塗料／デュアルキュア塗料) 他 **執筆者：小出　武／石原雅之／岸本芳男　他16名**
電子ペーパーの開発技術 監修／面谷　信 ISBN978-4-7813-0045-0　B863 A5判・212頁　本体3,000円＋税（〒380円） 初版2001年11月　普及版2009年1月	**構成および内容**：【各種方式(要素技術)】非水系電気泳動型電子ペーパー／サーマルリライタブル／カイラルネマチック液晶／フォトンモードでのフルカラー書き換え記録方式／エレクトロクロミック方式／消去再生可能な乾式トナー作像方式 他【応用開発技術】理想的ヒューマンインターフェース条件／ブックオンデマンド／電子黒板 他 **執筆者：堀田吉彦／関根啓子／植田秀昭　他11名**
ナノカーボンの材料開発と応用 監修／篠原久典 ISBN978-4-7813-0036-8　B862 A5判・300頁　本体4,200円＋税（〒380円） 初版2003年8月　普及版2008年12月	**構成および内容**：【現状と展望】カーボンナノチューブ 他【基礎科学】ピーポッド 他【合成技術】アーク放電法によるナノカーボン／金属内包フラーレンの量産技術／2層ナノチューブ【実際技術】燃料電池／フラーレン誘導体を用いた有機太陽電池／水素吸着現象／LSI 配線ビア／単一電子トランジスター／電気二重層キャパシター／導電性樹脂 **執筆者：宍戸　潔／加藤　誠／加藤立久　他29名**

※書籍をご購入の際は、最寄りの書店にご注文いただくか、
㈱シーエムシー出版のホームページ(http://www.cmcbooks.co.jp/)にてお申し込み下さい。

CMCテクニカルライブラリーのご案内

農薬開発の動向-生物制御科学への展開- 監修／山本 出 ISBN978-4-88231-974-0　　B845 A5判・337頁　本体5,200円＋税　(〒380円) 初版2003年5月　普及版2008年4月	**構成および内容：**殺菌剤(細胞膜機能の阻害剤 他)／殺虫剤(ネオニコチノイド系剤 他)／殺ダニ剤(神経作用性 他)／除草剤・植物成長調節剤(カロチノイド生合成阻害剤 他)／製剤／生物農薬(ウイルス剤 他)／天然物／遺伝子組換え作物／昆虫ゲノム研究の害虫防除への展開／創薬研究へのコンピュータ利用／世界の農薬市場／米国の農薬規制 **執筆者：**三浦一郎／上原正浩／織田雅次　他17名
耐熱性高分子電子材料の展開 監修／柿本雅明／江坂 明 ISBN978-4-88231-973-3　　B844 A5判・231頁　本体3,200円＋税　(〒380円) 初版2003年5月　普及版2008年3月	**構成および内容：**【基礎】耐熱性高分子の分子設計／耐熱性高分子の物性／低誘電率材料の分子設計／光反応性耐熱性材料の分子設計【応用】耐熱注型材料／ポリイミドフィルム／アラミド繊維紙／アラミドフィルム／耐熱性粘着テープ／半導体封止用成形材料／その他注目材料(ベンゾシクロブテン樹脂／液晶ポリマー／BT レジン 他) **執筆者：**今井淑夫／竹市 力／後藤幸平　他16名
二次電池材料の開発 監修／吉野 彰 ISBN978-4-88231-972-6　　B843 A5判・266頁　本体3,800円＋税　(〒380円) 初版2003年5月　普及版2008年3月	**構成および内容：**【総論】リチウム系二次電池の技術と材料・原理と基本材料構成【リチウム系二次電池材料】コバルト系・ニッケル系・マンガン系・有機系正極材料／炭素系・合金系・その他非炭素系負極材料／イオン電池用電極液／ポリマー・無機固体電解質 他【新しい蓄電素子とその材料編】プロトン・ラジカル電池 他【海外の状況】 **執筆者：**山﨑信幸／荒井 創／櫻井庸司　他27名
水分解光触媒技術-太陽光と水で水素を造る- 監修／荒川裕則 ISBN978-4-88231-963-4　　B842 A5判・260頁　本体3,600円＋税　(〒380円) 初版2003年4月　普及版2008年2月	**構成および内容：**酸化ﾁﾀﾝ電極による水の光分解の発見／紫外光応答性一段光触媒による水分解の達成(炭酸塩添加法／Ta 系酸化物へのﾄﾞｰﾊﾟﾝﾄ効果 他)／紫外光応答性二段光触媒による水分解／可視光応答性光触媒による水分解の達成(ﾚﾄﾞｯｸｽ媒体／色素増感光触媒 他)／太陽電池材料を利用した水の光電気化学的分解／海外での取り組み **執筆者：**藤嶋 昭／佐藤真理／山下弘巳　他20名
機能性色素の技術 監修／中澄博行 ISBN978-4-88231-962-7　　B841 A5判・266頁　本体3,800円＋税　(〒380円) 初版2003年3月　普及版2008年2月	**構成および内容：**【総論】計算化学による色素の分子設計 他【エレクトロニクス機能】新規フタロシアニン化合物 他【情報表示機能】有機 EL 材料 他【情報記録機能】インクジェットプリンタ用色素／フォトクロミズム 他【染色・捺染の最新技術】超臨界二酸化炭素流体を用いる合成繊維の染色 他【機能性フィルム】近赤外線吸収色素 他 **執筆者：**蛭田公広／谷口彬雄／雀部博之　他22名
電波吸収体の技術と応用 II 監修／橋本 修 ISBN978-4-88231-961-0　　B840 A5判・387頁　本体5,400円＋税　(〒380円) 初版2003年3月　普及版2008年1月	**構成および内容：**【材料・設計編】狭帯域・広帯域・ミリ波電波吸収体【測定法編】材料定数／電波吸収量【材料編】ITS(弾性エポキシ・ITS 用吸音電波吸収体 他)／電子部品(ノイズ抑制・高周波シート 他)／ビル・建材・電波暗室(透明電波吸収体 他)【応用編】インテリジェントビル／携帯電話など小型デジタル機器／ETC【市場編】市場動向 **執筆者：**宗 哲／栗原 弘／戸高嘉彦　他32名
光材料・デバイスの技術開発 編集／八百隆文 ISBN978-4-88231-960-3　　B839 A5判・240頁　本体3,400円＋税　(〒380円) 初版2003年4月　普及版2008年1月	**構成および内容：**【ディスプレイ】プラズマディスプレイ 他【有機光・電子デバイス】有機 EL 素子／キャリア輸送材料 他【発光ダイオード(LED)】高効率発光メカニズム／白色 LED 他【半導体レーザ】赤外半導体レーザ 他【新機能光デバイス】太陽光発電／光記録技術 他【環境調和型光・電子半導体】シリコン基板上の化合物半導体 他 **執筆者：**別井圭一／三上明義／金丸正剛　他10名
プロセスケミストリーの展開 監修／日本プロセス化学会 ISBN978-4-88231-945-0　　B838 A5判・290頁　本体4,000円＋税　(〒380円) 初版2003年1月　普及版2007年12月	**構成および内容：**【総論】有名反応のプロセス化学的評価 他【基礎的反応】触媒的不斉炭素-炭素結合形成反応／進化する BINAP 化学 他【合成の自動化】ロボット合成／マイクロリアクター 他【工業的製造プロセス】7-ニトロインドール類の工業的製造法の開発／抗高血圧薬塩酸エホニジピン原薬の製造研究／ノスカール錠用固体分散体の工業化 他 **執筆者：**塩入孝之／富岡 清／左右田 茂　他28名

※書籍をご購入の際は、最寄りの書店にご注文いただくか、
㈱シーエムシー出版のホームページ(http://www.cmcbooks.co.jp/)にてお申し込み下さい。